考虑湿胀软化效应的含结构性裂隙膨胀土边坡变形分析方法

Deformation Analysis Method of Expansive Soil with Structural Fissure Considering Swelling and Strength Softening

池泽成　著

中国地质大学出版社
CHINA UNIVERSITY OF GEOSCIENCES PRESS

图书在版编目(CIP)数据

考虑湿胀软化效应的含结构性裂隙膨胀土边坡变形分析方法/池泽成著.—武汉:中国地质大学出版社,2025.4.—ISBN 978-7-5625-6156-9

Ⅰ.TU457

中国国家版本馆 CIP 数据核字第 2025AT6798 号

考虑湿胀软化效应的含结构性裂隙膨胀土边坡变形分析方法		池泽成 著
责任编辑:胡 萌	选题策划:胡 萌	责任校对:张咏梅
出版发行:中国地质大学出版社(武汉市洪山区鲁磨路388号)		邮编:430074
电　　话:(027)67883511	传　　真:(027)67883580	E-mail:cbb@cug.edu.cn
经　　销:全国新华书店		http://cugp.cug.edu.cn
开本:787mm×1092mm　1/16	字数:282千字	印张:11
版次:2025年4月第1版		印次:2025年4月第1次印刷
印刷:武汉邮科印务有限公司		
ISBN 978-7-5625-6156-9		定价:128.00元

如有印装质量问题请与印刷厂联系调换

前　言

边坡失稳破坏是膨胀土地质灾害中最突出的问题之一，其中长大裂隙以及湿胀软化效应导致的滑动破坏是膨胀土滑坡的一种较为常见的破坏形式。湿胀软化效应下结构性裂隙对膨胀土边坡变形与稳定性影响的研究对正确理解膨胀土边坡失稳机理，进而采取有针对性的处理对策，以确保膨胀土边坡的稳定性具有重要意义。

针对引江济淮工程渠道膨胀土中结构性裂隙导致的边坡失稳问题，采用现场地质调查、室内试验、模型试验、理论分析与数值模拟相结合的方法开展研究，探究了膨胀土各初始条件对膨胀力大小与各向异性的影响以及膨胀力与变形之间的关系规律，构建了含侧限情况下考虑湿胀效应的吸力-初始干密度-含水率的SWCC(The Soil Water Characteristic Curve)本构模型；基于相似理论，建立了含结构性裂隙的膨胀土边坡模型，根据降雨过程中模型表征、监测数据与试验结果，研究了吸湿条件下结构性裂隙对膨胀土边坡的位移以及含水率的影响，揭示了结构性裂隙对膨胀土边坡变形的控制作用与致灾机理；重点考虑膨胀土吸湿软化效应，通过子程序的二次开发，将修正Alonso模型嵌入有限元软件中，并结合土体吸湿膨胀模型，构建了膨胀土边坡渗流-变形半解耦有限元分析方法，揭示了结构性裂隙对膨胀土边坡失稳破坏的作用模式与控制机理。值此引江济淮一期工程完工一周年之际，将其膨胀土渠坡变形分析方法与破坏机理研究的点滴成果汇编成书，希望对中国膨胀土区域工程建设及运营维护有所裨益。

本书的研究成果得到了国家自然科学基金(No.51579236、No.41702337、No.42172308、No.52108366)、湖北省自然科学基金(No.2023AFB369)以及湖北省重点研发计划(No.2022BAA036)的资助。

由于笔者水平有限，书中难免会有挂一漏万之处，敬请广大读者批评指正。

笔　者
2025年4月6日

目 录

1 绪 论 ……………………………………………………………………………… (1)
　1.1 选题背景及研究意义 ………………………………………………………… (1)
　1.2 膨胀土工程特性研究现状 …………………………………………………… (2)
　　1.2.1 膨胀土膨胀潜势的判别与裂隙特性规律 ……………………………… (2)
　　1.2.2 膨胀土的胀缩变形规律 ………………………………………………… (3)
　　1.2.3 膨胀土的渗流特性规律 ………………………………………………… (5)
　1.3 裂隙夹层对膨胀土边坡变形失稳控制作用及分析方法 …………………… (7)
　　1.3.1 膨胀土边坡的变形失稳机理 …………………………………………… (7)
　　1.3.2 膨胀土边坡稳定性分析方法 …………………………………………… (9)
　1.4 研究内容与技术路线 ………………………………………………………… (14)
　　1.4.1 研究内容 ………………………………………………………………… (14)
　　1.4.2 技术路线 ………………………………………………………………… (15)

2 吸湿膨胀试验规律分析 …………………………………………………………… (17)
　2.1 引言 …………………………………………………………………………… (17)
　2.2 膨胀土工程特性 ……………………………………………………………… (18)
　　2.2.1 膨胀土三相比例关系 …………………………………………………… (18)
　　2.2.2 膨胀土固体颗粒成分 …………………………………………………… (18)
　　2.2.3 膨胀土的水理性质试验 ………………………………………………… (22)
　　2.2.4 土体膨胀潜势等级判别 ………………………………………………… (24)
　2.3 三向胀缩仪 …………………………………………………………………… (25)
　　2.3.1 三向胀缩仪原理 ………………………………………………………… (25)
　　2.3.2 三向胀缩仪结构 ………………………………………………………… (25)
　　2.3.3 三向胀缩仪改进 ………………………………………………………… (26)
　2.4 三向膨胀力及其影响因素 …………………………………………………… (27)
　　2.4.1 试验方法与方案 ………………………………………………………… (27)
　　2.4.2 三向膨胀力时程曲线规律 ……………………………………………… (29)
　　2.4.3 竖向膨胀力时程曲线规律 ……………………………………………… (33)
　　2.4.4 竖向膨胀力与初始含水率的关系 ……………………………………… (34)
　　2.4.5 竖向膨胀力与初始干密度的关系 ……………………………………… (35)

2.5 膨胀土三向应力应变规律探讨 (37)
2.5.1 重塑膨胀土各向异性分析 (37)
2.5.2 R_0 与初始干密度的关系 (38)
2.5.3 R_0 与初始含水率的关系 (39)
2.5.4 控制竖向变形的三向膨胀力试验研究 (40)
2.5.5 控制侧向变形的水平膨胀力试验研究 (44)
2.6 一维与三维膨胀力对比研究 (47)
2.7 小结 (47)

3 非饱和膨胀土的水力特性及本构模型研究 (49)
3.1 引言 (49)
3.2 吸力测量技术与滤纸法介绍 (50)
3.2.1 吸力测量技术 (50)
3.2.2 滤纸法工作原理 (50)
3.2.3 滤纸法的准确性与精度 (51)
3.3 滤纸法试验 (51)
3.3.1 试验材料及仪器 (51)
3.3.2 试验步骤与方案 (52)
3.4 土水特征曲线及其影响因素 (53)
3.4.1 土水特征曲线 (53)
3.4.2 SWCC 数学模型 (54)
3.4.3 SWCC 模型拟合及参数分析 (55)
3.5 吸湿试验及其影响因素 (57)
3.5.1 吸湿试验 (57)
3.5.2 孔隙比-饱和度曲线拟合及参数分析 (58)
3.6 膨胀土 SWCC 的本构方程构建 (60)
3.6.1 UN-EX 模型的构建 (60)
3.6.2 吸湿膨胀方程 (62)
3.6.3 IRSM-SSI 模型的构建 (64)
3.7 非饱和膨胀土的渗透系数研究 (66)
3.7.1 渗透系数模型及预测方法 (66)
3.7.2 饱和渗透系数试验与非饱和渗透系数的计算 (67)
3.8 小结 (69)

4 降雨入渗条件下含结构性裂隙的膨胀土边坡模型试验 (70)
4.1 引言 (70)
4.2 结构性裂隙的赋存状态 (70)
4.2.1 结构性裂隙的形态 (70)
4.2.2 裂隙充填物的物理力学性质 (72)

4.3 模型试验设计与传感器布设方案 ……………………………………………… (73)
    4.3.1 模型试验设计方案 ………………………………………………………… (73)
    4.3.2 模型填筑过程与质量控制 ………………………………………………… (76)
    4.3.3 传感器布设方案 …………………………………………………………… (77)
    4.3.4 降雨设备 …………………………………………………………………… (79)
4.4 试验过程控制 …………………………………………………………………… (79)
    4.4.1 边坡状态 …………………………………………………………………… (80)
    4.4.2 降雨条件 …………………………………………………………………… (80)
    4.4.3 监测控制 …………………………………………………………………… (81)
4.5 边坡物理状态分析 ……………………………………………………………… (81)
    4.5.1 蒸发作用下裂隙的发展 …………………………………………………… (81)
    4.5.2 吸湿作用下裂隙的闭合 …………………………………………………… (81)
    4.5.3 吸湿作用下土体的膨胀 …………………………………………………… (82)
    4.5.4 地表径流与汇水 …………………………………………………………… (83)
4.6 边坡含水率变化特征分析 ……………………………………………………… (83)
    4.6.1 边坡含水率时程曲线 ……………………………………………………… (83)
    4.6.2 降雨量不同时边坡含水率空间变化规律 ………………………………… (85)
    4.6.3 边坡软弱夹层含水率变化分析 …………………………………………… (91)
4.7 边坡湿胀变形特征及演化规律 ………………………………………………… (92)
    4.7.1 边坡表层湿胀变形演化规律分析 ………………………………………… (92)
    4.7.2 边坡深部湿胀变形演化规律分析 ………………………………………… (95)
    4.7.3 边坡软弱夹层湿胀变形演化规律分析 …………………………………… (97)
4.8 边坡含水率与变形耦合作用规律分析 ………………………………………… (99)
    4.8.1 边坡表层含水率与变形耦合作用规律分析 ……………………………… (99)
    4.8.2 边坡软弱夹层含水率与变形耦合作用规律分析 ………………………… (104)
4.9 结构性裂隙作用下膨胀土边坡失稳机理 ……………………………………… (107)
4.10 小结 …………………………………………………………………………… (108)

5 考虑湿胀软化效应的膨胀土边坡有限元分析方法 ………………………… (109)
5.1 引言 ……………………………………………………………………………… (109)
5.2 基于修正 Alonso 非饱和土弹塑性本构模型的数值实现 …………………… (109)
    5.2.1 修正剑桥模型与 Alonso 模型 ……………………………………………… (109)
    5.2.2 修正 Alonso 模型的二次开发 ……………………………………………… (112)
    5.2.3 数值验证 …………………………………………………………………… (116)
5.3 模拟膨胀的有限元方法 ………………………………………………………… (122)
    5.3.1 热分析模块原理及数值二次开发 ………………………………………… (122)
    5.3.2 膨胀率试验及膨胀系数 …………………………………………………… (125)
    5.3.3 膨胀有限元方法的数值验证 ……………………………………………… (126)

5.4　小结 ··· (127)
6　含结构性裂隙的膨胀土边坡渗流-变形数值模拟 ·································· (128)
  6.1　引言 ··· (128)
  6.2　考虑湿胀软化效应的均质膨胀土边坡渗流-变形数值模拟 ···················· (128)
    6.2.1　Abaqus 流固耦合分析原理 ·· (128)
    6.2.2　计算模型 ·· (130)
    6.2.3　模型边界条件及物理力学参数 ·· (131)
    6.2.4　边坡渗流分析 ··· (132)
    6.2.5　边坡变形分析 ··· (134)
    6.2.6　膨胀因素对边坡变形的影响 ·· (140)
  6.3　含结构性裂隙的膨胀土边坡渗流-变形数值模拟 ································· (141)
    6.3.1　工况及模型设置 ·· (141)
    6.3.2　模型计算参数 ··· (141)
    6.3.3　边坡渗流分析 ··· (142)
    6.3.4　结构性裂隙赋存角度对膨胀土边坡的变形影响分析 ················· (143)
  6.4　渗流作用对膨胀土边坡变形的作用机理分析 ······································ (148)
  6.5　小结 ··· (149)
7　结论与展望 ·· (150)
  7.1　主要结论 ··· (150)
  7.2　主要创新点 ··· (152)
  7.3　展望 ··· (152)
参考文献 ··· (154)

1 绪 论

1.1 选题背景及研究意义

膨胀土是自然地质过程中形成的一种具有显著胀缩性且裂隙发育的地质体,对于环境变化,特别是降雨蒸发条件的变化非常敏感。膨胀土是由强亲水性黏土矿物蒙脱石、伊利石和高岭石等组成的特殊土。据统计,全世界发现存在膨胀土的国家遍及五大洲,达 46 个之多。中国有 26 个省(自治区、直辖市)广泛分布着膨胀土,总面积在 $10×10^4 km^2$ 以上,是膨胀土分布最广、面积最大的国家之一。膨胀土具有吸水膨胀软化和失水收缩干裂两种特性[1],时常导致工程建筑物的毁坏,且具有反复性和潜伏性,是岩土工程界的世界性难题之一。工程界常称膨胀土为灾害性土,也有学者戏称其为"工程癌症"[2-5]。

边坡失稳破坏一直是膨胀土地质灾害中最为突出的问题。随着我国经济建设的快速发展,一些铁路、水利等工程实施过程沿线膨胀土分布广泛,工程地质条件复杂,膨胀土边坡稳定性问题突出,造成了很多的经济损失,引起了国内工程界的重视[6-8]。自 20 世纪 70 年代以来,相关部门和科研机构开始有组织地在全国范围内开展大规模的科学试验研究和工程治理等工作,在膨胀土的工程地质特性、物质组分与结构、土性判别等方面积累了丰富的研究成果[9-10]。但是在实践中,特别是公路、铁路膨胀土路堑路基边坡、水利工程中膨胀土渠坡等仍经常出现各类破坏现象。

如焦枝线、鸦官线在 20 世纪 70 年代发生了 125 次边坡失稳事故,阳安膨胀土路段的路基病害多达 521 处[3];在水利工程方面,安徽淠史杭灌区 1385km 长的干渠发生滑坡 195 处,平均每 10km 就有 1.4 个滑坡[11];湖北引丹灌区干渠挖方渠段坍塌 55 处,填方段滑坡 18 处[12];陶岔引丹渠道,开工 1 年后在两渠段上相继发生 13 处滑坡[13]。作为国家重大战略性工程的南水北调中线工程,沿线膨胀土分布广泛,工程地质条件复杂,膨胀土边坡稳定问题突出,在施工期便造成了巨大的工程难题,仅南阳段在开工之初的一年内就发生大小滑坡 20 余起,造成了较大的经济损失,并拖延了工期。

因此,膨胀土边坡能否长期保持安全稳定成为工程技术人员和社会各界关注的焦点问题。研究表明,膨胀土边坡失稳主要存在两种形式[14-15]:其一是受结构面控制的滑坡,该类滑坡的空间特征、发育程度受控于土体中的长大裂隙与层间充填软弱面;其二是浅层滑动破坏,该类滑坡的滑动破坏与浅层裂隙密切相关,膨胀土边坡浅表层因受卸荷、大气环境等因素的影响产生密布的交错裂隙,破坏了土体的整体性,加之季节更迭,土体在水分作用下反复湿胀干缩,土体的整体性与强度进一步丧失,导致"蠕滑-坍滑"综合型失稳形态的产生,具体表现为浅层的蠕动变形累积形成的蠕滑破坏,以及自坡脚软化坍塌开始,土体向上逐级拉裂下挫而形成的叠瓦型坍滑破坏,对工程造成不利影响。

结构性裂隙面及充填软弱夹层是对膨胀土边坡稳定起控制作用的宏观结构,这种结构面会导致最为严重、产生负面效应最为显著的膨胀土边坡滑动破坏[16-19]。例如,南水北调中线陶岔渠首段,在长2km的范围内,发生了13处滑坡,其中有8处是由接触面软弱层滑动导致的[20];宁明31个路堑边坡中发生了23次滑坡,大部分滑坡发生于裂隙结构面的位置[21]。结构性裂隙导致的滑坡发生数量之多、影响之大,使此类滑坡灾害成为膨胀土边坡工程中不容忽视且亟待解决的重大问题。

除结构性裂隙的控制作用外,湿胀软化特性亦是造成膨胀土边坡失稳的重要因素。降雨与衬砌渗漏等原因造成水分入渗,一方面使得土体吸水后吸力急剧降低,造成土体抗剪强度的迅速衰减;另一方面由于结构性裂隙软弱充填物的膨胀性一般比两侧土体大,产生的这种非均匀湿胀效应以及斜坡存在造成的边坡内部应力场的改变,使坡体内产生较大的剪应力。最终,非均匀变形及湿胀软化效应造成的这种应力不平衡及强度的降低也会进一步导致边坡沿着结构性裂隙面发生失稳。

综上所述,对于在自然界中大量发生的由结构性裂隙控制的膨胀土边坡失稳破坏形式,目前的研究虽然可以就某些方面做出一定的解释,但仍存在明显的不足和缺陷。本书针对膨胀土中结构性裂隙导致的边坡失稳问题,重点考虑膨胀土的吸湿变形和强度软化效应,开展了含结构性裂隙的膨胀土边坡渗流变形的演化特征及其分析方法研究,试图揭示结构性裂隙对膨胀土边坡变形控制的作用机理。

1.2 膨胀土工程特性研究现状

20世纪30年代,人们在分析和处理建筑物开裂破坏的生产实践中,开始认识到土的膨胀问题。随着工程建设事业的发展,20世纪50年代初,膨胀土地区结构物破坏的现象就更普遍了,但是当时科技的水平有限。20世纪60年代以来,生产技术飞速发展,许多新兴城市不断开发,工业和铁路大量建设,这些工程不断对地质环境提出新的课题,促使了人们对膨胀土的特性规律、成灾机理以及防治措施等进行系统的理论和实践研究。这一时期取得了一系列科学成果,且大量实践证明,采用传统土力学和工程地质学手段已经不能解决膨胀土的特殊问题了。之后,膨胀土研究逐渐发展为世界性的共同问题,各国提出了数以百计的有价值的科研成果。

1.2.1 膨胀土膨胀潜势的判别与裂隙特性规律

膨胀土分布广泛,膨胀的破坏效应对工程造成很多不利影响,给建设方和施工方造成经济损失。解决和避免膨胀土的膨胀破坏问题,应首先了解和掌握该地区膨胀土的物理力学性质,从而在设计和施工方面采取有效措施。很多研究者针对不同地区的膨胀土从三相构成、颗粒成分及微观组成结构等方面进行了分析。

周德贤[22]、陈伟志[23]、刘进[24]分别对成都地区、云桂铁路弥勒试验段及苏丹境内3个州的膨胀土进行了室内试验研究,分析了该地区颗粒成分、平均密度、孔隙比及液塑限等物理指标。由于在膨胀土相关物理性质方面的研究已经比较成熟,通过一些成果可以知道膨胀土具有低密度、高孔隙比、高液限的物理特征,且黏粒组颗粒占比均较大。还有一些学者采用X衍射及电镜扫描等手段,对膨胀土的矿物组成成分及微观结构进行了分析,认为黏土矿物对土的工程性质影响很大。黏土矿物主要包括蒙脱石、伊利石和高岭石,蒙脱石和伊利石含量越高,土的膨胀性越大,且黏土矿物多呈片状,比表面积较大,吸水膨胀效应强烈[25-28]。土颗粒间的胶结形式、孔隙大小与结构也会影响膨胀土的膨胀性及工程特性。

基于这些室内试验参数对膨胀土的胀缩等级进行评判,是进行膨胀土处治的首要任务,开展膨胀土的判别与分类方法探讨具有重要意义。关于膨胀土胀缩等级的分类方法有很多,如塑性图分类法[29]、风干含水率分类法[30]、BP神经网络评判法[31]、灰色关联分析法[32]、距离判别分析法[33]、模糊数学判别法[34]、支持向量机[35]、物元分析法[36]和Fisher分析判别法[37]等。这些方法或采用单个指标进行判别,或采用少数几个指标进行判别,并不能完全涵盖膨胀土的基本性质,有较大的局限性和片面性。

周立新等[38]综合分析国内外判别膨胀土的指标,将这些指标归纳为两大类:一是土的物质组成,主要包括黏土矿物组成、粒度组成等;二是土粒与水相互作用所呈现的水理性质指标,主要包括塑性指数、液限、自由膨胀率和膨胀力等。周立新等认为液限、塑性指数、自由膨胀率、黏粒含量和胀缩总率5个指标具有重要性与可靠性。余颂[39]、陈善雄等[40]也得出了类似的结论,并认为胀缩总率需通过50kPa作用下膨胀试验和收缩试验确定。以上这些判定土体膨胀潜势的指标在工程实际中得到了广泛的应用。

膨胀土土体内部裂隙发育广泛,根据裂隙形态及裂隙面特点,可以将裂隙分为原生裂隙与次生裂隙。所谓原生裂隙,往往是土层在沉积过程中形成的,这类裂隙一般较长,中间由强膨胀性的灰白色、灰绿色填充物充满,且裂隙面光滑。次生裂隙,即土体后期由吸湿膨胀失水收缩导致的受力条件变化,受剪或受拉而形成的裂隙。这类裂隙往往数量大、不规则、较短、较窄,无明显的定向性,且裂隙面粗糙,裂隙可容雨水迅速进入土体内部。但是也有一部分次生裂隙是在大气营力等因素的作用下,逐渐发展成为长大裂隙,且中间同样被强膨胀性的充填物充满,其对边坡的影响逐渐趋近于原生裂隙。

次生裂隙在坡体表面极发育,进而破坏了土体的完整性,降低了坡体强度的同时为水分的入渗开辟了通道。在降雨条件下,土体裂隙的存在使得水分渗入土体更加容易,从而引起土体渗流场、应力场的变化,极易导致边坡失稳。近年来的研究已经充分认识到土体裂隙对渗流和边坡稳定的影响。而原生裂隙对膨胀土边坡影响的研究还很少见。因此,还需要弄清降雨条件下含强膨胀性充填夹层的长大裂隙对边坡变形的控制作用规律。

1.2.2 膨胀土的胀缩变形规律

膨胀土的工程特性与初始条件、含水率、温度、吸湿速率等因素密切相关。在降雨条件下,当这些因素不同时,膨胀土的变形与膨胀力也是不同的。而土体的变形与受力又直接影响到边坡或渠道的安全稳定,因此弄清楚膨胀土吸水过程中的膨胀变化规律就显得尤其重要。

胡瑾等[41]采用固结仪对胥河南岸原状膨胀土进行了不同上覆压力作用下的膨胀率与膨胀力试验,研究了在不同荷载的作用下,以不同膨胀率膨胀后的土样干密度、孔隙比及含水率的变化规律。还有很多学者研究了膨胀土浸水膨胀率随上覆荷载的变化规律,将膨胀土的膨胀率进行了阶段划分,并对无荷条件下膨胀土的膨胀过程用线性函数进行了拟合[42-43]。

前人[44-49]针对不同压实状态下的膨润土开展了室内膨胀力试验研究工作,获取不同压实状态下膨润土的膨胀力特征。叶为民[50]基于此,采用恒体积试验法研究了膨胀力发展过程曲线与吸水量、膨胀力与干密度之间的关系。周葆春等[51]、李志清等[52]进一步研究了压实度与上覆荷载两种影响因素对膨胀力的影响,并应用Does Response模型,定量模拟了膨胀土胀缩时程规律。

结合上覆压力、含水率与干密度3种因素,邹维列等[53]对南阳膨胀岩进行了浸水膨胀试验,得出考虑初始含水率、上覆压力双因素影响的膨胀率表达式和考虑初始干密度、上覆压力双因素影响的膨胀率表达式。黄斌等[54]对邯郸膨胀土进行了类似的研究,并得出最终含水率与初始含水率、压实度、上覆荷载等因素之间的膨胀表达式。

吸水与失水均能引起膨胀土的胀缩变形,在大气营力作用下,反复的降雨入渗与干湿循环会造成土体内部产生裂隙,使膨胀土强度降低,进而造成一系列边坡灾害的发生。因此,干湿循环作用对土体膨胀变形的研究也是必不可少的。

针对不同的工程应用情况,很多研究者[55]针对无荷条件,进行了土样含水率变化范围从饱和到塑限的干湿循环试验,并取得了一系列成果。杨和平等[56-57]在此基础上扩大干湿循环中土样的含水率变化范围,并加入了上覆荷载,研究了上覆荷载大小、循环次数与土样绝对膨胀率的关系。查甫生[58]也做了类似的干湿循环试验,并认为膨胀土经过循环胀缩作用后,土体的孔隙率增大,土颗粒比较分散,土体容易吸水快速发生膨胀,这也导致土体的胀缩速率加快。唐朝生和施斌[59]分别对膨胀土试样进行控制吸力干湿循环试验和常规干湿循环试验,在常规干湿循环试验中,试样经历5~6次干湿循环后胀缩变形基本趋于稳定。曾召田等[60]探讨了体积变形参数、初始切线模量与干湿循环次数的关系,并对试样绝对残余体变率与初始切线模量的关系进行了分析。

但是膨胀土浸水膨胀,其受力状态必然是三维的。因此,对膨胀土浸水膨胀以后产生的水平膨胀力与竖向膨胀力大小及比值的研究更贴合实际。原始的固结仪只能测量一维的膨胀力或膨胀率,且测量膨胀力时误差较大。Didier等[61]在1973年提出了一种膨胀力的测试仪器,这种仪器采用了钢环、钢板等弹性构件作为平衡膨胀力的测力元件,结构紧凑,测试方便。此后,刘祖德等[62]利用改装的应力控制式三轴仪,研究了在三向应力状态作用下,膨胀土在不同初始含水率条件下的三向变形特征。Avsar等[63]研制了一种针对圆柱形试样的三向膨胀仪,探讨了安哥拉膨胀土的膨胀各向异性。但这些试验研究其实并不是在真实的三向应力状态下进行的。

随后张颖钧[64-65]在前人研究的基础上,基于平衡加压法原理,设计了新型的三向胀缩仪,该仪器不仅可以测量土样的三向膨胀力,还可以控制任意一个方向的应变进行试验。张颖钧通过自主研发的胀缩仪,对不同的膨胀土样进行了三向膨胀力的测试,认为土体膨胀力是各向异性的,原状土与重塑土的水平膨胀力都小于垂直膨胀力,原状土的各向异性比值在0.5左右,重塑土的各向异性比值在0.65左右。

谢云等[66,67]进一步改进了三向胀缩仪,并通过计算机采集数据。谢云等对南阳陶岔重塑膨胀土样进行了12个三向膨胀力试验、9个湿胀干缩试验,研究结果表明,膨胀土的水平膨胀力小于竖向膨胀力;湿胀干缩使重塑膨胀土的膨胀力降低,第一次干湿循环后膨胀力减小最多;膨胀力与初始含水率和干密度的关系式为

$$P_{OZ} = [(a-bw)+(m-mw)10^{-4}e^{c\frac{\rho_d}{\rho_w}}]p_{atm} \tag{1.1}$$

式中:a、b、m、n、c 为公式参数;w 为含水率;ρ_w 为水的密度;p_{atm} 为大气压;p_{OZ} 为竖向膨胀力;ρ_d 为干密度。

秦冰等[68]以高庙子钠基膨润土为研究对象,采用胀缩仪进行了不同干密度和不同初始吸力的三向膨胀力试验。研究显示:竖向与水平膨胀力均主要与干密度有关,与初始吸力的关联不明显;水平膨胀力与竖向膨胀力之比随干密度的增大而减小,且当干密度较小时,比值基本为1,当干密度大于 $1.6g/cm^3$ 时,比值变化很小,最终稳定在 0.78 左右;相同初始吸力下,膨胀力变化速率随干密度的增大有所增加;相同干密度下,初始阶段高吸力试样的膨胀力发展更快,随后低吸力试样的膨胀力变化速率会变得更快;膨胀力最终平衡时间随干密度增大有所增加,而初始吸力对平衡时间影响不大。

谭波等[69]、杨长青等[70]与桂林长海发展有限责任公司合作开发了膨胀土三向胀缩仪。该仪器可以对立方体土样施加三向荷载,并能测试立方体土样的三向胀缩变形。研究者采用该仪器对不同加压条件、不同初始含水率情况下,土样膨胀力的变化规律进行了试验分析。在工程实践中,膨胀土吸湿产生水平膨胀力后会引起挡土墙、桩基、地下管道、涵洞等构筑物变形及破坏[71-73]。而弄清楚三向膨胀力随应变的变化规律对工程建筑物的稳定分析是非常有意义的。

谢云等[66-67]对南阳陶岔重塑膨胀土进行了9个控制变形的膨胀力试验,研究表明,土体微小的位移可以使膨胀力大大降低,并且膨胀力与位移呈对数关系。

欧孝夺等[74]对南宁重塑膨胀土进行变形量分别为 0mm、0.2mm、0.5mm 和 1mm 的微变形膨胀力试验,分析了膨胀力的主要影响因素。他认为微变形时,膨胀力随变形增大而衰减明显,在干密度大、初始含水率小时衰减幅度较大,反之较小;在干密度及初始含水率一定时,微变形膨胀力随着变形率增大而呈指数衰减。

张锐等[75]根据试验间接得到的侧向膨胀力与侧向膨胀率的关系,分析了侧向膨胀力随墙后土体侧向膨胀量的变化及其对挡墙稳定性的影响,认为若容许墙后膨胀土发生 2.6cm 的侧向膨胀,可极大地减小侧向膨胀力,使挡墙满足抗滑和抗倾覆稳定系数的规范要求。

综上所述,采用胀缩仪对土体进行试验,获得三维膨胀力等试验数据,可以对土体的各向异性等特性有更深刻的认识。但是前人的三向胀缩仪在设计方面,各模块之间会存在机械摩擦,从而使试验结果存在一定误差,且关于膨胀土应力应变方面的研究还不是很多。因此,针对这两方面还需要进一步的试验研究与探讨。

1.2.3 膨胀土的渗流特性规律

工程中遇到的膨胀土常常为非饱和状态,而吸力是研究非饱和土工程性质的一项重要的物理参数,土体吸力的变化常常直接影响到土体的渗透系数、抗剪强度及变形规律等特性。

目前室内试验常用的测量吸力的试验方法主要有张力计法[76]、轴平移技术[77]、电热传导传感器[78]、滤纸法[79]、电阻电容传感器法[80]等。前人也采用各种不同的方法对不同土样的吸力进行了测试与研究。孔令伟、周葆春等[81-82]开展压力板试验对荆门膨胀土进行了吸力测量，并通过 Fredlund 公式对实验结果进行拟合，分析了非饱和土的抗剪强度与土水特征曲线的关系。戴张俊[83]对南阳膨胀岩(土)进行了压力板试验，并从物理性质、矿物成分、干密度及孔隙结构等方面具体分析了岩土持水特性的具体影响因素。Zhan[84]对天然和压实的膨胀土进行了吸力试验，并认为由于存在裂缝，天然试样的进气值比压实样要低，基质吸力的变化对水相的影响比对土壤骨架的影响更大。

以上这些吸力测试的方法中各有优缺点，研究表明，滤纸法价格低廉，操作简单，量程大且拥有较高的精度[85-86]，该方法被越来越广泛地使用。孙德安等[87-88]用滤纸法先后测量了 3 种膨胀润土的吸力。谭晓慧等[89]用滤纸法与渗析法对合肥市膨胀土进行了吸力试验，并以 Van Genuchten 模型(以下简称 VG 模型)为基础，对试验结果进行了拟合。白福青等[90]对南阳膨胀土进行了类似的研究。

试验所得的土水特征曲线是描述土体吸力与质量含水量之间关系的重要曲线，其数学模型是非饱和土的重要本构关系之一。为了量化这种关系，大量的学者对此进行了研究。

Brooks 和 Corey[91] 提出的 BC 模型是最早模拟土水特征曲线的方程之一。他们在大量的试验基础上，提出了一个与土的"孔径分布指数"相关的幂函数表达式，即

$$\theta = \begin{cases} \theta_S & \varphi \leqslant \varphi_b \\ \theta_r + (\theta_S - \theta_r)\left(\dfrac{\varphi_b}{\varphi}\right)^\lambda & \varphi \geqslant \varphi_b \end{cases} \tag{1.2}$$

式中：φ 为吸力(kPa)；θ 为含水量；φ_b 为进气压力值；θ_r 为残余含水量；θ_S 为饱和含水量。

Van Genuchten[92] 提出了一个平滑的、封闭的 3 参数数学模型，表达式如下

$$S_e = \left[\dfrac{1}{1+(a\varphi)^n}\right]^m \tag{1.3}$$

式中：S_e 为土壤饱和度(%)；φ 为吸力(kPa)；a、m、n 均为拟合参数。

参数 a 与土体的进气状态有关，参数 n 与土体孔径分布有关，参数 m 与土体特征曲线的整体对称性有关。

Fredlund 和 Xing[93] 根据孔径分布提出了与前者相类似的模型，表达式为

$$\theta = C(\varphi)\theta_S \left[\dfrac{1}{\ln[e+(\varphi/a)^n]}\right]^m \tag{1.4}$$

式中：φ 为吸力(kPa)；a、m、n 均为模型拟合参数；e 为自然对数常数；$C(\varphi)$ 为修正因子；θ_S 为饱和含水量。

当模型表征的含水量为 0 时，吸力值为 10^6 kPa。

$$C(\varphi) = \left[1 - \dfrac{\ln(1+\varphi/\varphi_r)}{\ln(1+10^6/\varphi_r)}\right] \tag{1.5}$$

式中：φ 为吸力(kPa)；φ_r 为残余含水量状态时的吸力值(kPa)。

基于这些经典的描述土水特征曲线的本构模型，很多学者对吸力与初始孔隙比的关系进行了更深一步的研究。周葆春等[94]采用滤纸法，对 6 种不同压实程度的荆门弱膨胀土样进行了吸力的测量，并对压实度与吸力的关系进行了分析；随后在确定吸力变化规律的基础上，以 Fredlund-Xing 模型(以下简称 FX 模型)为基础，构建了吸力-饱和度-孔隙比关系的本构方

程,并通过数值再现建立方程与实测结果对比,验证了FX模型的准确性。

Stange等[95]认为土体的孔隙度与空孔隙空间状态对土水特征曲线有影响。他们研究了脱湿过程中单轴体积变化对砂质和粉质土壤土水特征曲线的影响。研究表明,土体的单轴体积变化均可以用VG模型拟合。

Salager等[96]测量了5种不同初始状态的黏土质粉砂在脱湿条件下的孔隙率、吸力和含水量。采用FX模型对这些数据进行拟合并获得了参数方程,进而构建了含水率、空隙比、吸力和初始孔隙率的空间曲面。最后经过试验验证,认为该曲面可以用于研究恒定孔隙率下的含水量和吸力之间的关系。

除此之外,张雪东等[97]基于毛细管模型和Childs[98]提出的统计学假定,分析了孔隙比发生改变时土水特征曲线的变化规律,并提出了一种以两条已知初始孔隙比的土水特征曲线为基准,预测具有任意初始孔隙比土体的土水特征曲线的计算方法。Zhou等[99]提出了类似的通过一条已知土水特征曲线推算任意初始孔隙比条件的土水特征曲线的模型。

由于受降雨的影响,工程中土体常处于吸湿膨胀的状态下,此时土体的土水特征曲线受到土体孔隙度加大的影响,所以具有固定初始孔隙比的土体,其土水特征曲线应是一条三维的空间曲线,这些不同初始孔隙比对应的土水特征曲线组成一个三维空间曲面。

邵明安等[100]、付晓莉[101]等认为实测的土壤持水特征不再是土壤吸力和含水量相对应的一条曲线,而是由土壤质量含水量、吸力和容重3个变量共同确定的一个曲面。在Brooks-Corey模型(以下简称BC模型)的基础上,提出了两种描述土壤质量含水量、吸力和容重3个变量关系的曲面模型,并分析了重塑土和原状土之间的差异。

Zhou等[102]在考虑温度对液气界面张力的影响和温度引起的土骨架变形两种因素下,提出了非等温条件下非饱和土的持水特性和体变特性规律,并建立了应力-吸力-温度曲面。

谭晓慧等[103]对合肥地区膨胀土进行了蒸汽加湿法试验,测定了膨胀土在吸湿过程中的体积变化,获得了土体在吸湿过程的体积变化规律[104]。谭晓慧又从前人提出的若干e-w的曲线拟合模型[105-107]中,筛选出Peng等[108-109]提出的模型与试验数据进行拟合,该模型模式上与VG模型十分相近且适用性广。

辛志宇等[110]对合肥膨胀土试样进行了不同初始孔隙比条件下的土水特征试验及吸湿试验,采用VG模型对试验所得的土水特征曲线进行拟合,并使用Matlab[111-113]软件获得了体积膨胀曲线公式的相关参数,得到了孔隙比-质量含水率-初始孔隙比、孔隙比-吸力-初始孔隙比、质量含水率-吸力-初始孔隙比、体积含水率-吸力-初始孔隙比4个关系曲面。

综上所述,前人对于吸湿过程土体的土水特征曲线的变化规律的研究还不是很多,且膨胀土在工程中由于侧限的缘故,往往竖向膨胀变形远大于侧向膨胀变形,而以上的研究并没有考虑到这种情况。所以还需要对考虑吸湿过程以及侧限影响下的膨胀土土水特征曲线规律进行更深入的探究。

1.3 裂隙夹层对膨胀土边坡变形失稳控制作用及分析方法

1.3.1 膨胀土边坡的变形失稳机理

如前所述,边坡失稳破坏一直是膨胀土地质灾害中最为突出的问题,伴随着我国经济建设的快速发展,一些铁路、水利工程,沿线膨胀土分布广泛,工程地质条件复杂,膨胀土边坡稳定性问题突出,造成了较大的经济损失[6-8]。

边坡失稳主要受控于内部与外部因素,内部因素包括膨胀土的裂隙性、超固结性和胀缩性,关于边坡失稳的原因和机理,众多学者进行了相关的研究[114-115]。殷宗泽等[116]基于这"三性"详细地阐述了浅层膨胀土边坡的失稳机理,认为膨胀土由于其显著的胀缩性和低渗透性,干旱季节,水分蒸发,非饱和膨胀土的土体表面收缩,且由于土的渗透性低,其紧邻的下层水分尚未减少,收缩不均,产生裂缝。裂缝的发展使得更深部土体直接暴露于大气作用下,进而向深部发展。而广泛发展的裂隙会进一步影响土体的结构,导致土体强度降低[56,117],且裂隙使雨水能快速渗入、积聚,并产生不小的渗透力。这些因素综合在一起就导致膨胀土边坡易于失稳。综合以上分析,殷宗泽等将膨胀土边坡失稳特征总结为浅层性、牵引性、平缓性、长期性、季节性和方向性。除此之外,还有很多研究者开展了关于降雨入渗与表层裂隙相互作用对边坡失稳机理的研究[118-119]。

对于浅层边坡失稳,如前所述,主要与膨胀土的"三性"及大气环境等因素有关,一般认为影响范围在5m以内。针对膨胀土边坡的浅层失稳问题,绝大部分学者均认可渐进破坏理论[120-123],即膨胀土浅层破坏,常常是由若干相连的滑坡组成,呈阶梯状、叠瓦状。下部先滑,牵动上部跟着滑,由下向上逐步发展。

对应于渐进破坏理论,膨胀土边坡由于土质特征和结构特征的差异[124-132],同样存在其他类型的失稳破坏模式,相关机理也各不相同。李青云等[133]将渠坡失稳分为两种类型:第一种类型为结构面控制型失稳。失稳原因是膨胀土固有的裂隙面组成有利于滑动的产状而产生滑坡,此类滑坡主要由裂隙面控制,属重力作用下的失稳。第二种类型为牵引式浅层滑坡,即开挖后渠坡是稳定的,但经过人工降雨或者一个阶段的自然降雨后,边坡发生了滑动。

程展林等[134]通过对南水北调工程中南阳渠坡段和新乡渠坡段的大量地质勘察资料进行分析,认为在大气影响深度范围内,膨胀土的裂隙形态存在明显差异,裂隙分布杂乱;而在非大气影响区,裂隙往往具有光滑的裂隙面、较大的延伸长度,且具有定向性,裂隙多被灰白色填充物充填,呈闭合状。他制备含有这种裂隙面的土样进行三轴试验,对土样强度与裂隙面强度进行对比研究,研究表明,土样强度远大于裂隙面强度,且土样经反复剪切得到的所谓残余强度在数值上还略大于裂隙面强度。这表明结构裂隙的特性对膨胀土边坡的稳定性有十分重要作用。

刘特洪[20]分析了长江流域的膨胀土结构特征,发现膨胀土结构主要包括物质分异软弱层面和不连续裂隙面,裂隙大多被灰白色黏土充填,裂隙宽度有时可以达到20cm以上,裂面具蜡状光泽,常见擦痕。

膨胀土堑坡的病害可分为坡面病害和坡体病害两大类。坡面病害主要受风化软弱面控制,坡体病害主要受裂隙软弱面和层间软弱面控制。膨胀土特殊的工程特性,在受到降雨的作用时,各种结构面软化强度降低,从而形成坍塌和滑坡,对工程造成极大的影响[135]。刘清芳[136]以膨胀土堑坡层间软弱面和水平裂隙软弱面造成的平面滑动失稳为例,提出了一个可以考虑了降雨条件下滑面含水量变化的力学模型,并通过尖点突变模型分析膨胀土堑坡失稳的原因,研究表明膨胀土滑坡主要是由结构面刚度比和几何力学参数决定的,外部因素的触发作用只在斜坡进入或接近临界状态时,才会产生巨大的影响。

谭波和郑健龙[21]通过对宁明31个路堑边坡中的23个滑坡发生情况进行了详细勘察后发现，大部分滑坡发生于裂隙结构面的位置，他认为多组次生裂隙一旦形成，往往容易贯穿并在边坡土体内形成裂隙结构面，这种结构面会对边坡稳定构成重大威胁，是膨胀土边坡稳定分析中需考虑的重要因素。他们认为无论次生裂隙结构面的产状如何，边坡均会在土体吸水膨胀的作用下产生滑坍破坏，且放缓边坡的方法对提高安全系数无益。陆定杰[137]也进行了类似的研究。

陈善雄等[138]认为膨胀土边坡裂隙可根据形态、分布特征、成因等分为两类：一是风化影响范围内的浅层胀缩裂隙，二是深层长大控制性裂隙。他们建立了含裂隙的边坡地质模型并进行稳定性计算，研究发现膨胀土边坡的稳定性受到坡脚充填的缓倾长大裂隙与中上部土体中垂直裂隙的共同控制。

由膨胀性、超固结性与裂隙性控制的膨胀土边坡浅层失稳机理已经有了相当丰富的研究成果[16-19]。裂隙面及充填夹层是对膨胀土边坡稳定起控制作用的宏观结构，这种结构面会导致最为严重、产生负面效应最为显著的膨胀土边坡滑动破坏。虽然关于这类裂隙结构面的相关研究已经有了一些[139-141]，但还需要更进一步研究裂隙结构面对于边坡稳定性的影响程度，以及边坡入渗-湿胀-结构面耦合作用模式下的滑坡机理。

1.3.2 膨胀土边坡稳定性分析方法

膨胀土边坡的稳定性似乎是一个很难捉摸的问题[17]。许多边坡相当平缓，如1：6坡比的边坡，仍然会发生滑坡[142]。也有一些膨胀土边坡，高15～30m，坡比为1：2到1：2.5，却又在历经数十年的风风雨雨后仍岿然不动[2]。对膨胀土边坡的稳定性进行合理与准确的评价，是如今岩土工程界的一大问题。目前，分析计算膨胀土边坡变形与稳定性常用的手段有3种：极限平衡分析法、模型试验和有限元分析法。

1.3.2.1 极限平衡分析法

极限平衡分析法是最早出现的，并因计算简单，使用方便，而成为工程中应用最广的一种分析计算膨胀土边坡变形与稳定的方法，主要包括 Fellenius 法、Bishop 法、Janbu 法、Morgenstern & Price 法、Spencer 法、Sarma 法和剩余推力法等。郑长安[143]基于膨胀土边坡具有浅层破坏的特点，采用条分法分析裂缝的发展、土体的非饱和性以及膨胀力对其稳定性的影响，并针对不同因素，提出相应的计算方法。

刘华强和殷宗泽[123]以 Bishop 法为基础，通过完善计算条件，完成了对膨胀土边坡稳定分析方法的改进，研究结果符合膨胀土边坡滑坡的浅层性、牵引性、长期性、平缓性和季节性等特点。殷宗泽等[116]以条分法为基础，将膨胀土边坡分为3个亚层，采用不同的强度参数，对边坡进行稳定性分析，得出相似的结论。韦杰[144]针对镇江黄山膨胀土滑坡问题，改进 Richards 模型，建立控制性方程，并基于 Bishop 非饱和土强度公式，考虑吸力的影响，修正 Janbu 法，对膨胀土边坡进行了分析[145-147]。李伟[148]在条分法的基础上，提出了一种土体边坡渐进破坏的极限平衡方法，从局部失稳计算开始，直至整个滑动面的条块，详细地分析了土体边坡在长期自然营力作用下的渐进破坏过程。

极限平衡分析法实际上是以土力学为基础的简化计算方法,由于工程实际中边坡所处的地质与大气环境非常复杂,影响因素很多,该方法存在两处缺陷:一是该方法只通过受力分析去判定边坡的平衡状态,并不能将实际情况中的渗流与应力应变的相互作用考虑进去;二是该方法无法考虑土体的本构关系,计算出的应力应变状态在复杂条件下与实际情况可能相差甚远。

1.3.2.2 模型试验

模型试验是一种可以考虑渗流与应变耦合作用分析膨胀土边坡变形稳定性的有效方法,可分为现场试验和室内试验。

目前现场试验研究多关注降雨入渗对边坡稳定性的影响[149-151],如 Rahardjo 等[152]对新加坡残积土边坡进行现场的原位监测试验,研究了降雨入渗量和径流量的关系以及孔隙水压力变化和含水率变化随降雨量的关系,并认为降雨期间坡体发生了明显的渗透,较小的总降雨量渗透作用更大,即渗透百分比通常随着总降雨量的增加而减少。Gasmo 等[153]为了研究由蒸发和入渗而引起土坡孔隙水压力的变化,建立了残积土边坡孔压观测站,分析了仅考虑孔压作用下边坡变形等规律。孔令伟等[154]、陈建斌等[155]在广西南宁地区建立了缓坡、陡坡与坡面种草3种类型的膨胀土边坡原位监测系统,并进行气象实时跟踪监测,认为降雨是膨胀土边坡发生灾变最直接的外在因素,蒸发效应是边坡灾变的重要前提条件。李雄威等[156]以广西膨胀土为研究对象,通过现场试验进行了原位跟踪测试。试验结果表明,较小的降雨量就可以使表层土体的含水率和膨胀状态达到极限,但雨水入渗的影响深度是有限的,当含水率较低、裂隙较发育时,土体的渗透性会大大提高。

虽然现场的原位试验可以全面反映膨胀土边坡的相关地质特性及在气候作用下的真实性状,但是由于各种复杂因素的干扰,往往不利于针对某些需要的特定影响因素进行试验研究。而室内试验则可以进行人为的条件控制,相关研究也有很多。

William 等[157]开发了能调节模型边界相对湿度的大气干湿循环模拟箱,并用离心机模拟降雨入渗和蒸发蒸腾等气候效应对岩土构筑物的影响;Gadre 和 Chandrasekaran[158]通过离心模型试验研究了不同厚度膨胀土的线膨胀率,发现随着土层厚度的增加,膨胀量虽然在增加,但线膨胀率逐渐减小,他们认为通过离心机可以对膨胀土的膨胀变形进行模拟。饶锡保等[159]通过离心模型试验研究了南阳膨胀土边坡开挖的稳定性问题。程永辉等[160-161]通过离心模型试验,模拟了降雨条件下典型膨胀土边坡失稳破坏的全过程,试验得出了膨胀土边坡失稳的渐进性和逐级牵引性规律。关于离心机模拟膨胀土边坡相关的模型试验还有很多[162-165],但是在该作用下对模型土体产生的应力应变规律是否与原型一致还需进行更深入的探讨。

杨果林等[166-167]则开展了积水、阴天、日照和降雨等环境下不同排水与路基边坡坡度的膨胀土路基模型试验,得到膨胀土路基温度与土压力的变化规律。周健等[168]以重塑膨胀土作为研究对象进行了室内降雨模型试验,对膨胀土在降雨和蒸发状态下的变形与含水率变化特性进行研究。范秋雁等[169]采用原状膨胀岩进行室内边坡模型试验,研究膨胀岩边坡在连续降雨和湿-干循环模式下的变形和水分入渗特性,揭示两种模式下膨胀岩边坡的变形破坏方式。

丁金华[170]对3个不同压实度的膨胀土边坡进行了大型静力模型试验(6m×2m×2.8m),监测了膨胀土边坡由于降雨引起边坡浅层失稳破坏的全过程,并采集了降雨引起边坡内水分变化、膨胀变形以及土体中应力分布的相关数据。他认为膨胀土边坡在受到外部水力边界作用时,首先导致边坡内含水量场发生时空不均匀分布,继而引起土体的不均匀膨胀变形,应力应变场发生重分布,在非饱和—饱和浸润交界区域形成剪应力集中区,产生局部剪切破坏,并逐渐向边坡深部扩展,最终形成多重剪切面,边坡发生渐进性失稳破坏。

戴张俊[83]针对南水北调中线工程典型渠段的几何、物理特征,结合膨胀土的渗透性、膨胀性、裂隙性等特殊工程地质特性,综合考虑大气影响范围与干湿循环效应,设计并开展了室内膨胀土边坡湿胀变形大型模型试验来模拟反复吸湿、蒸发条件下膨胀土边坡浅层变形规律。通过对模型边坡中含水率、应力应变的数据采集及分析,阐明了边坡渗流场时空变化规律,以及在渗流作用影响下,边坡应力应变场演化特征与作用模式,得出边坡灾变机理与破坏方式的规律性认识。

综合以上研究,模型试验是一种可以研究分析渗流与应力耦合作用下膨胀土边坡变形及稳定性的有效方法,尤其是室内静力模型试验,可以针对某种特定的影响因素进行试验研究分析。

1.3.2.3 有限元分析法

在考虑水分入渗的边坡稳定性分析中,采用有限元方法,并引入土体的本构关系进行计算分析,能够更好地探究膨胀土边坡的渗流、应力、变形等变化规律[171-177]。

吴珺华等[178]采用有限元程序VADOSE/W,在考虑降雨、入渗、蒸发并假定孔隙气压为大气压力的情况下对膨胀土边坡模型进行了数值模拟。姚海林等[127,179]采用暂态饱和/非饱和渗流的有限元分析与土坡稳定性极限平衡分析相结合的方法,从降雨强度、渗透系数及土体裂隙开展深度3个方面,对降雨入渗引起膨胀土边坡失稳问题进行了较系统的研究。袁俊平和殷宗泽[180]用有限元数值模拟方法分析了边坡地形、裂隙位置、裂隙开展深度及裂隙渗透特性等对边坡降雨入渗的影响,研究表明坡上位置的裂隙及裂隙的深度对边坡入渗影响较大。Ng和Shi[124]采用渗流有限元分析法分析了边坡在降雨作用和各种参数组合条件下的非饱和瞬态渗流作用。Cho和Lee[125]采用二维有限元流固耦合程序分析了边坡降雨入渗过程及边坡稳定性。Thomas和Zhou[181]采用非饱和土力学流固耦合理论研究了大气作用下土体的变形问题,分析了土体湿度与变形的季节性变化规律。

引起膨胀土边坡失稳的一个重要因素是土体在降雨入渗后发生膨胀变形,使得坡体内存在膨胀力。该力是由于坡体吸水后的不均匀变形受阻而产生的,一些学者通过温度场等效膨胀应力场形式研究了膨胀性对边坡稳定性的影响。

Alonso等[182]采用热湿力耦合的有限元程序对在不同气候条件下路堤变形、含水率和温度进行了模拟。杨和平等[183]为探求膨胀土边坡变形破坏演化过程,采用FLAC对广西百隆路膨胀土堑坡开挖过程进行了模拟,获得了新开挖边坡的位移、应力、应变变化规律,并利用FLAC热力学模块模拟边坡大气影响深度内的湿度场,获得了边坡位移、应力、应变变化规律。李康全和周志刚[184]利用Ansys软件的热分析功能,计算了膨胀土增湿变形,验证了应用温度应力场理论模拟湿度应力场的有效性。谭波[185]采用 Ansys 软件的热传导分析功能模拟分析边坡的降雨入渗以及膨胀变形,并采用有限元强度折减法对不同条件下边坡安全系数进行计算,分析了膨胀土边坡稳定规律。刘静德[186]通过温度场等效的湿度场来模拟膨胀土边坡的吸湿变形,采用 Abaqus 平台上非线性有限元分析方法,对膨胀岩边坡降雨失稳现场试验进行了数值模拟研究,建立了一套能考虑水分入渗的膨胀岩土边坡的稳定分析方法。

以上这些研究均是采用有限元软件自带的土体本构模型,这些模型并不能反映膨胀土真实的应力应变特性。陈勇等[187]通过试验得到模型参数,并推导出基于 Alonso 模型的应力应变增量方程,编制了有限元程序。李锡夔和范益群[188]提出了一个关于非饱和土变形及渗流问题的有限元分析数值模型,并进行了数值验证。杨庚宇[189]在 Alonso 模型的基础上,结合塑性增量理论推导出了非饱和土弹塑性本构矩阵的计算公式,并应用于有限元分析中。

最早的非饱和土弹塑性本构模型是由 Alonso 等[190]在 1990 年提出的,该模型是以饱和状态的修正剑桥模型为基础,考虑了吸力与土体强度、屈服面之间关系而建立的,得到了广泛的应用和认可[191-194]。

膨胀土在三轴应力状态下的屈服特性,可采用修正剑桥模型的椭圆屈服面来描述,屈服方程为

$$f_1(p,q,s,p_0^*) \equiv q^2 - M^2(p+p_s)(p_0-p) = 0 \tag{1.6}$$

$$f_2(s,s_0) \equiv s - s_0 = 0 \tag{1.7}$$

$$p_s = ks \tag{1.8}$$

$$\frac{p_0}{p^c} = \left(\frac{p_0^*}{p^c}\right)^{[\lambda(0)-k]/[\lambda(s)-k]} \tag{1.9}$$

$$\lambda(s) = \lambda(0)[(1-r)\exp(-\beta s) + r] \tag{1.10}$$

式中:p、q、s 分别为净平均应力、偏应力和吸力;p_0^* 为饱和状态下的屈服净平均应力;M 为临界状态线(CSL)的斜率;p_s 为某吸力下 CSL 线在 p 轴上的截距;k 为反映黏聚力随吸力增长的参数;p_0 为某吸力时的屈服净平均应力;p^c 为参考应力;$\lambda(s)$ 为某吸力下净平均应力加载屈服后的压缩指数,当土体饱和后,即为 $\lambda(0)$;s_0 为土体饱和后的吸力;r 为与土体最大刚度相关的常数;β 为控制土体刚度随吸力增长速率的参数。

陈正汉[195]认为该模型有两个缺点:SI 屈服准则没有理论依据,并没有通过试验验证;屈服面在 p-q-s 空间中有一条斜交线,会给数值分析带来不便。基于此,陈正汉[196]通过三轴收缩试验、各项等压试验等试验结果提出了一个新的吸力增加屈服准则[197],表达式为

$$s - s_y = 0 \tag{1.11}$$

式中:s_y 为屈服吸力,且 $s_y > s_0$。

因此该屈服准则扩大了弹性区的范围。

黄海等[198]为了更进一步获得非饱和土统一的屈服面模型,进行了 7 个净平均应力和吸力同时变化的三轴排水试验。通过试验结果,在 p-s 平面得到了一条光滑的屈服曲线,即 LC 与 SI 屈服线的包络线,并定义数学表达式为

$$p_0 = p_0^* + \xi s - \zeta [e^{\eta s/p_{atm}} - 1] \tag{1.12}$$

式中:p_0 为某吸力时的屈服净平均应力;p_0^* 为饱和状态下的土体屈服净平均应力;s 为吸力;ξ、ζ 与 η 均为土性参数;p_{atm} 为大气压。

该方程描述的空间屈服面会随着土的硬化向外扩展，从而解决了分析 LC 与 SI 屈服面耦合的问题。

吴礼舟[199]通过试验认为参数 M 值会随着吸力的增加而增大，且是非线性的；Alonso 模型描述的 p-q-s 三维应力空间中，出现了拉应力区，而实际在三轴试验中土样无法真实实现受拉应力状态，且土的受拉性质与受压性质不同；$p_s = ks$ 的假设表明，ABC 屈服线随着吸力的增大而增大。当吸力无穷大时，偏应力 q 也会趋向无穷，但是前人研究发现，当吸力达到一定值后，非饱和土的力学参数会趋近于一定值，也就是说，吸力对土的力学参数影响是有限的。

基于 Alonso 模型的不足之处，吴礼舟对其进行了修正。修正时考虑了吸力对临界状态线斜率 M 的影响，并假定不同吸力的临界状态线 M 在 (p,q) 平面内均经过原点坐标，保证了屈服面在 p-q-s 应力空间内不会出现拉应力区。

Gens 与 Alonso[200]于 1992 年根据 Alonso 模型提出了一个非饱和膨胀土的弹塑性理论模型，从膨胀土膨胀的微观机理出发，将膨胀土的膨胀变形分为微观结构变形和宏观结构变形两个层次。该模型可以反映膨胀土干湿变化过程的反复胀缩特性[201-202]。

陈正汉[196]对 G-A 模型进行了分析，认为该模型中涉及微观变形部分的参数只能假设，参数多达 17 个，还包括 3 个硬化参数，使得模型表述十分复杂，且该模型没有考虑含水量变化等问题。

卢再华等[203-206]开展了控制吸力的各向同性压缩实验、控制净平均应力的三轴收缩试验与膨胀试验、三轴排水剪切试验，分析了南阳膨胀土的屈服、变形、强度和水量变化等特性，并基于试验结果不再区分微观与宏观变形，直接由膨胀土随净平均应力或吸力变化的变形结果来确定体积变化规律，改进了 G-A 模型中的弹塑性变形方程；引入了与净平均应力相关的水的体积模量和与吸力相关的水的体积模量两个新参数，构建了描述膨胀土水量变化的本构方程，将原 G-A 模型的 17 个参数减至 14 个；结合沈珠江[207]、钱家欢和殷宗泽[208]提出的双屈服面模型（这两种模型都能反映土体的剪胀特性），并将殷宗泽提出的抛物线剪切屈服面引入简化的 G-A 模型中，提出了新的剪切屈服面方程如下

$$f(p,q,s,\varepsilon_S^p) = \frac{aq}{G}\sqrt{\frac{q}{M_2(p+p_r)-q}} - \varepsilon_S^p = 0 \quad (1.13)$$

式中：p，q，s 分别为净平均应力、偏应力和吸力；ε_S^p 为塑性偏应变；a 为反映剪胀性强弱的参数；G 为剪切模量；M_2 为比 M 略大的参数；p_r 为破坏线在 p 轴上的截距。

除此之外，还有很多学者基于 Alonso 模型和 G-A 模型进行了研究。如李冬梅和肖仲炎[209]基于 Ghaboussi 等[210]、Ellis 等[211]及 Zhu 等[212]采用神经网络描述应力应变关系的研究，构建了用 8 个物理力学指标拟合主应力差与轴向应变关系的非饱和膨胀土本构模型。李舰等[213-215]建立了一个适用于膨胀性非饱和土的边界面模型，模型中考虑了集聚体的胀缩变形对宏观结构变化的影响，以及力学行为与持水滞回间的耦合作用。随后，他们基于巴塞罗那模型建立了一个适用于吸力循环作用的膨胀性非饱和土的弹塑性本构模型，模型中通过吸力变化屈服面和混合硬化准则描述所产生的塑性变形。

沈珠江院士先后提出了弹塑性损伤模型和非线性损伤力学模型[216-217]，可反映饱和的结构性土体在低围压下的剪胀和软化特性。Desai 等[218]也提出了类似的结构性土体的扰动状态概念模型。两者的基本思想都是复合体损伤理论，该理论内容可以概括为：将整个土单元

看成由两部分(相对完整的土和相对破碎的土)混合而成;两种土的力学性状差别较大,分别用不同的本构模型描述;在受力过程中,相对完整的土逐渐转化为相对破碎的土。

卢再华等[219-221]以非饱和土本构理论为基础,结合复合体损伤理论,建立了非饱和原状膨胀土的弹塑性损伤本构模型,该模型可反映原状膨胀土的 3 个主要特征(胀缩性、裂隙性和超固结)造成的反复胀缩、软化和剪胀等较复杂的变形特性。在特殊条件下,该模型可退化为膨胀土的非饱和弹塑性模型、非饱和增量非线性弹性模型,以及一般非饱和土的弹塑性模型、增量非线性弹性模型。

综上所述,在计算机技术飞速发展的今天,选择一个适应性、准确性强,又不是那么复杂的描述膨胀土本构关系的模型,并将其与有限元软件结合,进行高效率的涉及膨胀土相关工程的数值计算具有重要意义。

1.4 研究内容与技术路线

1.4.1 研究内容

本书针对膨胀土中结构性裂隙导致的工程上易发、多发、灾害影响大的边坡失稳问题,重点考虑膨胀土的吸湿变形和强度软化效应,开展结构性裂隙对膨胀土边坡渗流变形的影响规律、分析方法及失稳破坏机理的研究,具体研究内容如下。

(1)膨胀土的工程特性及其应力应变规律研究。通过一系列室内试验确定合肥膨胀土的工程特性,通过改进胀缩仪构件的连接方式,提高了仪器测量的精度与准确性。针对此类土样,根据不同的初始含水量和干密度配置若干试样,采用改进的"三向胀缩仪"进行控制应变的膨胀力试验,探究了膨胀土各初始条件对膨胀力大小与各向异性的影响,分析了黏土矿物对土样各向异性影响的机制以及膨胀力与变形之间的关系。

(2)吸湿路径下考虑侧限的膨胀土 SWCC 本构模型的构建。测量了不同初始干密度情况下土样的土水特征曲线及吸湿曲线,通过 Matlab 软件编程拟合,探究了初始条件对两种曲线以及相关参数的影响,并基于此构建了两类 SWCC 本构模型:UN-EX 模型与 IRSM-SSI 模型。UN-EX 模型适用于土体吸水不产生或微膨胀的土体,该模型可以通过已知初始孔隙比推导出相应的土水特征曲线;IRSM-SSI 模型可以表达侧限约束下,土体吸湿膨胀过程中的土水特征曲线。

(3)含结构性裂隙的室内膨胀土边坡吸湿变形物理模型试验。通过对实际膨胀土边坡地质背景的调研,设计并建立了含结构性裂隙的膨胀土边坡模型,对其开展降雨条件下的吸湿试验,研究了边坡渗流场、应变场及其耦合作用的特征规律,揭示了结构性裂隙对边坡变形的作用机理。

(4)考虑湿胀软化效应的膨胀土边坡渗流-变形半解耦有限元分析方法。基于 Abaqus 有限元软件自带的修正剑桥模型,通过子程序二次开发,首次构建了吸力变化对非饱和土屈服面起控制作用的全耦合修正 Alonso 模型。基于南阳膨胀土的非饱和三轴试验结果,将试验应力-应变曲线与数值计算所得到的应力-应变曲线进行对比,验证了模型算法的准确性和可靠性并反演了模型参数;通过模拟不同孔隙比与不同围压两种情况下的三轴试验,对得出的应力-应变曲线及轴向应变-体变曲线进行了分析研究;结合土体吸湿膨胀模型,提出了考虑湿胀软化效应的膨胀土边坡渗流-变形半解耦有限元分析方法。

(5)含结构性裂隙的膨胀土边坡渗流-变形数值模拟。采用考虑湿胀软化效应的膨胀土边坡渗流-变形半解耦有限元分析方法,开展了降雨条件下均质膨胀土边坡以及考虑不同角度的结构性裂隙对膨胀土边坡的变形影响数值计算,验证了考虑湿胀软化效应的膨胀土边坡有限元分析方法的可行与高效,证明了膨胀土的膨胀性对边坡浅层滑动破坏存在影响,分析了结构性裂隙赋存角度对膨胀土边坡变形的影响规律,进一步揭示了渗流作用对边坡变形的作用机理。

1.4.2 技术路线

技术路线见图 1.1,主要包括以下内容。

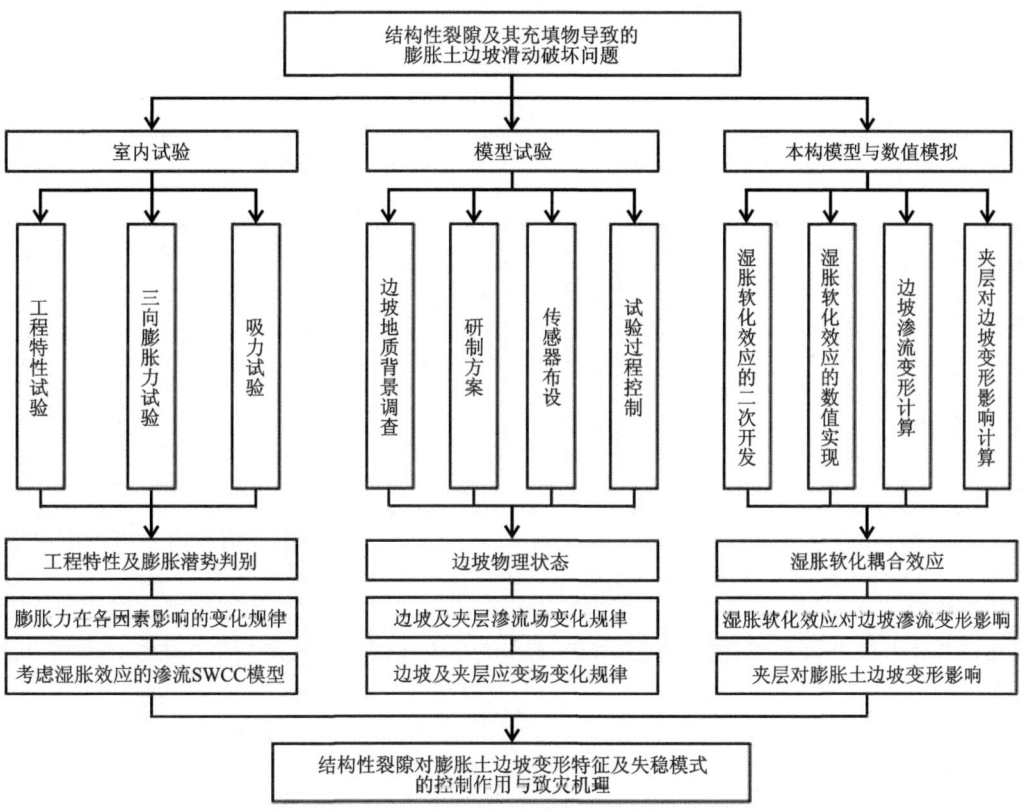

图 1.1 技术路线图

室内试验:对合肥膨胀土开展物理性质、颗粒组成、结构特性及水理性质试验,弄清试验土样的膨胀潜势;开展控制应变的三向膨胀力试验,研究膨胀土各初始条件对膨胀力大小与各向异性的影响以及膨胀力与变形之间的关系;测定不同干密度土样的土水特征曲线及吸湿膨胀曲线,尝试构建吸湿膨胀表达方程及吸湿路径下考虑侧限的膨胀土 SWCC 本构模型。

模型试验：开展含结构性裂隙的膨胀土边坡吸湿变形室内物理模型试验,研究边坡表层物理状态、渗流场、应变场及其耦合作用的特征规律,揭示了结构性裂隙对边坡变形的作用机理。

有限元分析方法：基于 Abaqus 有限元软件自带的修正剑桥模型,通过子程序二次开发,构建了吸力变化对非饱和土屈服面起控制作用的全耦合修正 Alonso 模型。结合土体吸湿膨胀模型,提出了考虑湿胀软化效应的膨胀土边坡渗流-变形半解耦有限元分析方法。采用该有限元分析方法,开展了降雨条件下均质膨胀土边坡以及考虑不同角度的结构性裂隙对膨胀土边坡的变形影响数值计算,分析了结构性裂隙赋存角度对膨胀土边坡变形的影响规律,进一步揭示了渗流作用对边坡变形的作用机理。

2 吸湿膨胀试验规律分析

2.1 引言

引江济淮是继国家南水北调中线工程之后又一项大型的水利工程,是以工业和城市供水为主,兼有农业灌溉补水、生态环境改善和发展江淮航运等综合效益的大型跨流域调水工程,对安徽省水资源配置战略工程和安徽省经济社会发展与水环境改善具有重大意义。

该项目辐射范围为 $7.06×10^4 km^2$,4132 万人口,输水总长 1 048.68km,需疏浚扩挖 200.01km,新开明渠 114.66km,存在膨胀土(岩)的河(航)道累计长约 119.75km,其中的合肥工程段就处于膨胀土质区(图 2.1),由于吸水与失水引起膨胀土的胀缩变形,在大气营力作用下反复的降雨入渗与干湿循环会导致土体内部产生裂隙,使膨胀土强度降低,发生一系列边坡灾害。因此,弄清膨胀土吸水膨胀过程中膨胀力的变化规律显得尤其重要。

图 2.1 合肥工程段渠道图

国内外学者针对该问题已经取得了不少的研究成果,但这些研究都局限于一维状态,只关注了一个方向的膨胀。然而,膨胀土浸水膨胀,其受力状态必然是三维的,产生竖向膨胀力的同时也会产生水平膨胀力,引起挡土墙、桩基、地下管道、涵洞的破坏[71-73]。因此,弄清膨胀土浸水膨胀以后产生的水平膨胀力与竖向膨胀力大小的比值以及三向膨胀力随应变的变化规律对工程建筑物的稳定性分析是非常有意义的。

本章通过一系列室内试验确定合肥膨胀土的工程特性,并改进胀缩仪构件的连接方式,提高仪器测量的精度与准确性。针对此类土样,根据不同的初始含水量和干密度配置若干试样,采用改进的"三向胀缩仪"对合肥重塑膨胀土样进行控制应变的膨胀力试验,探究了膨胀土各初始条件对膨胀力大小与各向异性的影响以及膨胀力与变形之间的关系。

2.2 膨胀土工程特性

本节主要对合肥膨胀土进行室内基础土工试验研究,获得试验土样的天然密度、含水量、比重、液塑限、自由膨胀率及颗粒成分等信息,并详细探讨膨胀土的矿物成分与结构特征等工程特性,为后续的相关试验及边坡稳定性分析提供可靠的参数。

2.2.1 膨胀土三相比例关系

土是由固体颗粒、水及空气组成的(图 2.2),其三相性直接影响工程特性。土的三相组成以及三相之间量的比例关系对土的性质有很大影响,而土的三相组成关系可通过室内试验获得。

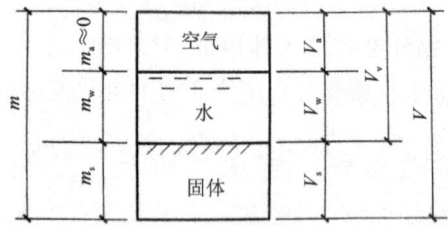

m.土的质量;m_s.土中固体颗粒的质量;m_w.土中水的质量;m_a.土中空气质量,约等于 0;V_s.土中固体颗粒所占体积;V_w.土中水所占体积;V_a.土中空气所占体积;V_v.土中孔隙部分体积;V.土的总体积

图 2.2 土的三相草图

分别用烘干法、环刀法以及比重瓶法对 4 组试样样品进行相关室内试验以获取土体参数,得到土样的平均天然含水率为 21.64%,平均天然密度为 1.95g/cm^3,土粒比重(土粒的质量与同体积纯蒸馏水在 4℃时的质量之比)为 2.68。

根据试验所得的数据,通过三相草图可以得出原状膨胀土的各项物理参数如表 2.1 所示。

表 2.1 合肥膨胀土的主要物理力学性质

孔隙率 $n/\%$	饱和含水量 $w_{sat}/\%$	饱和度 $S_r/\%$	干密度 $/\text{g}\cdot\text{cm}^{-3}$
40.2	25.1	86.3	1.60

2.2.2 膨胀土固体颗粒成分

如前所述,土体是由固体、水及气体组成的三相体系。其中,固体部分一般由矿物质组成,有时也含有有机质,它构成的部分称为土骨架,对土的物理力学性质起到了决定性的作用。研究固体颗粒就要分析土的粒径级配、矿物成分以及颗粒的形状,这三者之间关联密切。

2.2.2.1　膨胀土的粒径级配曲线

本次试验采用工程中常用的筛分法与密度计法测定土样的颗粒级配。筛分法适用于土颗粒粒径大于0.075mm的部分,它是利用一套孔径大小不同的筛子,将称过质量的烘干土样过筛,分别称留在各筛上的土的质量,然后计算相应百分数。本次试验取80g土样进行试验,得到的结果如表2.2所示。

表2.2　筛分法试验数据表

粒径大小/mm	5.0～2.0	2.0～0.5	0.5～0.25	0.25～0.075	<0.075
质量/g	—	—	—	1.95	78.05
颗粒质量百分数/%	—	—	—	2.44	97.56

由表2.2可知,土样主要包括0.25～0.075mm的细砂粒组与小于0.075mm的细粒组两部分。其中,细砂粒组仅占2.44%,而细粒组占到了97.56%。

继续进行水分法试验,用来分析粒径小于0.075mm的部分。根据斯托克斯(Stokes)定理,球状的颗粒在水中的下沉速度与颗粒直径的平方成正比。因此可以利用粗颗粒下沉速度快、细颗粒下沉速度慢的原理,按照下沉速度进行颗粒的粗细分组。基于这个原理,在试验过程中采用甲种密度计进行测定,粒径占比按如下公式计算

$$X = \frac{100}{m_s} C_G (R_m + m_t + n - C_D) \tag{2.1}$$

$$C_G = \frac{\rho_s}{\rho_s - \rho_{w20}} \times \frac{2.65 - \rho_{w20}}{2.65} \tag{2.2}$$

式中:X为小于某粒径的土质量百分数(%);m_s为试样质量(干土质量)(g);C_G为比重校正值;ρ_s为土粒密度(g/cm³);ρ_{w20}为20℃时水的密度(g/cm³);m_t为温度校正值;n为刻度及弯月面校正值;C_D为分散剂校正值;R_m为甲种密度计读数。

取细粒组土样30g进行上述试验,试验结果如表2.3所示。

表2.3　水分法试验数据表

下沉时间/min	悬液温度/℃	比重计读数 R_m	土粒落距 L/cm	粒径 d/mm	小于某孔径的总土质量百分数/%
1	29.30	24.8	14.53	0.046 45	86.9
5	29.30	21.5	15.47	0.021 43	76.3
15	29.30	16.5	16.88	0.012 93	60.1
30	29.30	128	17.93	0.009 42	48.2
60	29.30	10.5	18.58	0.006 78	40.8

续表 2.3

下沉时间/min	悬液温度/℃	比重计读数 R_m	土粒落距 L/cm	粒径 d/mm	小于某孔径的总土质量百分数/%
120	29.30	8.1	19.26	0.004 88	33.0
1440	28.00	3.9	20.45	0.001 47	17.8

综合筛分法与水分法的试验结果，颗粒分析数据汇总如表 2.4 所示。

表 2.4 颗粒分析结果汇总表

粒径大小/mm	0.25～0.075	0.075～0.005	<0.005	<0.05	<0.01	<0.002
颗粒质量百分数/%	2.4	64.0	33.6	88.6	50.4	21.6

试验结果表明，试验所测的合肥膨胀土的颗粒以小于 0.075mm 的细粒为主，占到了总质量的 95% 以上，其中 0.075～0.005mm 的粉粒占比 64.0%，小于 0.005mm 的黏粒占比 33.6%，小于 0.002mm 的胶粒含量占比 21.6%。黏粒占比较多，说明土体中的蒙脱石、伊利石等矿物成分较多，土样的膨胀潜势也较大。根据试验数据绘制出土样的颗粒级配曲线如图 2.3 所示。

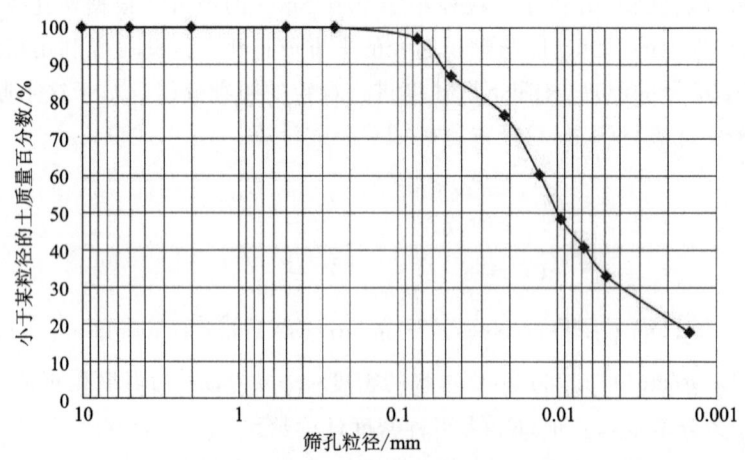

图 2.3 颗粒级配曲线图

通过土样的颗粒级配曲线可以直接了解土的粗细程度、粒径分布的均匀程度和分布连续性程度，从而判断土的级配优劣。汇总得出土的特征粒径及相关系数如表 2.5 所示。

表 2.5 土的特征粒径及相关系数分析结果

特征粒径	D_{10}	D_{30}	D_{50}	D_{60}	C_u	C_c
粒径尺寸/mm	0.000 5～0.000 6	0.004	0.010	0.013	21～26	2.1～2.5

表 2.5 中，C_u 代表土的不均匀系数。粗颗粒与细颗粒的大小相差越悬殊，该值越大。C_u 越大，代表颗粒级配曲线越平缓，表示土中含有许多粗细不同的粒组，且粒组变化范围较宽。

试验所用合肥膨胀土的 C_u 值在 21～26 之间,远大于均匀土所限定的大小,故为不均匀土。C_c 代表土的粒径级配积累曲线的斜率是否是连续的。试验所用合肥膨胀土的 C_c 值在 2.1～2.5 之间,满足土的级配连续要求,故土样为级配良好的土。

2.2.2.2 矿物成分分析

组成土的矿物是次生矿物,它们由原生矿物经过化学风化作用后形成新的矿物成分。土中最主要的次生矿物为黏土矿物。黏土矿物具有复合层状的硅酸盐矿物,它对黏性土的工程性质影响很大。黏土矿物主要包括蒙脱石、伊利石和高岭石 3 种。通过 X 射线衍射对合肥膨胀土进行矿物成分鉴定,试验采用 D8 Advance X 射线衍射仪,结果如图 2.4 及表 2.6 所示。

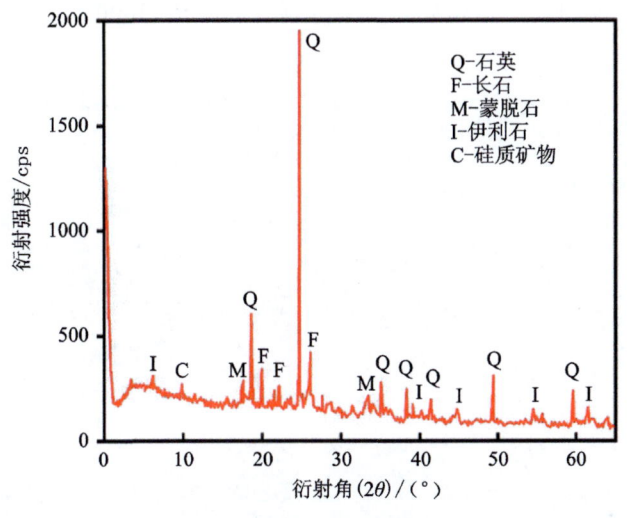

图 2.4 膨胀土 X 衍射图谱

表 2.6 膨胀土矿物成分占比表 单位:%

土样	矿物含量占比							黏土矿物合计
	石英	钠长石	蒙脱石	伊利石	钾长石	方解石	斜绿泥石	
合肥膨胀土	37.32	27.25	5.26	12.84	7.44	2.48	4.91	18.10

从 X 衍射图谱及矿物成分表可以看出,土样中蒙脱石含量占比 5.26%,伊利石含量占比 12.84%,黏土矿物总计含量占比在 18%以上。众所周知,蒙脱石的晶层结构是由两层硅片夹一层铝片所构成的,称为 2∶1 的三层结构。晶层之间是 O^{2-} 对 O^{2-} 的联结,联结力很弱,水很容易进入晶层之间。每一颗粒能组叠的晶层数较少。蒙脱石的主要特征是颗粒细微,具有显著的吸水膨胀、失水收缩的特性,亲水能力很强。伊利石是云母在碱性介质中风化的产物,与蒙脱石相似,是由两层硅片夹一层铝片所形成的三层结构,但晶层之间有钾离子联结。它联结强度高于蒙脱石,故其亲水性能也较弱于蒙脱石。这两种黏土矿物的存在使得膨胀土具有了膨胀特性。

2.2.2.3 微观结构特征

膨胀土的微观结构包括矿物颗粒及其聚集的形状、大小、裂隙、孔隙分布及定向程度等。颗粒的微观结构特征与粒径级配、矿物成分之间关联密切。原生矿物一般颗粒较粗，呈粒状，颗粒3个方向的尺度基本在同一数量级。而黏土矿物颗粒细微，多呈片状。比表面积又是直接反映土颗粒与周围水相互作用强烈程度的重要指标。已有研究表明，蒙脱石比表面积远大于伊利石，这也能说明蒙脱石的亲水特性要好于伊利石。土颗粒中针片状颗粒的比例和颗粒的磨圆度直接影响到颗粒间的排列组合和粗糙程度，进而影响土的抗剪强度。

基于此，采用 Quanta 250 扫描电子显微镜（放大倍率 6~1 000 000 倍）对合肥膨胀土试样的微观结构进行扫描分析。试样放大倍率分别为 500 倍、1000 倍、2000 倍、5000 倍的电子显微照片，如图 2.5 所示。

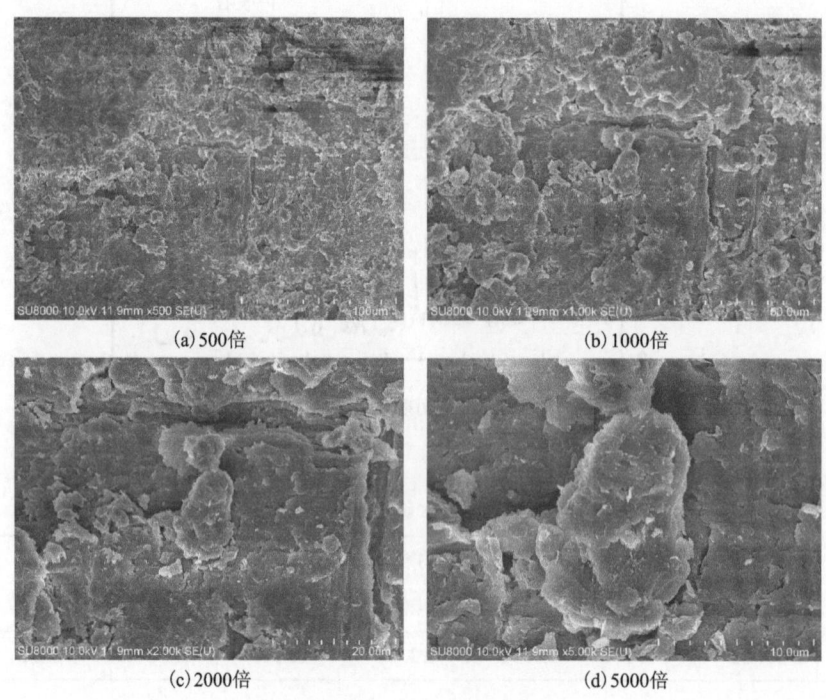

(a) 500倍　　(b) 1000倍
(c) 2000倍　　(d) 5000倍
图 2.5　膨胀土微结构 SEM 图像

由图 2.5 可以观察到大量不规则的薄片状结构，这些薄片状结构之间的聚集形式基本为面-面相叠，有个别部位薄片状结构堆叠较多，形成凸起，推测可能该部分黏土颗粒之间有胶结作用。整体结构呈层流状，各单元按大小具有良好的分选性及沿层理面的高度定向性，说明土样有较大的各向异性。黏土矿物颗粒片径大小在 $2\mu m$ 以内，薄片表面光滑，片状聚集明显，边缘不规则，有卷曲现象，表明蒙脱石与伊利石等黏土矿物含量较多。

2.2.3 膨胀土的水理性质试验

由前文所述，土粒中黏土矿物成分越高，土体的亲水特性越强，这其实也是由蒙脱石、伊利石分子带电引起的。当土体含水量很低时,水分子都被土颗粒表面的电荷紧紧吸附于颗粒表面,形成强结合水;当土体含水量逐渐增加,被吸附在颗粒周围的水膜加厚,在强结合水的外部又形成了一层弱结合水,这时候土粒受外力作用可以被捏成任意形状而不破裂,外力取消后仍然能保持改变后的形状;当含水量继续增加,土体中开始出现不受土颗粒电荷束缚的自由水,这时候土粒之间被自由水隔开,土体无法承受剪应力。

由表 2.7 可知,土体中蒙脱石含量越高,土颗粒比表面积越大,能吸附的结合水相应就越多,进而导致土体的液限、塑限及塑性指数等参数变大。因此,获得土体的液限和塑限,对土体黏粒含量及矿物成分的研究至关重要。

表 2.7 3 类黏土矿物的特性统计表

特性		黏土矿物		
		高岭石	伊利石	蒙脱石
分子式		$(OH)_8Si_4Al_4O_{10}$	$(K,H_2O)_2Si_8(Al,Mg,Fe)_{4,6}O_{20}(OH)_4$	$(OH)_4Si_8Al_4O_{20}(H_2O)_n$
相对密度		2.60~2.68	2.60~3.0	2.35~2.7
液限 ω_L/%		50~62	95~120	150~900
塑限 ω_P/%		33	45~60	55
塑性指数 I_P		20~29	32~67	100~650
颗粒尺寸/μm	平面	0.1~2.0	0.1~0.5	0.1~0.5
	厚度	0.01~0.1	0.005~0.05	0.001~0.005
比表面积/ $m^2 \cdot g^{-1}$		10~20	65~100	50~800

2.2.3.1 膨胀土液塑限分析

采用液限和塑限联合测定法进行试验,将过 0.5 mm 筛的土样分成 4 组,每组加入不同的蒸馏水使其含水量不同,采用光电式液塑限联合测定仪进行数据采集。

汇总实验数据,绘制出锥入深度与含水量的关系图(图 2.6)。图 2.6 中入锥深度 17 mm 处对应的含水量为土体的液

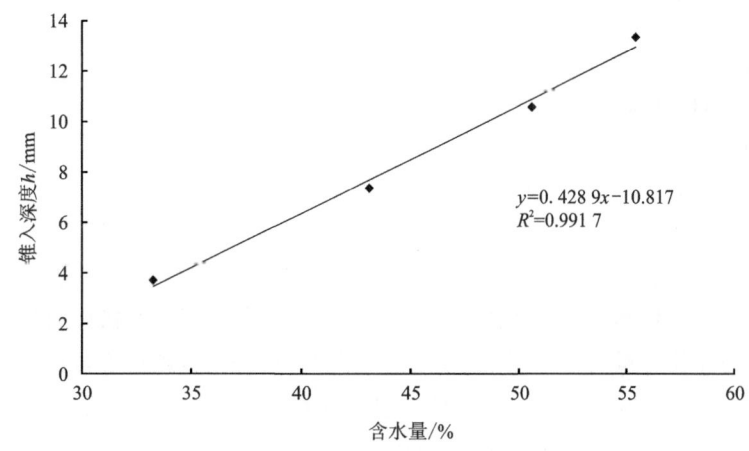

图 2.6 锥入深度与含水量的关系图

限,入锥深度2mm处对应的含水量为土体的塑限,得出合肥膨胀土样的液限为72%,塑限为30%,塑性指数为42%。

2.2.3.2 自由膨胀率

自由膨胀率指松散的烘干土粒在水中和空气中分别自由堆积的体积之差与在空气中自由堆积的体积之比,它是判定土膨胀性潜势大小的重要基本指标之一。自由膨胀率大小与土的颗粒组成、矿物化学成分、水溶液性质等因素密切相关,用以测定黏质土在无结构力影响下的膨胀潜势,评估土样的胀缩特性。对4组合肥地区膨胀土样进行了自由膨胀率的测定,试验结果如表2.8所示。

表2.8 4组合肥地区膨胀土样自由膨胀率试验结果

试验编号	自由膨胀率/%	平均自由膨胀率/%
1	48	44
2	41	
3	43	
4	44	

2.2.4 土体膨胀潜势等级判别

根据孔令伟等[154]研究所知,膨胀土膨胀潜势判别标准如表2.9所示。

表2.9 膨胀土膨胀潜势判别标准

指标	膨胀潜势等级			合肥膨胀土
	弱膨胀土	中膨胀土	强膨胀土	
液限 ω_L/%	40~50	50~70	>70	72
塑性指数 I_P	18~25	25~35	>35	42
自由膨胀率/%	40~65	65~90	>90	44
<0.005mm 颗粒含量/%	<35	35~50	>50	33.6

由表2.9可知,合肥膨胀土样的液限与塑性指数均在强膨胀土范围内,而自由膨胀率与黏粒含量属于弱膨胀土范围。工程中常用自由膨胀率指标直接判定膨胀土的膨胀等级;土体的黏粒含量与其液塑限、塑性指数成正相关关系,黏粒含量占比越多,代表土颗粒比表面积越大,土体的膨胀潜势越高,所以黏粒含量也是判定土体膨胀性的重要参考。结合这两个因素,最终将合肥膨胀土判定为弱膨胀土。

2.3 三向胀缩仪

2.3.1 三向胀缩仪原理

传统的固结仪只能测量膨胀土样的一维膨胀力,且加压平衡法进行试验的过程中操作繁琐,人工误差大。因此,为了探究膨胀土三向膨胀力的各向异性,美国的兰勃在1960年发明了体变势仪,法国的Didier等[61]在1973年介绍了一种膨胀力测试仪。这些仪器放弃了传统的在固结仪上逐渐加载平衡测膨胀力的方法,采用钢环、钢板等弹性构件作为平衡膨胀力的测力元件,使得膨胀力测试仪结构紧凑,测试方便。三向胀缩仪原理如图2.7所示。

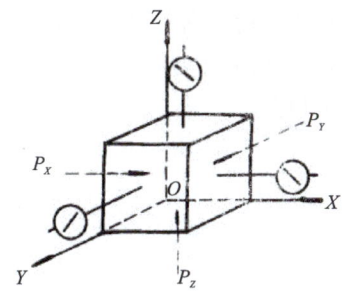

图2.7 三向胀缩仪原理图

一个正方形试样的3个相邻面位于三维直角坐标轴构成的XoY、ZoY、XoZ的平面上,作为试样的参照面。在参照面上装有测力元件可以同时测出X方向、Y方向和Z方向的膨胀压力,而在立方体的另外3个面上装有位移调整装置,可以同时测出X、Y和Z方向上的变形量,从而建立三维膨胀力和膨胀量之间的关系。

2.3.2 三向胀缩仪结构

前人研制的三向胀缩仪虽然开创性的可以同时测量膨胀土试样3个方向的膨胀力,但是仪器本身的螺杆和活塞容易与框架顶盖侧边发生摩擦,造成试验数据的失真。基于此,本书对该仪器重新设置并进一步改进,由数据采集箱采集数据,改进后的三向胀缩仪实物如图2.8所示。

图2.8 改进后的三向胀缩仪实物图

图2.9为三向胀缩仪的构造示意图,三向胀缩仪设计是以平衡加压法试验原理为依据的。不同于传统的在固结仪上逐渐加荷平衡膨胀力的方法,它采用薄钢板作为平衡膨胀力的

测力元件。方形试验框架是仪器的核心,它可以分为顶盖、4根方形铜柱和底座3个部分。顶盖和底座均为中间有4cm×4cm通孔的铜块,顶盖和底座铜块之间由4根高为4cm的方形铜柱联结,这样就在方形试验框架中心部位构成了4cm×4cm×4cm的试验空间。下部铜块按X、Y、Z方向分别安装3片等强度梁作为测力元件,3片等强度梁的相对位置上安装有3个百分表架。从图2.8可以看出,方形试验框架的结构和试样相对两个面上有一对承压活塞。承压活塞上钻有很多小孔(可以起到透水石的作用)直接和试样接触,以尽量消除三向胀缩仪受膨胀力后仪器本身的变形量。承压活塞通过钢珠分别和等强度梁以及试样变形调整螺杆接触,同时测出膨胀力和变形量。试样所需的变形量可以旋转调整螺杆实施,其变形量用百分表控制。

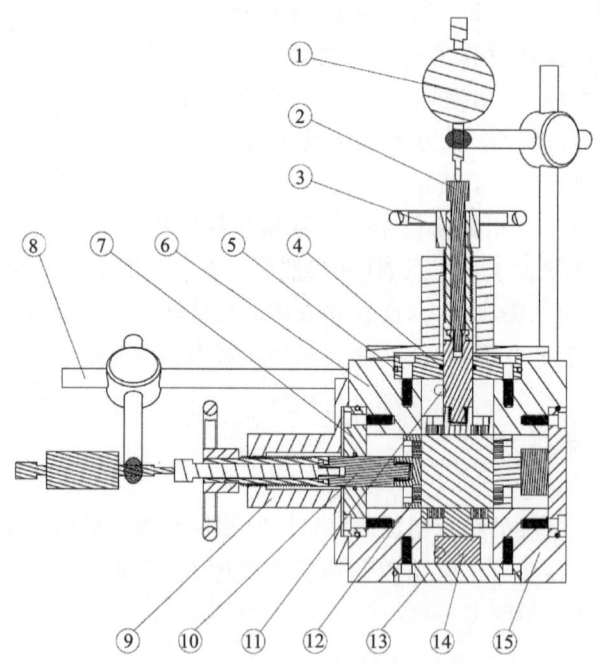

①百分表;②光杆连接杆;③手轮;④1#O型圈;⑤2#O型圈;⑥上主体;⑦密封板;⑧百分表支撑架;⑨内螺纹支座;⑩镀铬光杆;⑪水管快接;⑫活塞;⑬压力传感器压板;⑭压力传感器;⑮下主体

图2.9 三向胀缩仪剖面图

2.3.3 三向胀缩仪改进

在原三向胀缩仪的基础上进行改进的部分主要包括:①充分调研了我国膨胀土在环内的单向膨胀力变化范围,选用了最合适的测力传感器,提高数据采集精度;②压力传感器与承压活塞固定使活塞悬空,避免活塞与框架侧壁摩擦;③将调整螺杆和活塞连接到一起,几圈钢珠可以同时给活塞增加滑动约束和法向约束,使活塞悬空,避免活塞与框架侧壁摩擦,同时,又不妨碍调整螺杆对活塞的作用。将传感器、调整螺杆、活塞及不锈钢支座连成一体,可以从仪器上卸下标定,极大地减少了误差(图2.10)。

2 吸湿膨胀试验规律分析

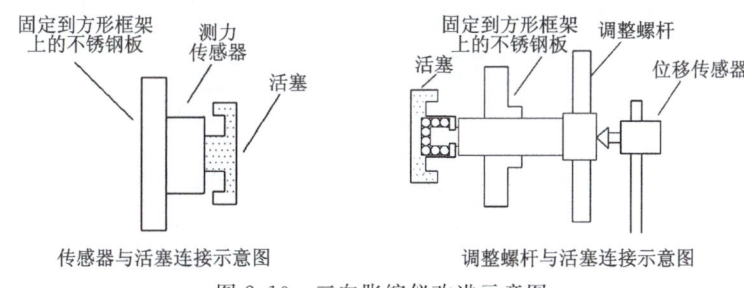

图 2.10 三向胀缩仪改进示意图

2.4 三向膨胀力及其影响因素

2.4.1 试验方法与方案

2.4.1.1 制样方案

试验用土取自合肥引江济淮工程引水渠道边坡,土样呈灰黄色。取土照片及土样物理力学性质指标见图 2.11 与表 2.10。

图 2.11 现场取土照片

表 2.10 合肥膨胀土主要物理力学性质

液限 ω_L/%	塑限 ω_P/%	塑性指数 I_P/%	自由膨胀率/%	土粒相对密度 G_s
72	30	42	44	2.68

试验按照含水率 10%、13%、16%、19%配置土样,制备干密度分别为 1.50g/cm³、1.60g/cm³、1.65g/cm³、1.7g/cm³ 的试样。制样过程中,首先将土样风干,人工碾碎后过 2mm 的筛进行筛分,测定试样风干含水率。根据试验要求配制出不同含水率的土样,将风干料和水搅拌均

· 27 ·

匀后装入塑料袋密封24h,再通过压样模具进行制样。具体流程见图2.12。

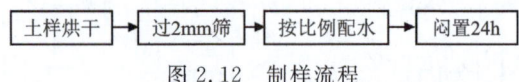

图 2.12　制样流程

土样配置完成后,取一部分土样烘干进行含水率试验,最终确定4类试验用土的真实含水率分别为9.84%、12.60%、16.25%和20.20%。

2.4.1.2　土样制备器

制样器由两个正方形压样块、底座、套筒以及千斤顶组成(图2.13),套筒高120mm,压样块边长40mm,套筒外框与两个压样块围成40mm×40mm×40mm的内空间。

图 2.13　制样器(压样块、底座与套筒)

制样步骤:①将一压样块放入套筒底部,把备好的土放入套筒里;②另一个压样块从套筒上部放入;③用千斤顶将上部压样块刚好压进套筒中;④将底座的细端对准套筒中心,通过千斤顶把压实好的土块从模具中脱出。

2.4.1.3　试验方案

本次试验共制备了不同初始含水率不同干密度的试样16件,采用应变控制的方法对试样进行三向等压膨胀试验。试验方案见表2.11。

表 2.11　试验方案

试样编号	含水率/%	干密度/g·cm^{-3}
1-1	9.84	1.50
1-2	9.84	1.60
1-3	9.84	1.65
1-4	9.84	1.70
1-5	12.60	1.50
1-6	12.60	1.60
1-7	12.60	1.65
1-8	12.60	1.70

续表 2.11

试样编号	含水率/%	干密度/g·cm^{-3}
1-9	16.25	1.50
1-10		1.60
1-11		1.65
1-12		1.70
1-13	20.20	1.50
1-14		1.60
1-15		1.65
1-16		1.70

做应变为零的三向膨胀力试验时,将试样装入仪器,安上百分表后,施加 1kPa 的初始压力,然后对试样加水,整个试验过程中 3 个方向试样的变形量始终为 0。按时记录膨胀力并添加适量水,当膨胀力读数差每小时小于 0.01kPa 时就属稳定,此时的膨胀力即为试样的极限膨胀力。

做控制变形的三向膨胀力试验时,先进行三向膨胀力试验。待试样吸水膨胀力稳定后,首先调整纵向应变,使其变形量达到 0.05mm,记录此时的读数,接着再调整纵向应变使变形量达到 0.10mm,记录读数,继续循环,得到三向膨胀力与纵向应变的关系;待纵向膨胀力为 0 后,调整水平应变,使其变形量达到 0.05mm,记录此时读数,接着再调整水平应变使变形量达到 0.10mm,记录读数,继续循环,得到水平膨胀力与水平应变之间的关系。

2.4.2 三向膨胀力时程曲线规律

根据试验得出的不同初始条件下各试样的三向膨胀力时程曲线如图 2.14～图 2.17 所示。

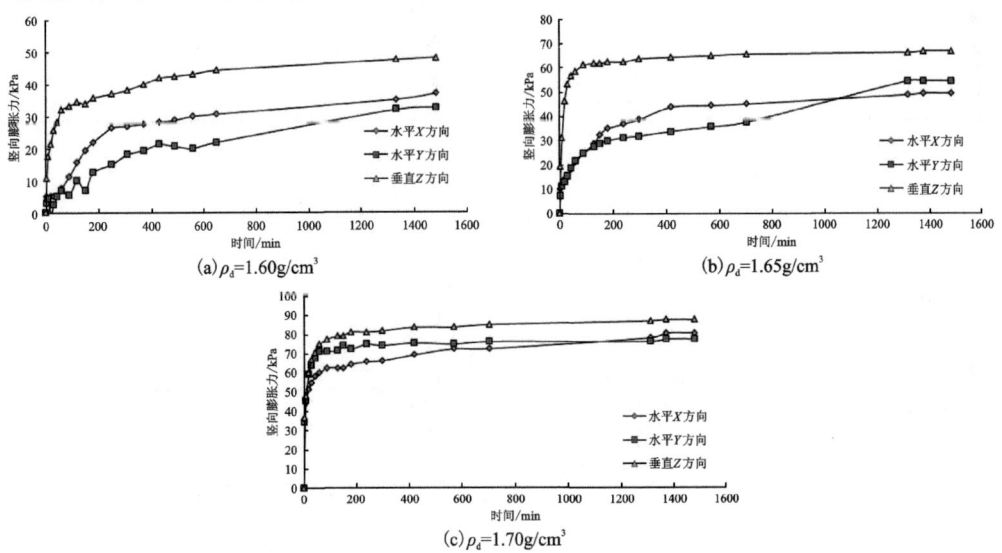

图 2.14 试样含水率为 9.84% 时,三向膨胀力时程曲线

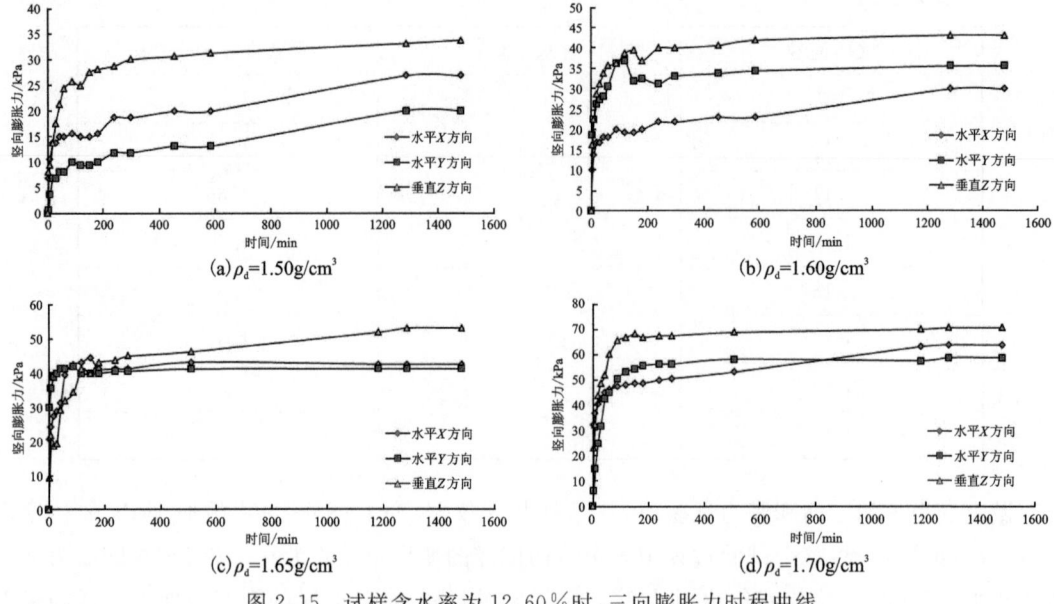

图 2.15 试样含水率为 12.60% 时,三向膨胀力时程曲线

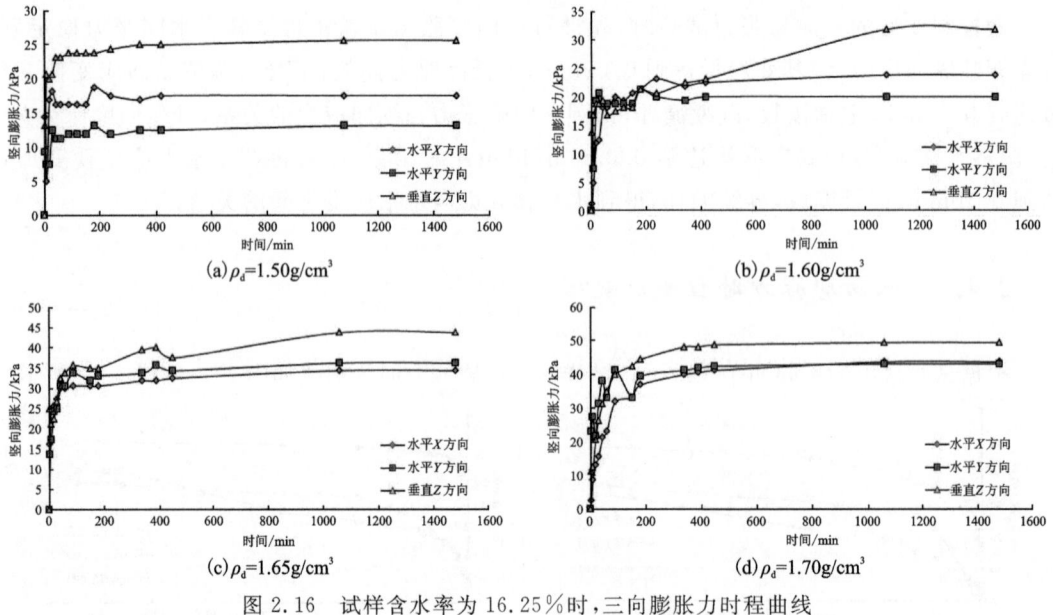

图 2.16 试样含水率为 16.25% 时,三向膨胀力时程曲线

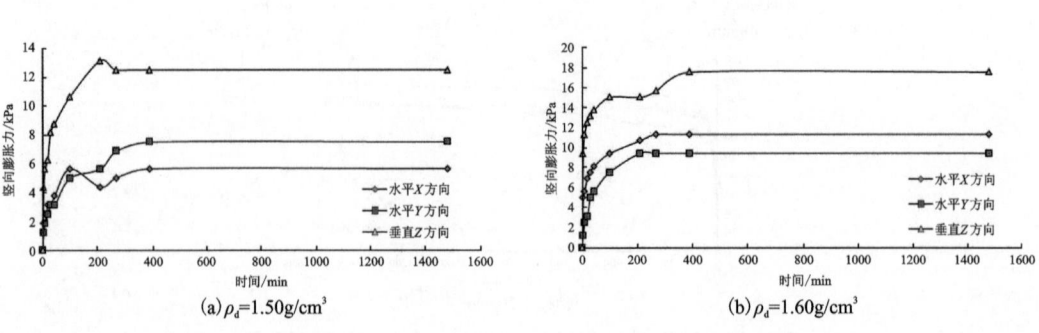

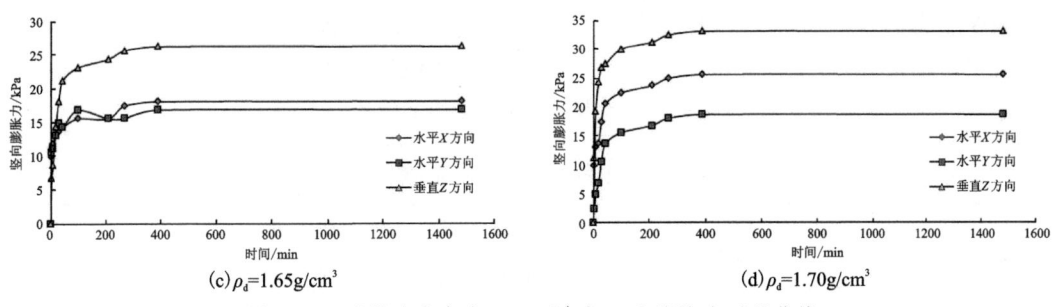

图 2.17 试样含水率为 20.20% 时,三向膨胀力时程曲线

由图 2.14～图 2.17 可知,在浸水膨胀时,膨胀土的时程曲线随着速率的变化而变化,基本可以分为快速膨胀、缓慢膨胀和趋于稳定 3 个阶段。这是因为试验开始阶段膨胀土吸水较多,结合水膜增厚,"楔开"土颗粒使固体颗粒之间的距离增大[222],产生体积膨胀,膨胀率增大,且增长显著,之后随着水分渐渐充满孔隙,膨胀土吸水率变小,膨胀率增长幅度变小。最后膨胀土吸水达到稳定状态,膨胀率保持不变[41]。

每一种初始条件下的三向极限膨胀力见表 2.12(由于含水率为 9.84%,干密度为 1.50g/cm³ 的土样压制太松散,故该组放弃测量膨胀土的膨胀力)。

表 2.12 重塑膨胀土的三向极限膨胀力

含水率/%	干密度/(g·cm⁻³)	P_X/kPa	P_Y/kPa	P_Z/kPa
9.84	1.50	—	—	—
	1.60	36.875	32.500	48.125
	1.65	49.375	54.375	66.875
	1.70	80.625	77.500	87.500
12.60	1.50	26.875	20.000	33.750
	1.60	30.000	35.625	43.125
	1.65	42.500	41.250	53.125
	1.70	63.750	58.75	70.625
16.25	1.50	17.500	13.125	25.625
	1.60	23.750	20.00	31.875
	1.65	34.375	36.250	43.750
	1.70	43.750	43.125	49.375
20.20	1.50	5.625	7.500	12.500
	1.60	11.250	9.375	17.500
	1.65	18.125	16.875	26.250
	1.70	25.625	18.750	33.125

对于竖向膨胀力时程曲线,快速膨胀阶段在 0～2h 以内,此时膨胀力达到极限膨胀力的 70%～95%,且初始含水率与干密度越高,占比越大;缓慢膨胀阶段在 2～6h 之间,膨胀力达

到极限膨胀力的80%～100%,初始含水率与干密度较低时,膨胀土也基本完成膨胀,初始含水率与干密度较高时,土样完成膨胀(表2.13)。这与李献民等对湖南邵阳膨胀土研究得出的结论基本一致[223],3个阶段结束,全程基本保持在24h以内。

表2.13 竖向膨胀力随时间比例变化

含水率/%	干密度/g·cm^{-3}	即时膨胀力占比/%		
		120min	360min	1440min
9.84	1.60	71.4	83.1	100.0
	1.65	92.5	96.3	100.0
	1.70	90.7	95.7	100.0
12.60	1.50	74.1	90.7	100.0
	1.60	89.9	94.2	100.0
	1.65	77.6	87.1	100.0
	1.70	94.7	97.3	100.0
16.25	1.50	92.7	97.6	100.0
	1.60	56.9	70.6	100.0
	1.65	80.0	90.0	100.0
	1.70	86.1	97.5	100.0
20.20	1.50	72.0	100.0	100.0
	1.60	85.7	100.0	100.0
	1.65	89.5	100.0	100.0
	1.70	92.7	100.0	100.0

对于水平膨胀力时程曲线,相同初始条件下,水平方向膨胀率的快速增长阶段的增速小于竖向膨胀力曲线,前两个阶段的历时长短也与竖向膨胀力时程曲线有所差别,但是无论是水平X向或是水平Y向,快速膨胀阶段在0～2h以内,此时膨胀力达到极限膨胀力的60%以上,且初始含水率与干密度越高,占比越大;缓慢膨胀阶段在2～6h之间,此时膨胀土基本完成膨胀,膨胀力接近最大值,均在24h内达到极限膨胀,并且两者最终值差别很小(表2.14)。

表2.14 水平膨胀力随时间比例变化

含水率/%	干密度/g·cm^3	即时膨胀力占比/%			
		120min		360min	
		水平X方向	水平Y方向	水平X方向	水平Y方向
9.84	1.60	59.3	38.5	74.6	59.6
	1.65	70.9	55.2	88.6	62.1
	1.70	79.8	93.5	86.0	97.6

续表 2.14

含水率/%	干密度/g·cm³	即时膨胀力占比/%			
		120min		360min	
		水平X方向	水平Y方向	水平X方向	水平Y方向
12.60	1.50	55.8	46.9	74.4	65.6
	1.60	64.6	88.7	77.1	94.7
	1.65	100.0	97.0	100.0	100.0
	1.70	75.5	90.4	83.3	98.9
16.25	1.50	92.9	90.5	96.4	95.2
	1.60	81.6	93.5	92.1	96.9
	1.65	89.1	87.9	92.7	93.1
	1.70	75.7	76.8	91.4	95.6
20.20	1.50	71.1	70.7	100.0	100.0
	1.60	83.3	80.0	100.0	100.0
	1.65	86.2	92.6	100.0	100.0
	1.70	90.5	86.9	100.0	100.0

2.4.3 竖向膨胀力时程曲线规律

不同含水率和不同干密度的试样竖向膨胀力时程曲线对比如图 2.18、图 2.19 所示。

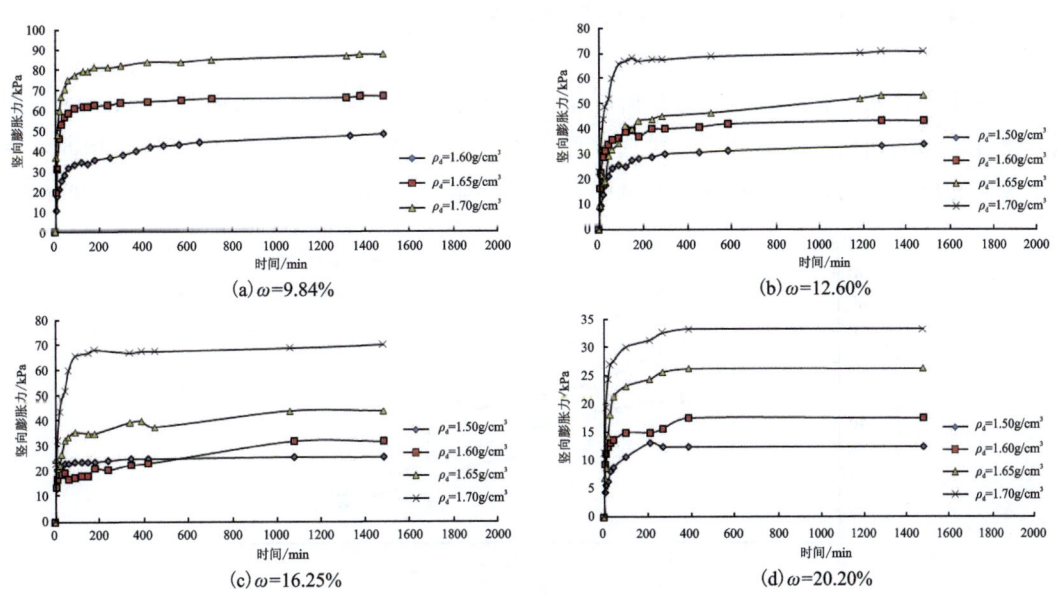

图 2.18 不同含水率试样竖向膨胀力与时间曲线

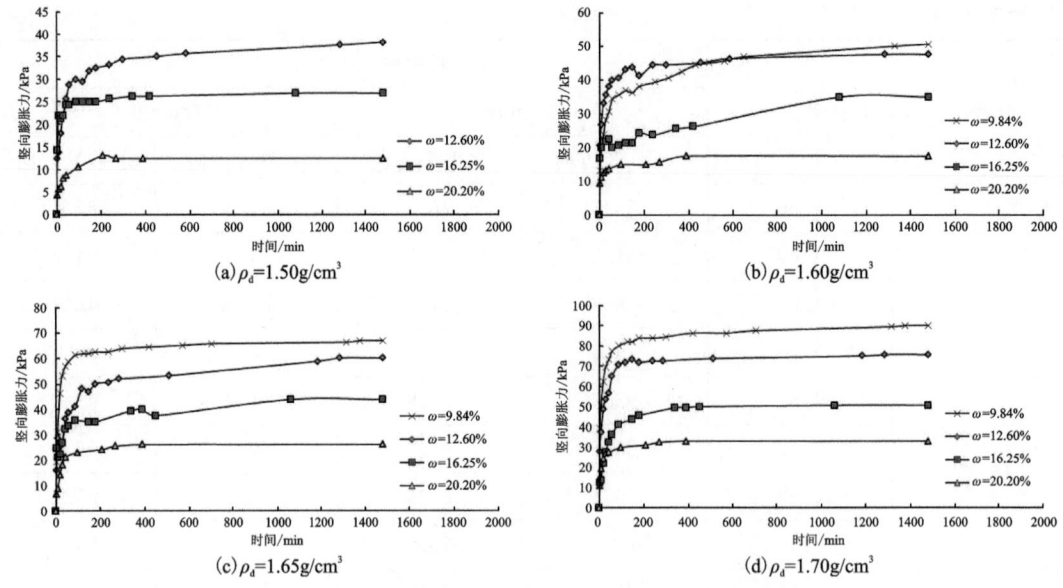

图 2.19 不同干密度试样竖向膨胀力与时间曲线

由图可知,当初始含水率一定时,干密度越高,初始膨胀速率越大,这是由于当膨胀土干密度大时,体积含水率小,相应的基质吸力会达到很高的值。这种吸力的作用犹如有效应力作用一样会使土发生收缩,浸水后膨胀土中的基质吸力急剧降低,相当于有效应力大大减小,导致土的体积膨胀[224]。初始基质吸力越高,土的膨胀速度就越快,最终极限膨胀力越大;相同地,当初始干密度一定时,含水率越低,土样的初始基质吸力越大,初始膨胀速率越大,且最终极限膨胀力越大。

2.4.4 竖向膨胀力与初始含水率的关系

依据重塑膨胀土膨胀力的试验数据可以绘出竖向膨胀力与初始含水率的关系曲线,在相同干密度下不同初始含水率对应的竖向膨胀力如图 2.20 所示。从图中可以看出,相同干密度下竖向膨胀力随初始含水率增大而减小。竖向膨胀力与初始含水率之间具有良好的线性

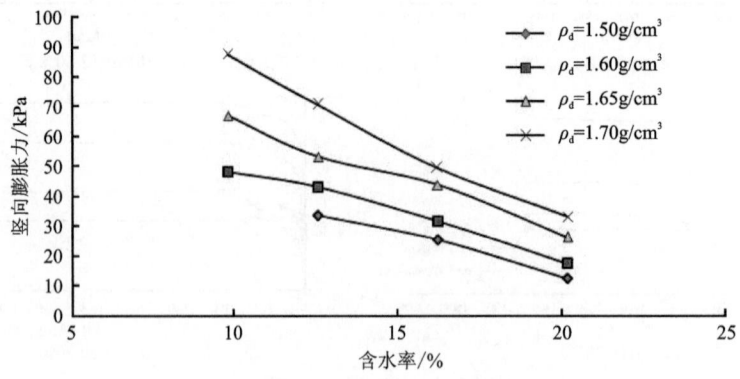

图 2.20 竖向膨胀力与含水率的关系曲线

关系,因此,不同干密度下的 P_Z-ω 关系式可表示为 $P_Z=A\omega+B$。不同干密度下的 P_Z-ω 回归分析式见表 2.15。

表 2.15 不同干密度竖向膨胀力与初始含水率的回归关系式

干密度/g·cm^{-3}	回归分析式
1.5	$P=-2.803\omega_0+69.79$
1.6	$P=-2.998\omega_0+79.30$
1.65	$P=-3.768\omega_0+102.9$
1.7	$P=-5.277\omega_0+137.8$

根据表 2.15 绘制出回归分析式的斜率与干密度的关系曲线,如图 2.21 所示。

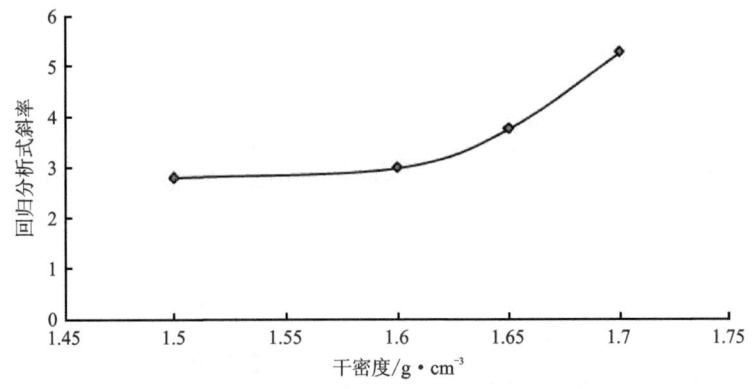

图 2.21 回归分析式斜率与干密度关系曲线

从图 2.21 中可以看出,干密度越大,竖向膨胀力随着初始含水率的变化速率越大。整条曲线大致分为两段:①干密度在 1.5~1.6g/cm³ 之间时,斜率的变化较小,竖向膨胀力随初始含水率的变化速率基本一致;②干密度在 1.6~1.7g/cm³ 之间时,斜率明显变大。

谢云等[67]对南水北调中线工程膨胀土进行了不同含水率与不同干密度的膨胀力试验,研究表明,竖向膨胀力随初始含水率的变化速率会因为干密度的增大而增大,与本书得到的竖向膨胀力随含水率变化趋势一致。

2.4.5 竖向膨胀力与初始干密度的关系

同样依据重塑膨胀土膨胀力的试验数据可以得到初始含水率相同时竖向膨胀力与干密度的关系曲线,如图 2.22 所示。

从图 2.22 中可以看出,初始含水率相同的土样,干密度越大,膨胀力越大。干密度为 1.7g/cm³ 时试样的膨胀力是干密度为 1.5g/cm³ 时的 2.6~3.4 倍之间。谢云等[66]针对南阳膨胀土的试验数据得到初始含水率相同时竖向膨胀力与干密度的关系,并用指数函数对曲线进行拟合。

绘制膨胀力对数与初始干密度的关系曲线如图 2.23 所示。由图 2.23 中不难看出,不同

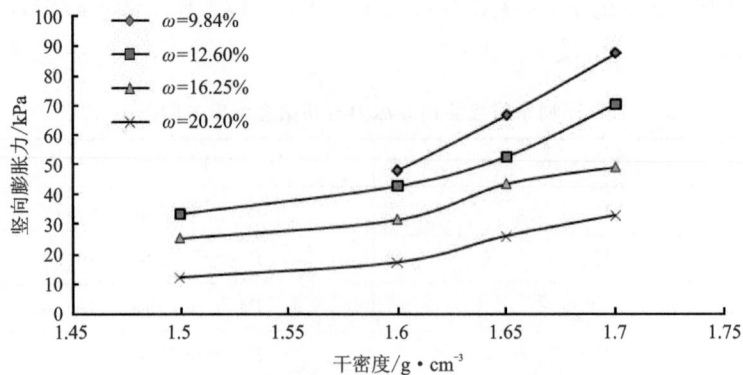

图 2.22 初始含水率相同时 P_Z 与 ρ_d 的关系曲线

初始含水率下的 $\ln P_Z$-ρ_d 关系为一系列线性递增直线,直线斜率大致相同,说明膨胀力随初始干密度的变化速度不随含水率的变化而变化。因此,可用式(2.3)描述膨胀力与干密度之间的关系

$$\ln P_Z = C \cdot \rho_d + f(\omega) \tag{2.3}$$

式中:C 为试验参数;$f(\omega)$ 为图中直线在 $\ln P_Z$ 轴上截距随初始含水率变化的函数。

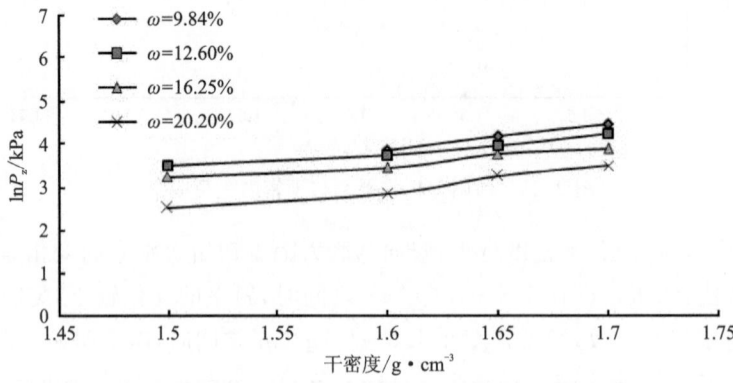

图 2.23 初始含水率相同时 $\ln P_Z$ 与 ρ_d 的关系曲线

这与朱豪等[225]对南阳膨胀土得出的相关结论一致。各初始含水率下的回归分析式参数取值见表 2.16。

表 2.16 回归分析式参数取值

初始含水率/%	C	$f(\omega)$
9.84		−1.700
12.60	4.490	−1.912
16.25		−2.187
20.20		−2.477

2.5 膨胀土三向应力应变规律探讨

2.5.1 重塑膨胀土各向异性分析

由于本次试验采用的制样方法是单向压样,压实过程中竖向压力与水平压力不同,即造成试样的各向异性。这一点从图 2.14~图 2.17 也可以看出,竖向膨胀力总是大于水平膨胀力,X 向膨胀力与 Y 向膨胀力大小相近,但是或多或少都存在一些差异,这可能是压样过程中产生的误差。本书比较两者特性时,水平膨胀力取 X、Y 向的平均值进行讨论。为方便叙述,本书所指水平膨胀力均为 X、Y 向膨胀力的平均值。

表 2.17 为不同含水率与干密度情况下试样的三向膨胀力的试验结果。R_0 为水平膨胀力与竖向膨胀力的比值。可以看出,竖向膨胀力总是大于水平膨胀力;R_0 随着试样初始含水率与干密度的不同而不同,变化范围在 0.525~0.904 之间。谢云等[66]对南阳膨胀土进行三向膨胀力试验得出 R_0 在 0.367~0.679 之间,张颖钧[64-65]对 6 种原状土样进行了试验,得出试样水平与竖向膨胀力的比值在 0.376~0.646 之间,本书得出的数据较前人研究偏大。

表 2.17 重塑膨胀土的膨胀力

含水率/%	干密度/(g·cm^{-3})	P_X/kPa	P_Y/kPa	P_Z/kPa	R_0
9.84	1.50	—	—	—	—
	1.60	36.875	32.500	48.125	0.721
	1.65	49.375	54.375	66.875	0.776
	1.70	80.625	77.500	87.500	0.904
12.60	1.50	26.875	20.000	33.750	0.694
	1.60	30.000	35.625	43.125	0.761
	1.65	42.500	41.250	53.125	0.788
	1.70	63.750	58.750	70.625	0.867
16.25	1.50	17.500	13.125	25.625	0.598
	1.60	23.750	20.000	31.875	0.686
	1.65	34.375	36.250	43.750	0.807
	1.70	43.750	43.125	49.375	0.880
20.20	1.50	5.625	7.500	12.500	0.525
	1.60	11.250	9.375	17.500	0.589
	1.65	18.125	16.875	26.250	0.667
	1.70	25.625	18.750	33.125	0.670

注:P_X、P_Y、P_Z 分别表示 X 方向水平膨胀力、Y 方向水平膨胀力、竖向膨胀力。

2.5.2 R_0 与初始干密度的关系

由表 2.17 数据可以绘出水平膨胀力与竖向膨胀力之比和干密度的变化关系曲线如图 2.24 所示。

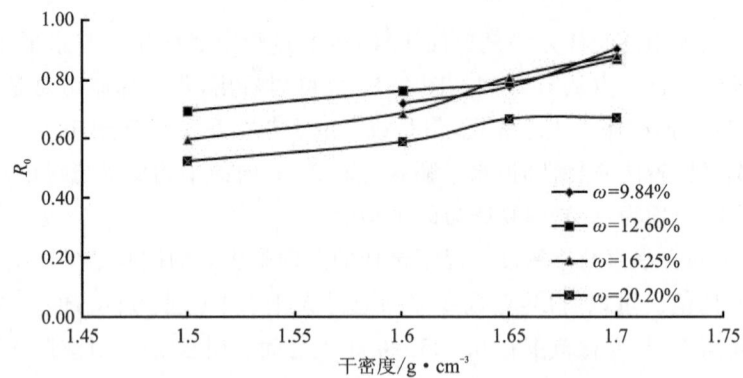

图 2.24 初始含水率相同时 R_0 与 ρ_d 的关系曲线

根据图 2.24 可知,在初始含水率相同时,R_0 会随着干密度的增大而增大。这说明随着试样干密度的增大,土样的各向异性特性减弱。

膨润土产生膨胀的主要原因是含有黏土矿物,且膨润土中的黏土矿物(蒙脱石、伊利石、高岭石)都呈层状结构,膨胀土的膨胀力有 3 种来源:一是黏土矿物吸水使晶层间距增大引起的膨胀;二是黏土矿物晶层间的阳离子浓度大于周边水中的阳离子浓度引起的渗透性膨胀;三是双电层斥力,即层间吸水使膨润土晶层表面的阳离子扩散后在层间表面形成带负电荷的双电层,进而使层间表面产生负电荷斥力,引起层间间距增大而膨胀。从膨胀力来源可以分析得出对于单层黏土矿物,其膨胀力产生的方向主要垂直于层间方向。

随着晶层间距的增大,晶层之间的膨胀力将会减小。膨胀土压实后土体中尚存在孔隙,遇水之后,膨胀土中的蒙脱石颗粒吸水致使自身体积增大,将首先充填周围的孔隙。如果保持土体体积不变,当蒙脱石颗粒将孔隙填充之后,将会受到周围颗粒的限制而不能再膨胀,被限制颗粒由此产生的膨胀力将会向周围颗粒传递,最终产生宏观膨胀力[226]。

在控制应变的膨胀力试验中,蒙脱石颗粒吸水膨胀并将颗粒间的孔隙全部充填后,将会受到周围颗粒的限制从而产生膨胀力,此时,将约束的空间适量地放大后,由于蒙脱石的膨胀效应,晶层间距开始加大,并逐渐充满整个空间,导致膨胀力的降低,当晶层间距加大到一定程度后,土体所产生的膨胀力与外部约束力达到平衡状态,此时膨胀变形结束,膨胀力稳定。限制变形的膨胀力产生机理与不限制变形的膨胀应变产生的机理如图 2.25 所示。

在三向膨胀力试验中,蒙脱石叠片的取向会导致膨胀力产生各向异性。制样时,将松散的土样倒入模具中,可认为蒙脱石叠片取向是随机的,此时不存在各向异性[68]。由于是单向压样,对于初始干密度较低的试样,压实后土样内的团粒间本身就存在较为明显的大孔隙,故在制样过程中,体积的变化主要源自纵向土颗粒以及团粒间空隙的减少,而此时横向颗粒间的空隙仍然较大,故在吸水膨胀时,膨胀的蒙脱石晶体首先会填满纵向颗粒间孔隙,而在晶体填充横向颗粒间孔隙时,其已经释放了较多的膨胀势,最终导致纵向膨胀力远大于横向膨胀力。

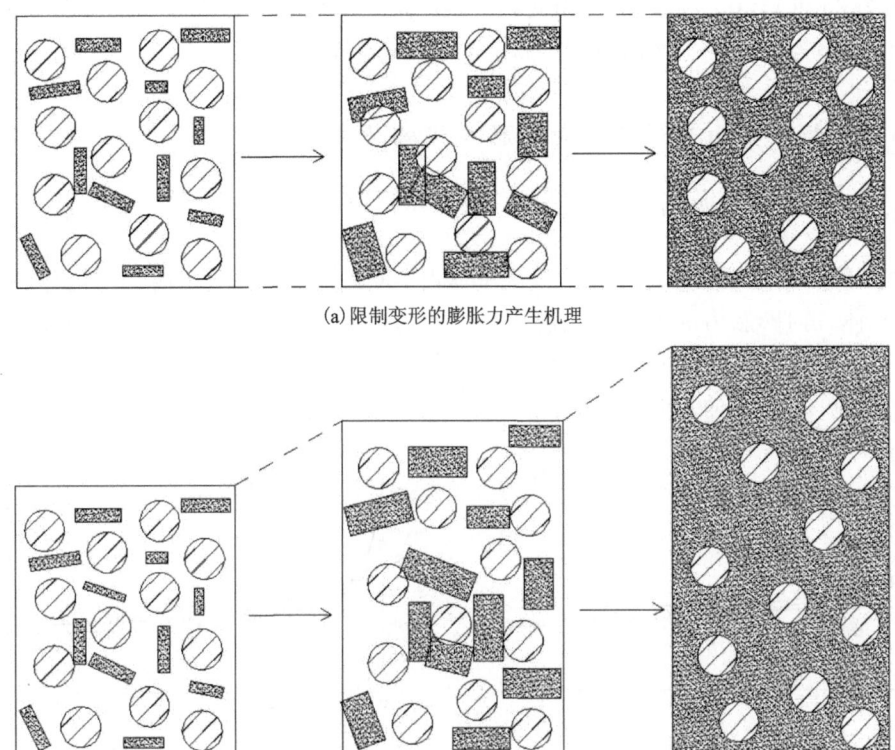

(a) 限制变形的膨胀力产生机理

(b) 不限制变形的膨胀应变产生机理

图 2.25 限制变形的膨胀力产生机理与不限制变形的膨胀应变产生的机理示意图

对于初始干密度较大的试样,制样完成后,土样是非常紧实的,所以其在压实过程中,无论颗粒间的横向间距还是纵向间距都会产生较大的压缩。干密度越大,两者间距越接近,所以在吸水膨胀时,最终纵向膨胀力与横向膨胀力接近,土样各向异性特征减弱,R_0 较大。

2.5.3 R_0 与初始含水率的关系

由表 2.17 数据也可以绘出水平膨胀力与竖向膨胀力之比(R_0)和初始含水率的变化关系曲线(图 2.26)。

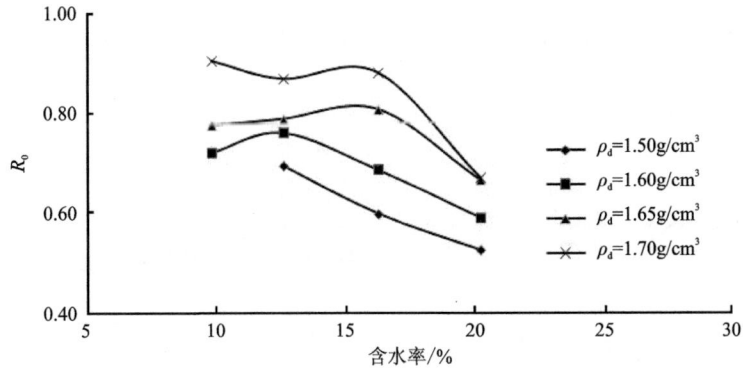

图 2.26 初始干密度相同时 R_0 与 ω 的关系曲线

由图 2.26 可知,在初始干密度相同时,R_0 随着含水率的变化整体上没有明显的规律可循,但在含水率为 15%～20% 时,R_0 呈现明显的下降趋势。

2.5.4 控制竖向变形的三向膨胀力试验研究

2.5.4.1 应力应变曲线规律分析

工程上膨胀土边坡在雨水作用下发生膨胀时,其上部会发生一定的变形,所以弄清变形情况下,土体三向膨胀力的大小变化规律显得尤为重要。图 2.27、图 2.28 为释放纵向约束下,不同初始条件土样的三向膨胀力变化曲线,其中横坐标为土样线应变,即用竖向变形除以土样的初始宽度(4cm)的百分比。

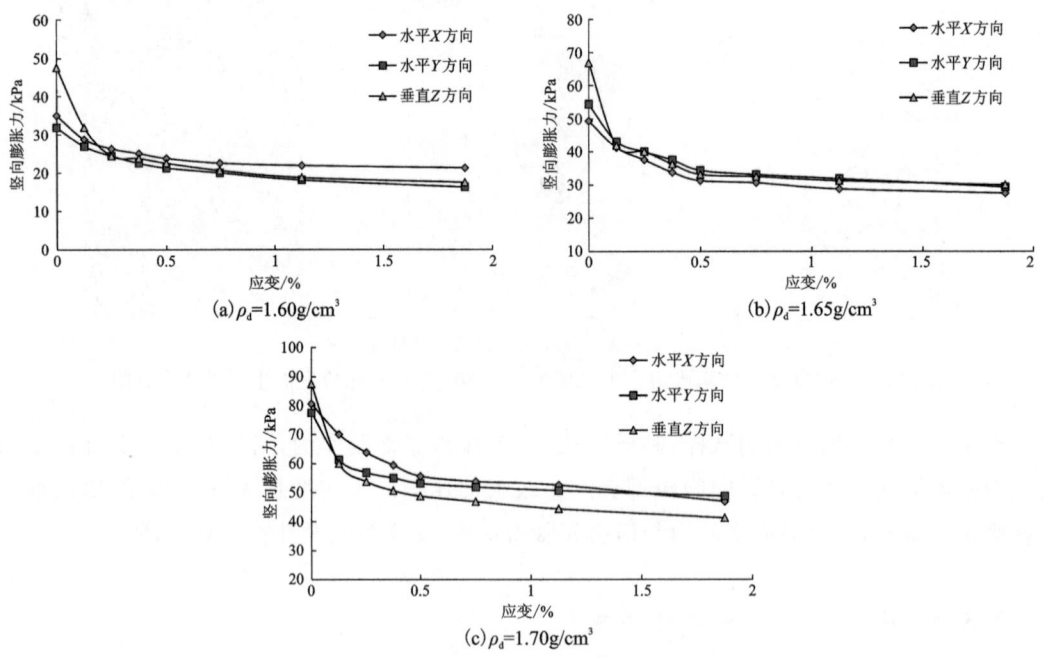

图 2.27 含水率为 9.84% 时试样的三向膨胀力与竖向变形(应变)曲线

由于图 2.28 可知,随着竖向应变的增大,各种情况下土样的三向膨胀力均在减小。膨胀力与竖向应变曲线大致可以分为快速减小、缓慢减小以及趋于稳定 3 个阶段,也就是说微小的形变就能导致膨胀力的大幅减小,并且应变越小时,膨胀力衰减速率越快。

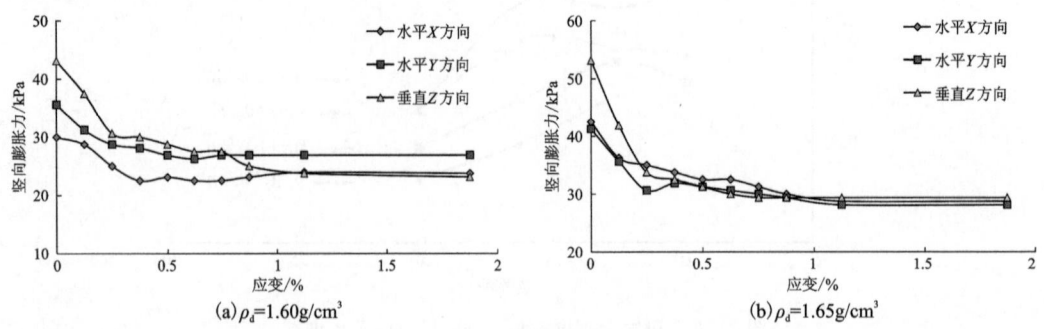

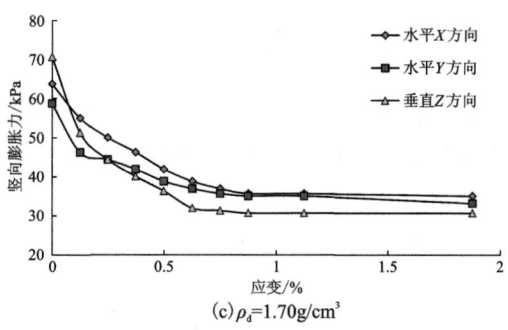

(c) $\rho_d = 1.70\text{g/cm}^3$

图 2.28 含水率为 12.60% 时试样的三向膨胀力与竖向变形(应变)曲线

根据试验数据计算得出不同竖向应变率时的膨胀力衰减量表(表 2.18)。

表 2.18 竖向应变率-膨胀力衰减量

含水率/%	干密度/g·cm^{-3}	竖向应变率/%	P_X衰减量/%	P_Y衰减量/%	P_Z衰减量/%
9.84	1.6	0.125	17.86	15.69	32.89
		0.375	28.57	29.41	50.00
		1.875	39.29	49.02	63.16
	1.65	0.125	16.46	20.69	37.38
		0.375	31.65	31.03	45.79
		1.875	44.30	45.98	55.14
	1.7	0.125	13.18	20.97	31.43
		0.375	26.36	29.03	42.14
		1.875	41.86	37.10	52.86
12.60	1.6	0.125	4.17	12.28	13.04
		0.375	25.00	21.05	30.43
		1.875	20.83	24.56	46.38
	1.65	0.125	14.71	13.64	21.18
		0.375	20.59	22.73	38.82
		1.875	32.35	31.82	44.71
	1.7	0.125	13.73	21.28	27.43
		0.375	27.45	28.72	43.36
		1.875	45.10	43.62	56.64

由表 2.18 可以看出,在任何情况下,竖向膨胀力的衰减量均大于横向膨胀力的衰减量;在竖向应变仅仅达到 0.375% 时,竖向膨胀力减小超过 30%;在竖向应变达到 1.875% 时,竖向膨胀力衰减已经接近 50%。

2.5.4.2 初始条件对三向膨胀力衰减值的影响

取特征竖向应变率和对应的膨胀力衰减值(取竖向应变率分别为0.125%与0.375%时的数据进行统计),绘制出初始含水量不同时试验土样膨胀力衰减值与初始干密度的关系曲线图(图2.29)。

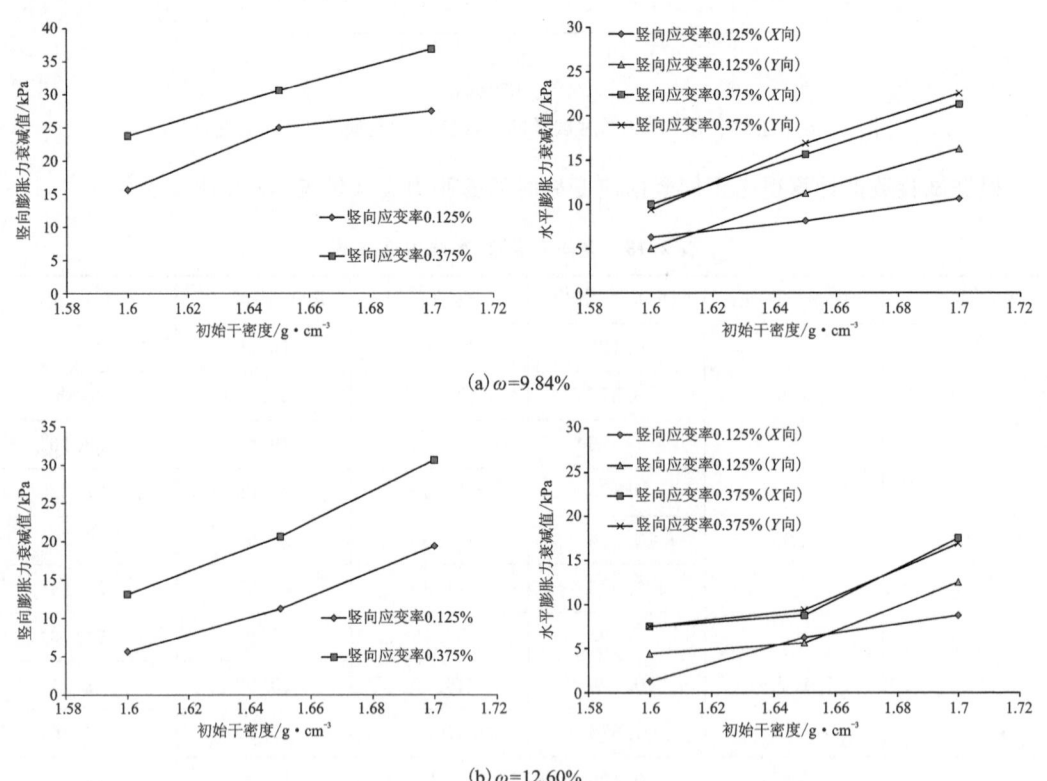

图2.29 初始含水率不同时试样膨胀力衰减值与干密度关系曲线

由图2.29可以看出,初始含水量相同的情况下,释放土样的竖向位移,此时无论土样的水平向还是垂直向的膨胀力衰减值均随着初始干密度的增大而增大。

取特征竖向应变率和对应的膨胀力衰减值(取竖向应变率分别为0.125%、0.375%与0.75%时的数据进行统计),绘制出初始干密度不同时试验土样竖向膨胀力衰减值与初始含水量的关系曲线图(图2.30)。

将竖向应变率分别为0.125%、0.375%与0.75%时的X、Y向水平膨胀力衰减值取平均值后,绘制出初始干密度不同时试验土样水平膨胀力衰减值与初始含水量的关系曲线图(图2.31)。

由图2.30、图2.31可知,在初始干密度相同的情况下,释放土样的竖向位移,此时无论土样的水平向还是垂直向的膨胀力衰减值均随着初始含水量的增大而减小。

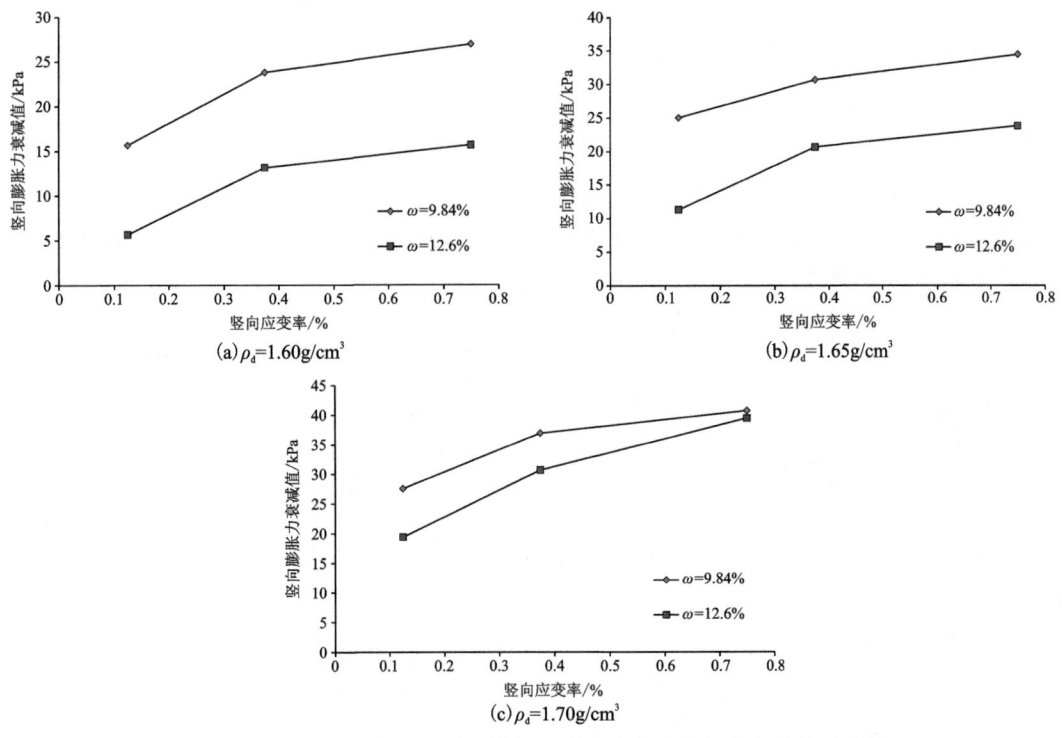

图 2.30 初始干密度不同时试样竖向膨胀力衰减值与含水量关系曲线

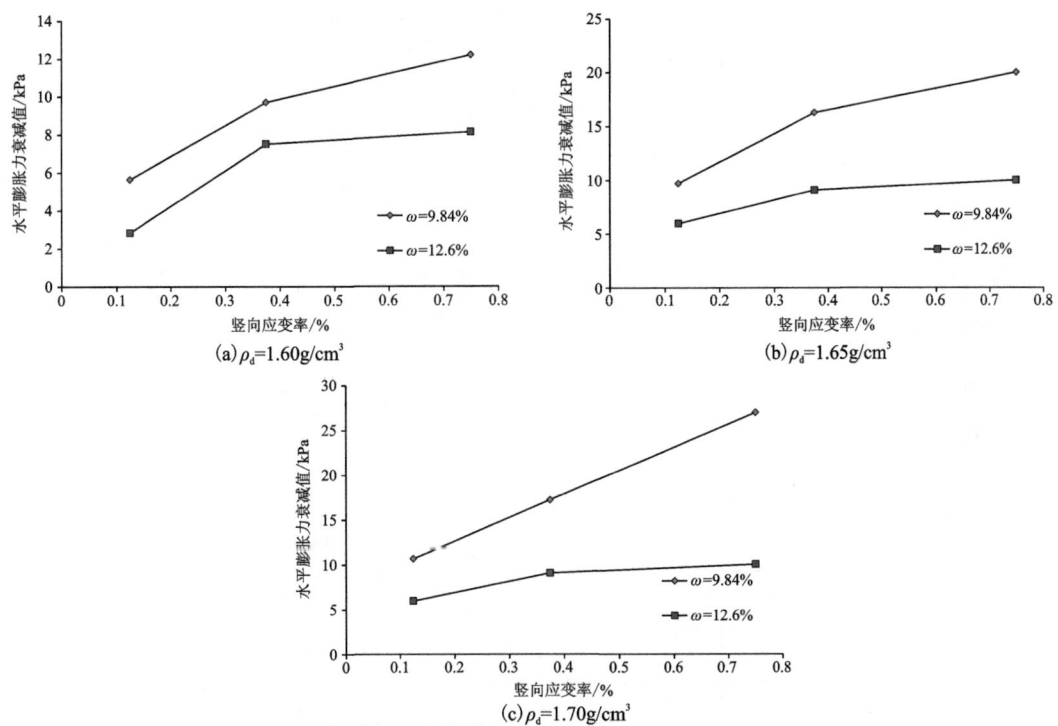

图 2.31 初始干密度不同时试样水平膨胀力衰减值与含水量关系曲线

2.5.5 控制侧向变形的水平膨胀力试验研究

2.5.5.1 应力-应变曲线规律分析

当土体完全释放竖向膨胀力后,探究侧向应变与水平膨胀力之间的变化关系对工程实际有着重要的指导意义。试验中同时释放 X 向与 Y 向的应变,可以得到不同初始条件下土样的水平膨胀力变化曲线,如图 2.32、图 2.33 所示。

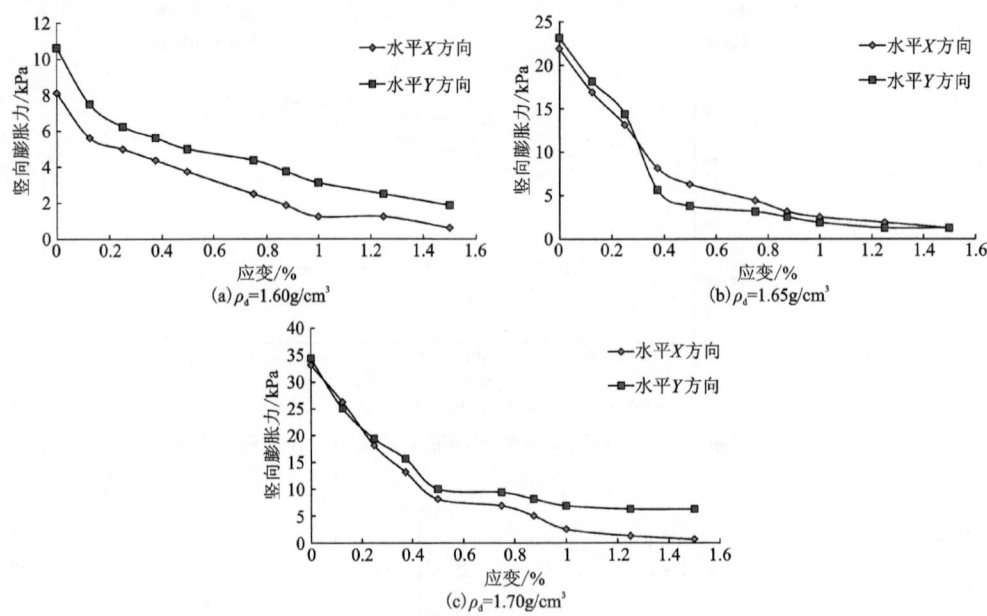

图 2.32 含水率为 9.84% 时试样水平膨胀力与侧向变形曲线

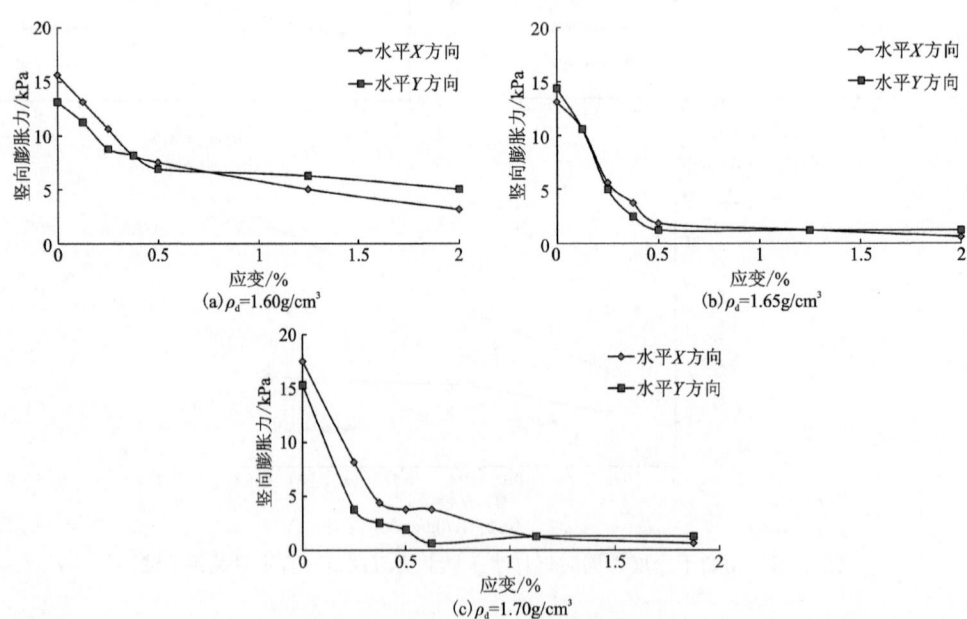

图 2.33 含水率为 12.60% 时试样水平膨胀力与侧向变形曲线

从图 2.33 可以看出,控制侧向变形的水平膨胀力变化曲线与控制竖向变形的水平膨胀力曲线变化趋势相似,同样是微小的侧向形变就能导致水平膨胀力的大幅减小,并且应变越小时,膨胀力衰减速率越快。

根据试验数据计算得出侧向应变率不同时水平膨胀力的衰减量(表 2.19)。

表 2.19 侧向应变率不同时水平膨胀力的衰减量

含水率/%	干密度/g·cm^{-3}	侧向应变率/%	P_X 衰减量/%	P_Y 衰减量/%
9.84	1.6	0.25	38.46	41.18
		0.5	53.85	52.94
		1.0	84.62	70.59
	1.65	0.25	40.00	37.84
		0.5	71.43	83.78
		1.0	88.57	91.89
	1.7	0.25	45.28	43.64
		0.5	75.47	70.91
		1.0	92.45	80.00
12.60	1.6	0.25	32.00	33.33
		0.5	52.00	47.62
		1.0	68.00	52.38
	1.65	0.25	57.14	65.22
		0.5	85.71	91.30
		1.0	90.48	91.30
	1.7	0.25	75.00	83.66
		0.5	78.57	95.92
		1.0	92.86	91.83

由表 2.19 可以看出,在侧向应变仅仅达到 0.25% 时,水平膨胀力减小接近 40%;在侧向应变达到 1% 时,水平膨胀力衰减超过 70%。

2.5.5.2 初始条件对水平膨胀力衰减值的影响

取特征水平应变率和对应的水平膨胀力衰减值(取水平应变率分别为 0.25% 与 1.0% 时的数据进行统计)绘制出初始含水量不同时试验土样膨胀力衰减值与初始干密度的关系曲线图(图 2.34)。

由图 2.34 可知,初始含水量相同的情况下,释放土样的水平位移,此时土样的水平向膨胀力衰减值均随着初始干密度的增大而增大。

取特征水平应变率和对应的膨胀力衰减值(取水平应变率分别为 0.125%、0.375% 与

0.75%时的数据进行统计),并将 X、Y 向水平膨胀力衰减值取平均后,绘制出初始干密度不同时试验土样水平膨胀力衰减值与初始含水量的关系曲线图(图2.35)。

由图2.35可知,初始干密度相同的情况下,释放土样的水平位移,此时土样水平向的膨胀力衰减值均随着初始含水量的增大而减小。初始干密度为 1.60g/cm^3,水平应变率为 0.375% 时的数据中,含水量为12.6%的土样水平膨胀力衰减值大于含水量为9.84%的土样。这可能是在该阶段试验中,土体的膨胀力因变形的释放数值很低,而传感器精度不够引起的测量误差。

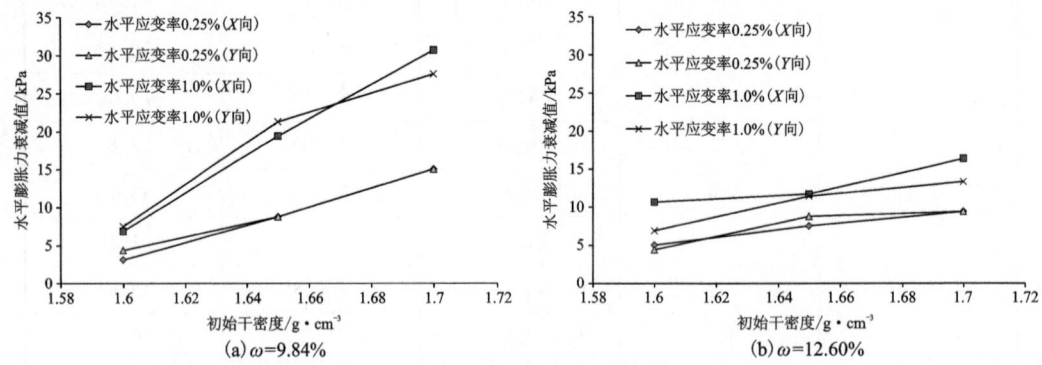

图 2.34 初始含水率不同时试样水平膨胀力衰减值与干密度关系曲线

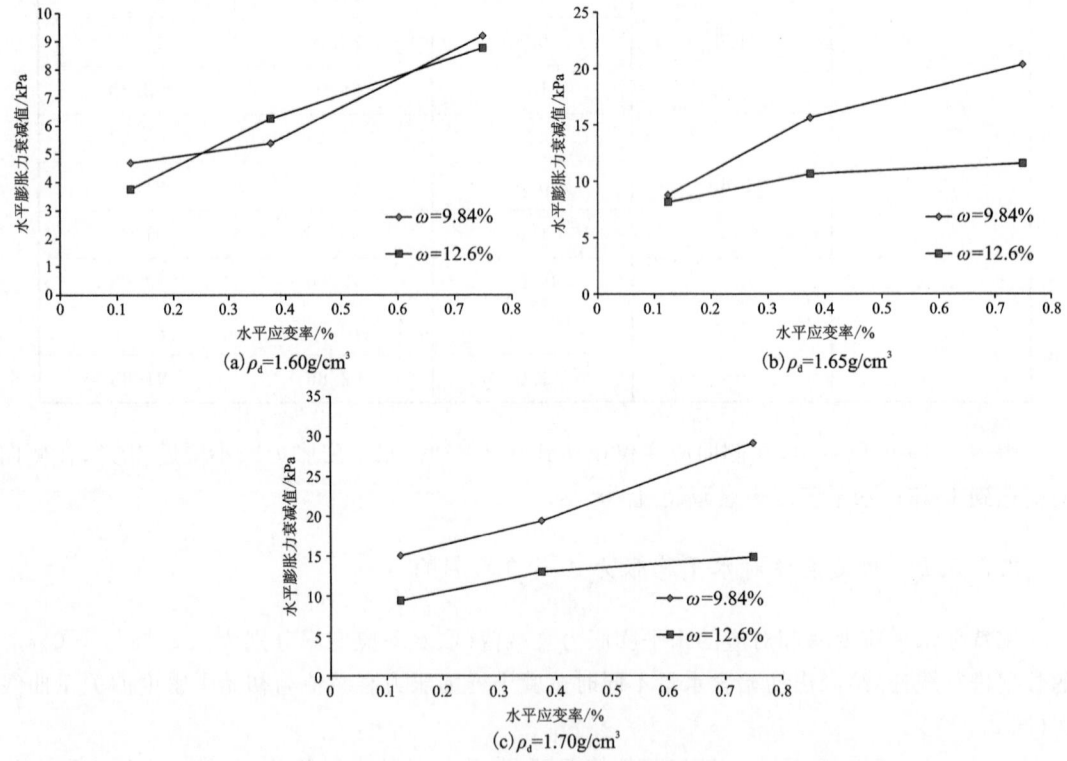

图 2.35 初始干密度不同时试样水平膨胀力衰减值与含水量关系曲线

2.6 一维与三维膨胀力对比研究

为了对比改进后的三向胀缩仪与传统固结仪所测定土样竖向膨胀力的差异,采用加荷平衡法通过 WG 型单杠杆固结仪对 15 组重塑环刀样进行一维膨胀力的测定,由于该试验土样的初始含水率与三向膨胀力试验中样品的初始含水率有稍许的差异,这里通过不同干密度竖向膨胀力与初始含水率的回归关系式对三向膨胀力试验中土样的竖向膨胀力进行修正,使二者初始条件保持一致,试验对比结果如表 2.20 所示。

表 2.20 竖向膨胀力结果对比统计表

含水率/%	干密度/(g·cm^{-3})	固结仪结果	三向胀缩仪结果
11.16	1.60	48.48	45.84
	1.65	63.00	60.85
	1.70	72.00	78.91
12.76	1.50	40.44	34.02
	1.60	48.96	41.05
	1.65	57.20	54.82
	1.70	64.08	70.47
15.70	1.50	26.52	25.78
	1.60	39.64	32.23
	1.65	41.44	43.74
	1.70	47.56	54.95
19.67	1.50	12.96	14.65
	1.60	15.08	20.33
	1.65	22.28	28.78
	1.70	29.56	34.00

由于两种仪器测试垂直膨胀力均采用平衡加压法(三向胀缩特性仪方形试样 X、Y、Z 变形量控制为零,固结仪中垂直变形量控制为零),故两种仪器得出的竖向膨胀力理论上应该很接近,除去试验的误差,可认为是相等的。由表 2.20 可知,两种仪器测定的土样竖向膨胀力的大小基本一致,也验证了本试验的准确性。

2.7 小结

本章开展合肥膨胀土在不同初始含水量和干密度下的浸水三向膨胀力试验及控制应变

过程的膨胀力试验,并对试验结果进行了分析,得到的主要结论如下。

(1)通过分析合肥膨胀土的颗粒特性试验、水理特性试验以及膨胀特性试验结果,将试验土样定名为弱膨胀土。

(2)改进了三向胀缩仪,通过压力传感器与承压活塞固定使活塞悬空,将调整螺杆和活塞连接到一起的方式,降低了活塞与框架侧壁的摩擦,极大地减少了误差,提高了三向膨胀力试验的准确性。

(3)竖向膨胀力总是大于水平膨胀力,竖向膨胀力的快速膨胀阶段在 0~2h 以内,此时膨胀力可达到极限膨胀力的 80% 以上,三向膨胀力均在 24h 内达到最大值。

(4)同一干密度下,土样的竖向膨胀力随初始含水率的增大而减小;竖向膨胀力与初始含水率之间具有良好的线性关系,且干密度越大,竖向膨胀力随着初始含水率的变化速率越大;在竖向膨胀力与干密度的关系图中每条曲线均以干密度 1.6g/cm^3 为分界点呈双线性规律。

(5)由膨胀力对数与初始干密度的关系图可知,不同初始含水率情况下的 $\ln(P_z)\text{-}\rho_d$ 关系为一系列近似平行的递增直线,直线斜率大致相同,说明膨胀力随初始干密度的变化速度不随含水率的变化而变化。

(6)R_0 随着试样初始含水率与干密度的不同而不同,变化范围在 0.525~0.904 之间;在初始含水率相同的情况下,R_0 会随着干密度的增大而增大,这说明,随着试样干密度的增大,土样的各向异性特性减弱。

(7)控制竖向变形的膨胀力变化曲线与控制侧向变形的水平膨胀力曲线变化趋势相似,同样是微小的形变就能导致膨胀力的大幅减小,并且应变越小时,膨胀力衰减速率越快。

(8)在初始含水量相同的情况下,释放土样的竖向位移,此时无论土样的水平向还是垂直向的膨胀力衰减值均随着初始干密度的增大而增大。释放土样的水平位移,此时土样的水平向膨胀力衰减值均随着初始干密度的增大而增大;在初始干密度相同的情况下,释放土样的水平位移,此时土样水平向的膨胀力衰减值均随着初始含水量的增大而减小。

(9)三向胀缩仪与固结仪试验原理相同,试验结果理论上应相似。三向胀缩仪与固结仪测定的土样竖向膨胀力的大小基本一致,也佐证了改进后三向胀缩仪的准确性。

3 非饱和膨胀土的水力特性及本构模型研究

3.1 引言

工程中遇到的膨胀土常常为非饱和状态,而吸力是研究非饱和土工程性质的一项重要的物理参数,土体吸力的变化常常直接影响到土体的渗透系数、抗剪强度及变形规律等特性。目前室内试验常用的测量吸力的试验方法有张力计法、轴平移技术、电热传导传感器、滤纸法等。前人也采用各种不同的方式对不同土样的吸力进行测试与研究。以上这些吸力测试的方法中,各有优缺点,其中滤纸法由于价格低廉、操作简单、量程大以及拥有较高的精度,被广泛应用。

试验所得的土水特征曲线是描述土体吸力与质量含水量之间关系的重要曲线,其数学模型是非饱和土的重要本构关系之一。为了量化这种关系,BC、VG 以及 FX 等经典模型应运而生。基于这些描述 SWCC 的本构模型,又有很多学者对吸力与初始孔隙比的关系进行了更深一步的研究。

工程中,受降雨影响,土体实际上处于吸湿膨胀状态,此时土体的土水特征曲线关系受到膨胀造成的孔隙度加大的作用,所以具有固定初始孔隙比的土体的 SWCC 曲线是一条三维的空间曲线。对于 SWCC 随动态孔隙比变化规律的研究也有一些,但不是很多,且膨胀土在工程中由于侧限,往往竖向膨胀变形远大于侧向膨胀变形,而以前的研究并没有考虑到这种情况。所以还需要对吸湿过程以及考虑侧限影响下的膨胀土土水特征曲线规律进行更深入的探究。

本章采用滤纸法测定了 4 组不同初始干密度下重塑膨胀土样的土水特征曲线,并通过 VG 模型对试验曲线进行拟合,获得相应的物理参数;开展了 4 组不同初始干密度的侧约束下的吸湿试验,通过 Origin Pro 及 Matlab 软件进行拟合,获得了初始孔隙比与含水率的方程表达式;结合以上的试验研究构建了含侧限情况下,考虑湿胀效应的吸力-初始干密度-含水率的 SWCC 本构模型,并通过试验对模型进行验证;继续通过 VG 模型进行非饱和膨胀土渗透系数的推导,为后面的数值计算提供可靠的支持。

3.2 吸力测量技术与滤纸法介绍

3.2.1 吸力测量技术

由于试验成本、复杂程度和测量范围的不同,测量土的吸力和相应的土水特征曲线的试验技术有很多种。这些技术方法可分为室内试验和现场试验两大类,并通过所测量的吸力组分(基质吸力或总吸力)来区分。室内试验常以原状土样为研究对象,探讨吸力对土体结构的敏感性,吸力值较低时尤为如此,这是因为毛细作用控制土体孔隙水的赋存。对高吸力值的土体或高膨胀性土而言,土的扰动作用往往变得不太重要,这是因为这类土的颗粒表面吸附作用或水化机理成为孔隙水赋存的主导因素。根据所测量的吸力组分、适合的测量范围等因素,Lu 和 Willian[227]归纳了一些常见的吸力测量技术如表 3.1 所示。

表 3.1 常见测量吸力的试验方法

测量吸力组分	方法/传感器	可测量吸力范围/kPa	室内/现场
基质吸力	张力计	1～100	室内、现场
	轴平移技术	1～1500	室内
	电/热传导传感器	100～400	室内、现场
	接触式滤纸技术	全范围	室内、现场
总吸力	热电偶干湿计法	100～8000	室内、现场
	冷静湿度计法	1000～450 000	室内
	电阻/电容传感器法	全范围	室内
	等压湿度控制法	4000～400 000	室内
	双压湿度控制法	10 000～600 000	室内
	非接触式滤纸技术	1000～500 000	室内、现场

3.2.2 滤纸法工作原理

滤纸法因原理简单、造价低廉、测量范围大,被广泛使用。滤纸技术最初主要应用于农业和土壤科学中,滤纸属于多孔介质吸水材料,将其置于土体周围时,滤纸与土内水分子将以液态或者气态的形式相互迁移,水分平衡后,土体与滤纸的吸力值相同,通过测量滤纸的吸力值来判定试验土体吸力值的方法。

接触式与非接触式滤纸技术均是确定非饱和土吸力的间接方法,采用这两种方法,均需要测量平衡状态滤纸的质量含水率,并通过预先确定的滤纸的校准曲线,确定出对应的吸力值。当采用非接触式滤纸技术测量土体总吸力时,需要把滤纸放置在土样的上方,以便滤纸吸收水蒸气。达到平衡状态时，被滤纸吸收的水量与土样孔隙气体的相对湿度、对应的总吸力成一定的函数关系。接触式滤纸法测量土体基质吸力时，需要把滤纸放置在土样之中，使滤纸与土样直接接触。土样直接转移到滤纸中的水量受毛细作用和土颗粒表面吸附的控制，这两种作用构成了土体总吸力中的基质吸力部分。

3.2.3 滤纸法的准确性与精度

由于在土水特征曲线中，总吸力值低于1000kPa时，总吸力与相对湿度之间的关系曲线变得很陡峭，该范围内的总吸力对相对湿度非常敏感，也对滤纸含水率的测量非常敏感。轻微的温度变化都会对相对湿度产生非常大的影响。而当吸力值极高时，滤纸所吸收的水蒸气很少，试验结果的质量非常依赖于环境条件、试验操作步骤与测量滤纸含水量的设备精度。前人对非接触式的滤纸技术也进行了大量的准确性与精度的估算，在总吸力的分析方面，试验精度甚至能达到92%。

但是对于接触式滤纸技术，直接将滤纸放置于土样之间，使滤纸与土样充分接触，并且对特定批次的滤纸进行校准，可以充分提高试验精度，使试验结果变得可靠。

3.3 滤纸法试验

3.3.1 试验材料及仪器

试验用土取自合肥引江济淮工程引水渠道边坡，土样呈灰黄色。合肥膨胀土主要物理力学性质见表3.2。

表3.2 合肥膨胀土主要物理力学性质

液限 w_L/%	塑限 w_P/%	塑性指数 I_P/%	自由膨胀率/%	土粒相对密度 G_S
72	30	42	44	2.68

目前国际上常用的滤纸有两种，分别是Whatman No.42型滤纸和Schleicher & Schuell No.589型滤纸。本书试验采用Whatman No.42型滤纸（直径55mm）量测土体基质吸力，采用双圈牌No.201型定量滤纸（裁剪为直径61mm）作为基质吸力量测时的保护滤纸。Whatman No.42型滤纸的率定曲线方程为双线性：

基质吸力

$$\lg \psi = 2.909 - 0.022\,9w \quad (w \geqslant 47) \tag{3.1}$$

$$\lg \psi = 4.945 - 0.067\,3w \quad (w < 47) \tag{3.2}$$

总吸力

$$\lg \psi = 8.778 - 0.222w \quad (w \geqslant 26) \tag{3.3}$$

$$\lg \psi = 5.31 - 0.087\,9w \quad (w < 26) \tag{3.4}$$

式中：ψ 为吸力(kPa)；w 为滤纸含水率(%)。

试验所用主要仪器设备包括：①密闭容器及塑料隔板，密闭容器采用密封性很好的保鲜盒；②电子天平，精度为 0.000 1g；③烘箱，能控制温度为 (110±2)℃；④称量盒；⑤平头镊子、剪刀等。吸力测试示意图见图 3.1。

图 3.1 吸力测试示意图

3.3.2 试验步骤与方案

3.3.2.1 制样方案

试样制备过程为：首先烘干土样，并将土样过 2mm 筛，试验按照含水率为 3%、5.5%、8%、10.5%、13%、15.5%、18%、20.5%配置土样，根据控制的含水率与干密度计算所需土水质量，将其在不吸水的盘内混合均匀，静置 30min 后装入密封袋中，闷制 24h。在压样前测定制备土样的含水率，按照测定的含水率，计算得出干密度分别为 1.55g/cm³、1.60g/cm³、1.65g/cm³、1.70g/cm³ 时放入模具中土样的质量。将相应质量的湿土尽可能均匀地倒入预先装好环刀的模具内，轻轻拂平土样表面，以静压力将土压入直径为 61.8mm 的环刀内，再将试样从环刀中推出。制样完成后用保鲜膜包好，放入封口袋中，再置于保湿缸中备用。

3.3.2.2 试验步骤

(1)滤纸准备：每组试样采用 2 张 Whatman 滤纸测定基质吸力、4 张双圈牌滤纸作为基质吸力量测时的保护滤纸；试验前，将滤纸置于 110℃温度下烘 24h 后，取出放在干燥器内备用。

(2)基质吸力量测滤纸放置：每组 4 个试样，用镊子将 1 张直径为 55mm 的 Whatman 滤纸置于 2 张直径为 61mm 的双圈牌滤纸正中，目的是避免中间滤纸被土样污染；然后将叠在一起的 3 张滤纸置于 2 个试样之间，捏紧 2 个试样使滤纸与试样接触紧密以便水分迁移，使试样达到更高的基质吸力量测精度(图 3.2)。

(a)保护滤纸　　　　(b)土饼之间的试验滤纸

图 3.2 滤纸法试验

(3)吸力平衡：盖好密闭容器盖，将密闭容器放入恒温箱中，温控标准为 20℃，吸力平衡时间控制为 14d。

(4)确定滤纸质量:吸力平衡结束后,迅速确定称量盒质量,用镊子将每张 Whatman 滤纸从密闭容器中迅速取出至一个称量盒中,封闭称量盒,迅速确定滤纸加称量盒总质量。将带有滤纸的称量盒置于烘箱中在 110℃下烘干,烘干过程前将盖子微微开启以便水分迁移,烘干 12h 后密封称量盒,再置于烘箱中 15min 以保证温度平衡。将装有滤纸的称量盒从烘箱中取出,确定烘干的总质量。迅速移除滤纸,再确定该称量盒的质量。对所有 Whatman 滤纸重复该过程。

(5)确定试样实际重力含水率:将该组试样放入预先称好质量的称量盒中,再将称量盒置于 110℃下烘干 72h,以确定试样实际重力含水率,并对所有试样重复该过程。

3.4 土水特征曲线及其影响因素

3.4.1 土水特征曲线

图 3.3 为干密度不同时,试样含水率与吸力的关系曲线以及饱和度与吸力的关系曲线。由图 3.3 可以看出,土体的干密度会对试样的土水特征曲线造成一定的影响。

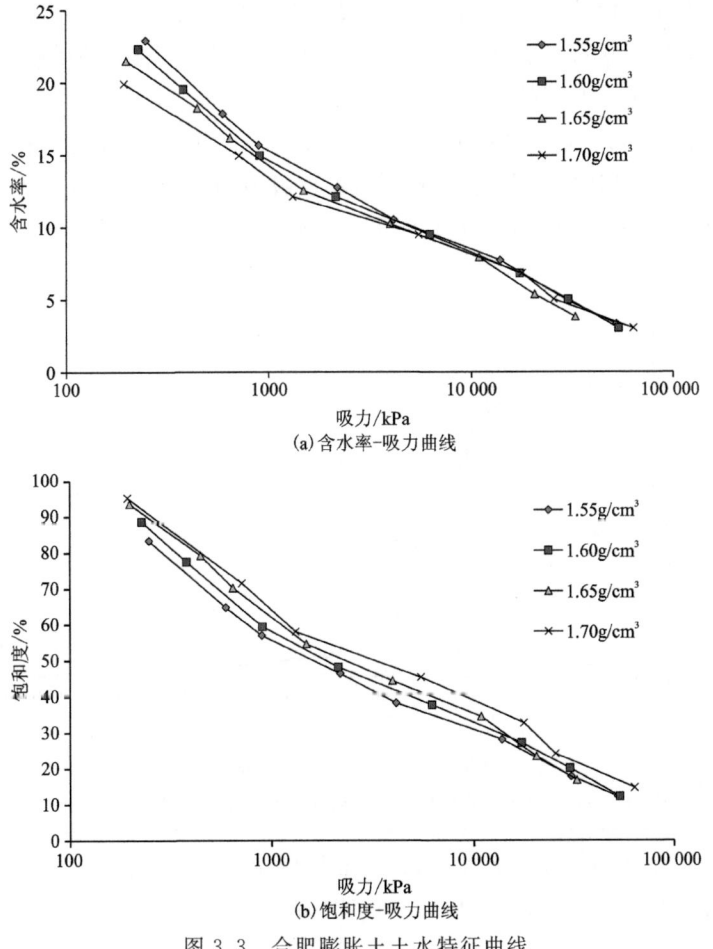

图 3.3 合肥膨胀土土水特征曲线

由图 3.3(a)可知,当土水特征曲线用含水率与吸力关系表示时,吸力会随着含水率的减小而增大,且试样干密度的减小会使特征曲线向右上移动。吸力相同时,干密度越大的土样对应的含水率越小,含水率相同时,干密度越小的土样对应的基质吸力越大。不同干密度的土样,在基质吸力较低的情况下,含水率差别较大,随着吸力的变大,干密度对含水率和吸力关系表示的土水特征曲线产生的影响逐渐减小,直到吸力超过 5000kPa 后,基本不产生影响了。Romero 和 Vaunat[228]以高岭石和蒙脱石为主要成分的黏土进行的吸力试验,他们的试验结果和孙德安[87-88]对南阳膨胀土进行的吸力试验得出的试验结果类似。

由图 3.3(b)可知,当土水特征曲线用饱和度与吸力关系表示时,吸力会随着饱和度的减小而增大,且试样干密度的增大会使特征曲线向右上移动。吸力相同时,干密度越大的土样对应的饱和度越大;饱和度相同时,干密度越大的土样对应的基质吸力也越大。这与 Sun 等[229]得到的密度对土水特征曲线影响的试验结论一致。

3.4.2 SWCC 数学模型

由滤纸法测得的含水量与吸力之间的关系为一系列离散的数据点,而要用土水特征曲线来预测发生在非饱和土内的水流流动、应力和变形现象,首先必须把测得的数据表达为连续的数学公式。典型的土水特征曲线通常以体积含水量 θ_w 为纵坐标,基质吸力为横坐标,其中吸力常用对数坐标表示。典型的土水特征曲线如图 3.4 所示。

图 3.4 中,$(u_a - u_w)_b$ 为空气进气吸力,它是土体最大孔隙尺寸的一种度量。在该吸力下,空气开始进入饱和试样的最大孔隙中,随着基质吸力的升高,土样中较小的孔隙也开始进气。θ_r 为残余含水量,对应的吸力为残余吸力,在该体积含水量下,含水量的变化对基质吸力的影响非常小。

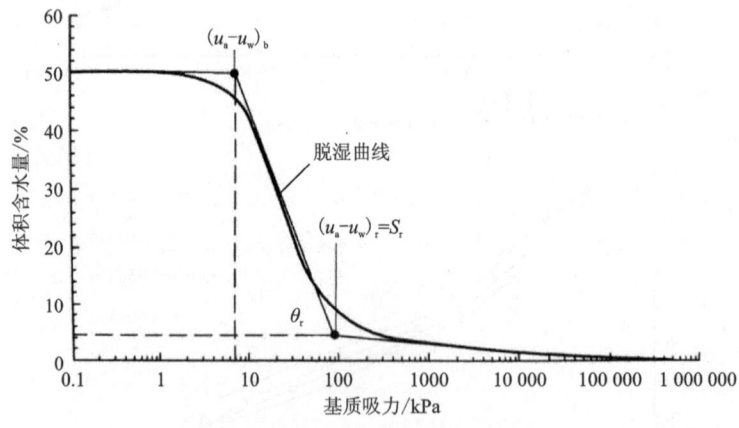

图 3.4 典型的土水特征曲线

注:图中 $(u_a - u_w)_b$ 为空气进气值;$(u_a - u_w)_r = S_r$ 为残余吸力;θ_r 为残余含水量。

关于土水特征曲线,前人做了大量的研究并提出了一些经验公式。Brooks 和 Corey (1964)在大量试验数据的基础上,提出了一个与土的孔径分布指数相关的由两部分组成的幂函数表达式

$$\theta = \begin{cases} \theta_S & \varphi \leqslant \varphi_b \\ \theta_r + (\theta_S - \theta_r)\left(\dfrac{\varphi_b}{\varphi}\right)^\lambda & \varphi \geqslant \varphi_b \end{cases} \quad (3.5)$$

式中：θ 为含水量；φ_b 为进气压力值；θ_r 为残余含水量；θ_S 为饱和含水量。

Van Genuchten(1980)提出了一个平滑的、封闭的3参数数学模型，表达式如下

$$S_e = \left[\dfrac{1}{1+(a\psi)^n}\right]^m \quad (3.6)$$

式中：S_e 为基质吸力；a、m、n 均为拟合参数。参数 a 与土体的进气状态有关；参数 n 与土体孔径分布有关；参数 m 与土体特征曲线的整体对称性有关。

Fredlund 和 Xing(1994)根据孔径分布提出了与前者类似的模型，其表达式为

$$\theta = C(\psi)\theta_S\left[\dfrac{1}{\ln[e+(\psi/a)^n]}\right]^m \quad (3.7)$$

式中：ψ 为吸力(kPa)；a、m、n 均为模型拟合参数；e 为自然对数常数；$C(\psi)$ 为修正因子，可以使模型表征含水量为 0 时吸力值为 10^6 kPa。

$$C(\psi) = \left[1 - \dfrac{\ln(1+\psi/\psi_r)}{\ln(1+10^6/\psi_r)}\right] \quad (3.8)$$

式中：ψ 为吸力(kPa)；ψ_r 为残余含水量状态时的吸力值(kPa)；

3.4.3 SWCC 模型拟合及参数分析

由于 VG 模型数学表达式中包含了曲线转折点的信息，与 BC 模型相比较，VG 模型的吸力范围更广，能更好地拟合实际土水特征曲线的形状。VG 模型能更有效的表征进气压力值和趋近残余含水量状态时的平滑状态。故本书采用 VG 模型对试验结果进行曲线拟合。拟合软件采用 Origin Pro 软件，通过 Origin Pro 软件非线性自定义函数模块对数据进行拟合。

由于 VG 模型认为参数 n 与土的孔径分布有关，参数 m 与土体特征曲线的整体对称性有关，且参数 n 与 m 之间存在直接函数关系：$m=1-1/n$。通过这种关系拟合的曲线与实际试验结果出入较大，故将 VG 模型中的这两个拟合参数当作各自独立的物理变量，拟合出的曲线与实际吻合效果较好，得到不同干密度情况下的 SWCC 拟合曲线及拟合参数如图 3.5 和表 3.3 所示。

众所周知，土体在达到完全饱和后，土颗粒间的孔隙完全被水充满，土体颗粒之间的联系是通过水体来实现的，无法通过土体颗粒的吸附力来保持原本的状态，这时候土体的毛细作用以及土颗粒的吸附作用消失，土体处于松散状态，其相互作用的基质吸力为零。

由图 3.5 可知，不同干密度土样的土水特征曲线变化趋势大致相同，当土体的饱和度低于 20% 时，土体的基质吸力会急剧地增大；当土体饱和度大于 20% 后，土体的基质吸力缓慢减小。从曲线形态来看，基质吸力在 200 kPa 以内时，土体的饱和度变化不大；基质吸力在 200～10 000 kPa 之间时，随着基质吸力的增大，饱和度有明显的降低；当基质吸力超过 10 000 kPa 时，土体饱和度的微小变化就能引起吸力的急剧变化。

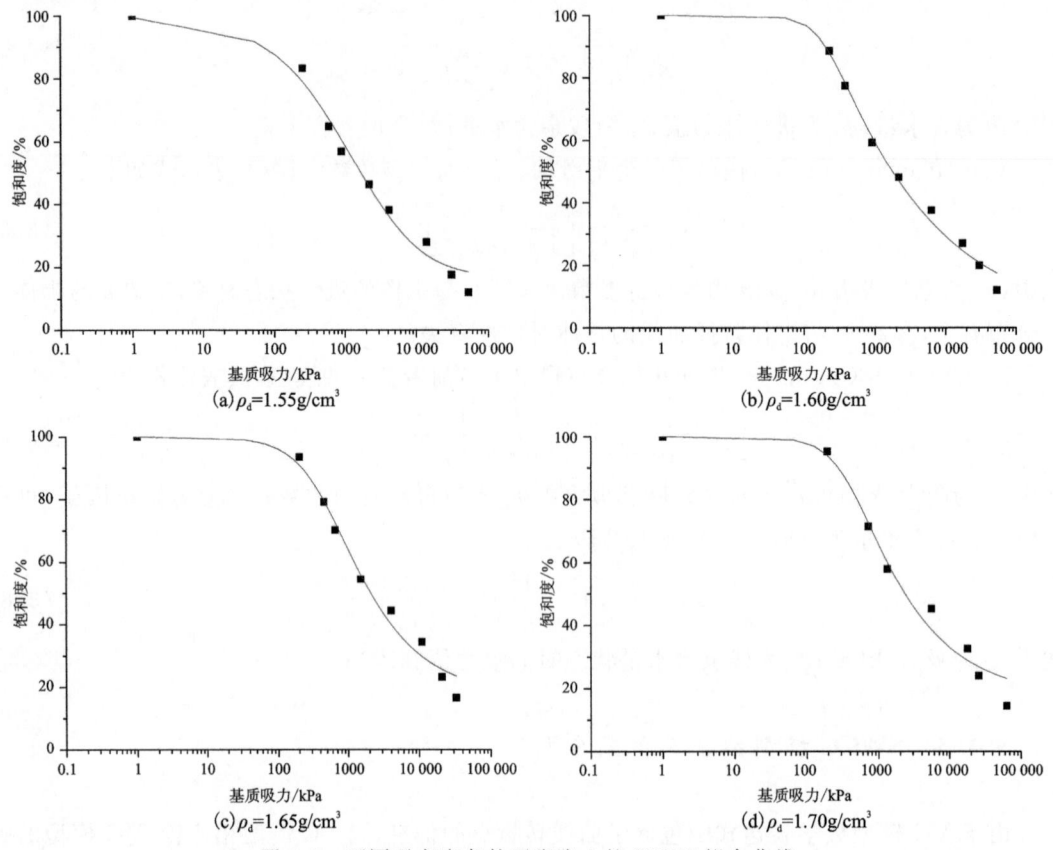

图 3.5 不同干密度条件下膨胀土的 SWCC 拟合曲线

参数 a 与土体的进气状态有关,实际上是 SWCC 曲线拐点处对应的吸力值(进气压力值)的倒数。由表 3.3 可以看出,参数 a 的值随着土体干密度的增加而减小,也即土样的进气值随着干密度的增大而增大。参数 n 与参数 m 受干密度的变化影响较小,且数值较集中,可以视为定值,这里取不同干密度条件下相应参数的平均值。为了进一步探究初始孔隙比与参数 a 之间的关系。拟合参数 a 和孔隙比的关系曲线如图 3.6 所示。

表 3.3 SWCC 拟合参数表

干密度/g·cm^{-3}	模型参数			平方差
	a/kPa^{-1}	n	m	
1.55	0.005 425	1.402	0.765	0.979 9
1.60	0.002 656	1.667	0.530	0.990 6
1.65	0.002 067	1.352	0.637	0.980 3
1.70	0.000 342	1.768	0.480	0.990 7

由图 3.6 可知,参数 a 的值随着初始孔隙比的增大先缓慢增大,增大速度逐渐变快。这是由于土样干密度较小时,土体内部开口孔隙较大,进气值自然较小,随着土样变得密实,开口孔隙比例会快速减小,最终导致进气值也有类似的变化规律。

3 非饱和膨胀土的水力特性及本构模型研究

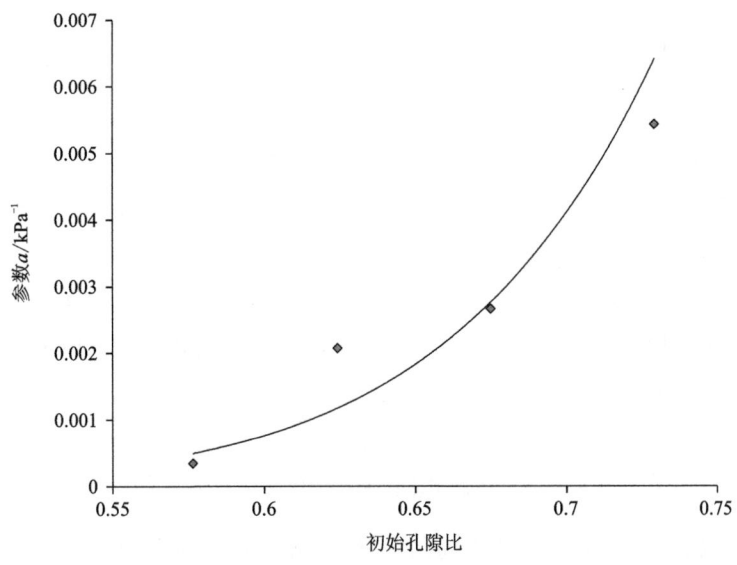

图3.6 拟合参数 a 和孔隙比的关系曲线

对于二者的函数关系,前人做了许多研究:KARUBE D 通过试验认为两者为下凹的曲线关系;周葆春、SONG 等[105-107]分别得出了 $a=\sqrt{b(1-ce_0^2)}$ 和 $a=ke_0+c$ 这两种函数关系,但是两者分别为上凸形曲线以及线性关系,与本书试验研究结果并不对应,故采用 KARUBE D 得出的 $a=Ae_0^B$ 函数关系进行数值拟合,参数 A 的值为 0.203 1,参数 B 的值为 10.937,平方差为 0.899 7。

3.5 吸湿试验及其影响因素

由于降雨入渗等条件下土坡的渗流及稳定性分析均为吸湿状态,在此状态下,膨胀土还会产生较大的膨胀变形,显然膨胀土的土水特征曲线是随着孔隙比变化而不断变化的动态曲线。因此,开展吸湿试验,研究膨胀土在吸湿条件下孔隙比随着含水量的变化规律对更加深入地分析土体 SWCC 曲线有着非常重要的意义。

3.5.1 吸湿试验

为了测定土样吸湿过程中的体积变化曲线,先通过与 3.3.2 节相同的制样方式,制备好初始含水率为 9.5%,干密度分别为 1.55 g/cm³、1.60 g/cm³、1.65 g/cm³ 与 1.70 g/cm³ 的 4 种环刀样。测定土样及环刀的初始质量后,进行吸湿试验。试验过程中,通过喷雾器将计算好质量的蒸馏水从土样表层进行喷洒,然后放入密封盒中闷置 24 h,之后对试样整体继续进行高度以及质量的测量,往复循环。

最终得出 4 种干密度条件下土体的孔隙比增量与含水率的关系曲线(图3.7)。

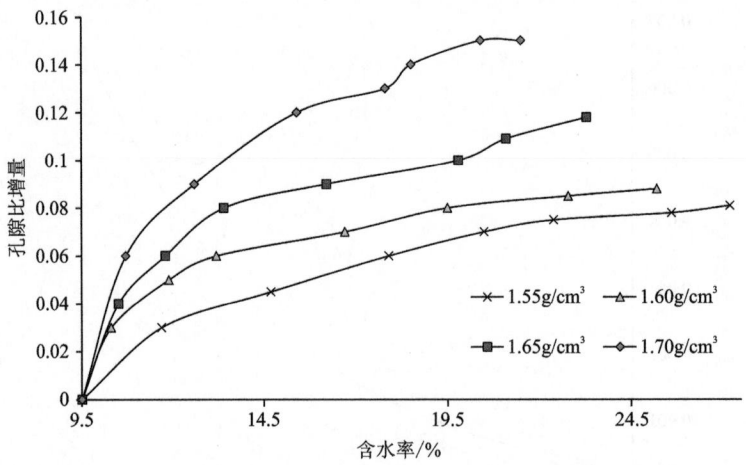

图 3.7　4 种干密度条件下土体的孔隙比增量与含水率关系曲线

从图 3.7 可以看出，初始干密度不同的土样，其孔隙比增量与含水率的关系曲线形态大致相同。即增湿的初期，土样快速吸湿膨胀，土体孔隙比迅速增大，当含水率增大到 4% 左右时，曲线开始变缓，也即土体膨胀速率减慢，随着含水率的继续增加，土样膨胀逐渐减小直至为 0。

在吸湿过程中，土体的膨胀是受到晶格扩张、颗粒（或聚集体）间双电层作用、吸力势能的减小等综合作用的结果，而试验结果表明吸湿初期导致了膨胀量的快速增加，也说明对膨胀性质起到控制作用的晶格扩张得到了较好的发挥，且晶格间水膜较颗粒（或聚集体）间的水膜更容易形成[230]。

3.5.2　孔隙比-饱和度曲线拟合及参数分析

通过 Origin Pro 软件，采用公式 $e=p-qE^{-S_r/r}$（式中 e 为孔隙比，S_r 为饱和度，p、q、r 为模型参数，E 为自然常数）对不同初始干密度条件下土样吸湿含水率与孔隙比关系曲线进行拟合（将含水率换算为相应饱和度），土样初始孔隙比与饱和度拟合结果及拟合参数如表 3.4 和图 3.8 所示。

表 3.4　孔隙比与饱和度拟合参数表

干密度/g·cm⁻³	模型参数			平方差
	p	q	r	
1.55	0.816 5	1.34	0.219 4	0.990 9
1.60	0.759 0	1.92	0.128 0	0.991 6
1.65	0.734 5	2.08	0.146 9	0.968 3
1.70	0.726 4	2.33	0.168 9	0.978 8

(a) ρ_d=1.55g/cm^3　(b) ρ_d=1.60g/cm^3

(c) ρ_d=1.65g/cm^3　(d) ρ_d=1.70g/cm^3

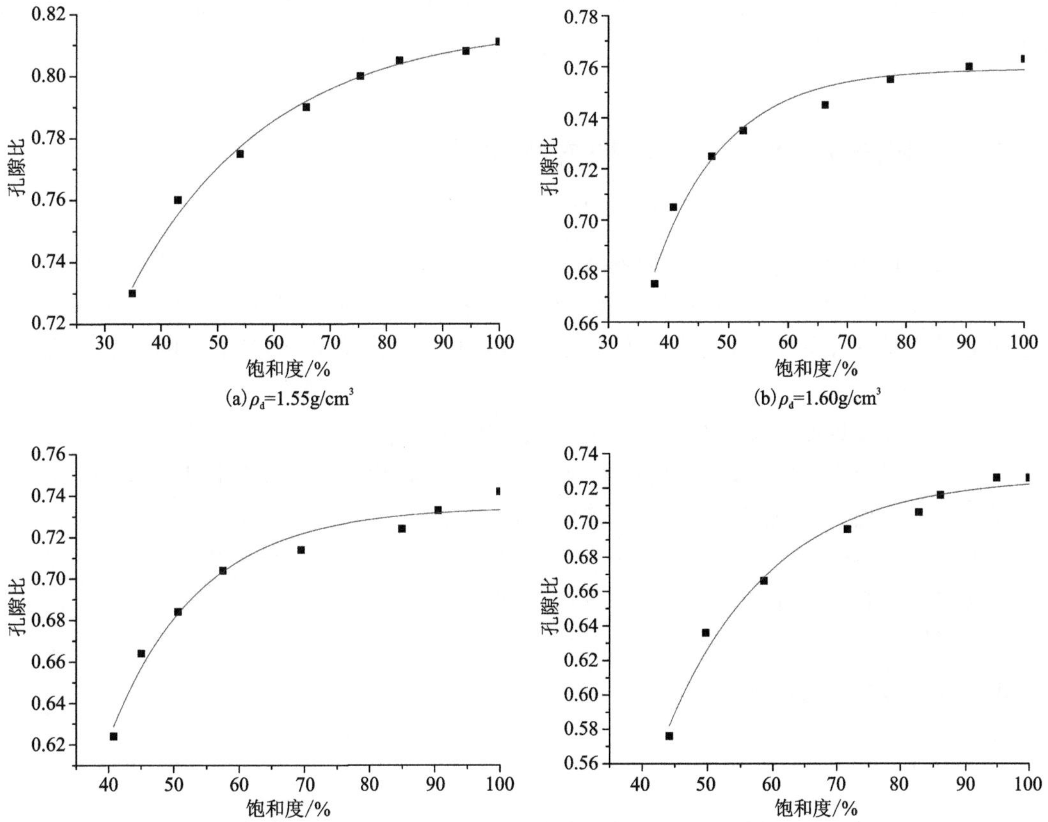

图 3.8　干密度不同的膨胀土孔隙比与饱和度拟合曲线

参数 p 的物理意义为干密度不同的土样达到吸湿膨胀极限后的孔隙比大小。由表 3.4 可知，该值随着初始干密度的增大而减小，符合试验结果。参数 r 在 0.128～0.219 之间波动，可以认为是一常数。对拟合公式求导可知，由于 r 为常数，随着含水率的加大，孔隙比增长速率逐渐变小，而参数 q 的值为控制该变化速率的倍数，可以看出，初始干密度越大，参数 q 值相应增大，符合试验曲线的物理意义。分别将参数 q 与初始干密度的关系以及参数 p 与初始干密度的关系绘制曲线图并进行拟合，拟合结果如图 3.9 所示。

(a) 参数q与干密度拟合曲线　(b) 参数p与干密度拟合曲线

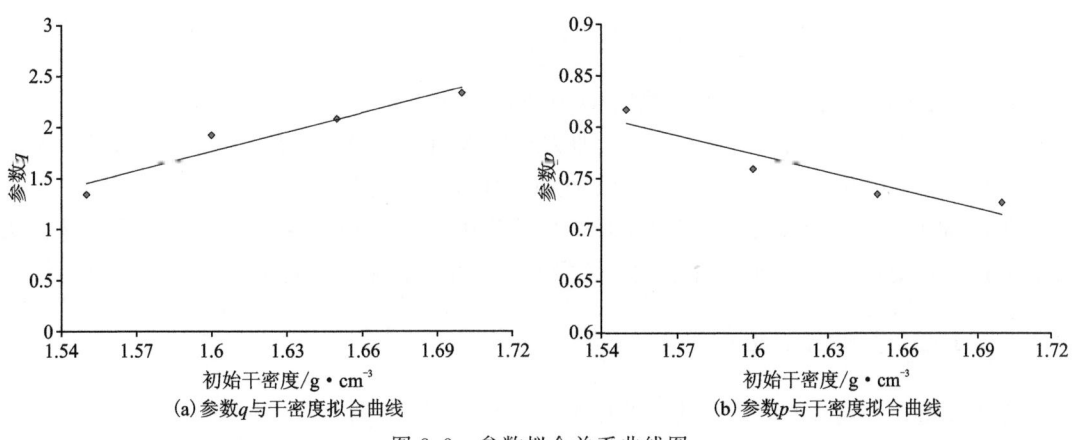

图 3.9　参数拟合关系曲线图

由图 3.9 可以看出，两个参数与初始干密度成良好的线性关系，对应的线性拟合公式分别为：$p=-0.59\rho_d+1.72, R^2=0.9033$；$q=6.26\rho_d-8.255, R^2=0.9241$。

3.6 膨胀土 SWCC 的本构方程构建

上覆土体的荷载作用以及土体自身较低的渗透系数，使得埋在深部的膨胀土体很难有较大的含水率变化及变形，其孔隙比的变化可以看作是不变的；而表层的膨胀土体，吸湿与脱湿均会引起较大的膨胀和干缩，这些行为改变了表层土体的孔隙比，也严重影响了表层土体水分运动过程。

土水特征曲线即是土体水分运动研究中最基本和最重要的本构之一，本节即在试验和相关研究结果的基础上，继续探究并构建了两个 SWCC 本构模型：UN-EX 模型与 IRSM-SSI 模型。前者为基质吸力-初始孔隙比-饱和度的 SWCC 本构模型，后者为考虑侧限与湿胀效应的膨胀土基质吸力-初始干密度-饱和度的 SWCC 本构模型，并对所构建的两个模型进行了分析以及相关试验结果的对比验证。

3.6.1 UN-EX 模型的构建

3.6.1.1 公式推导

由上文的试验结果及拟合公式参数，可以得出不考虑土体吸湿膨胀时的饱和度-孔隙比-吸力的土水特征曲线为

$$S_e = \left[\frac{1}{1+(a\psi)^n}\right]^m \tag{3.9}$$

式中：S_e 为不考虑土体吸湿膨胀时的饱和度；m、n 均为常数，改写成 k_1 与 k_2。参数 a 是与土体初始孔隙比相关的函数，且其函数关系式为

$$a = Ae_0^B \tag{3.10}$$

式中：A、B 均为常数，改写成 k_3 与 k_4。

将式(3.10)代入式(3.9)得

$$S_r = \left[\frac{1}{1+(k_3 e_0^{k_4}\psi)^{k_2}}\right]^{k_1} \tag{3.11}$$

式中：S_r 为土体饱和度；e_0 为初始孔隙比；ψ 为基质吸力。

式(3.11)也可简记为 $S_r=f_1(e_0,\psi)$，即为土体饱和度(S_r)与初始孔隙比(e_0)、基质吸力(ψ)之间的关系式，S_r-e_0-ψ 三维坐标系中的空间曲面，这里记为 S_1 曲面。

在 S_1 曲面函数关系式中，由于自变量初始孔隙比 e_0 给定初始值后，并不能随着土体的吸湿而进行动态变化，故该曲面只能表达土体吸水不产生或微膨胀土体的土水特征曲面。

3.6.1.2 空间曲面及结果再现

将式(3.11)中包含的土体参数汇总如表 3.5 所示。

表 3.5 S_r-e_0-ψ 方程参数建议表

k_1	k_2	k_3	k_4
0.603	1.547	0.203 1	10.937

通过表 3.5 中的参数获得式(3.11)的具体表达式,采用 Matlab 软件再现三维空间中的曲面形态,并通过曲面提取初始孔隙比为 0.576(ρ_d=1.70g/cm³)情况下的土水特征曲线,与试验结果进行对比。S_1 曲面的形态图如图 3.10 所示,试验与拟合曲线对比图如图 3.11 所示。

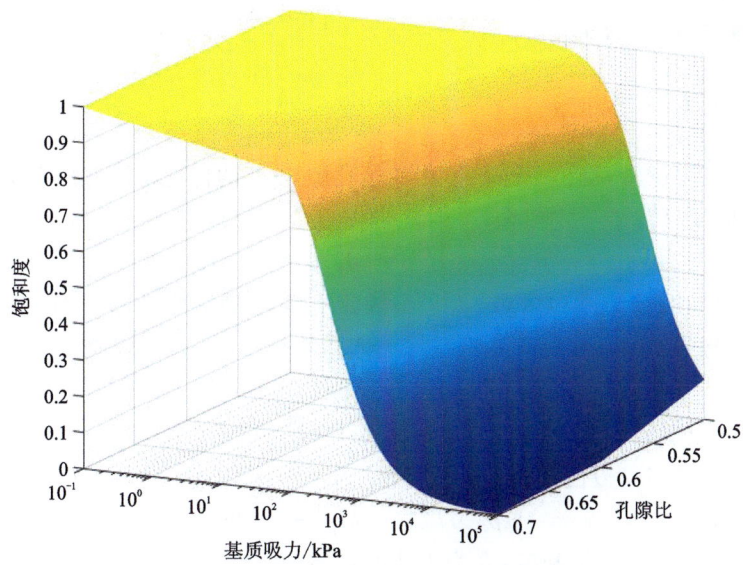

图 3.10 S_r-e_0-ψ 拟合三维曲面形态图

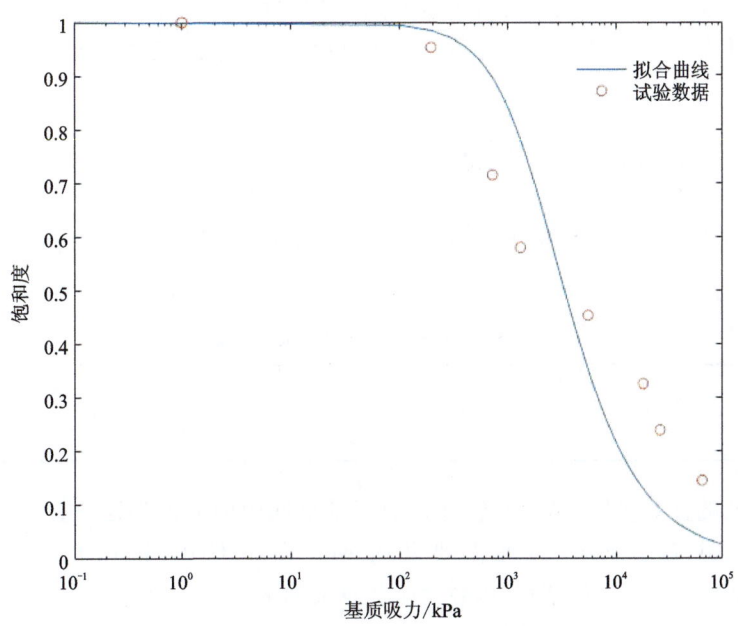

图 3.11 试验与拟合曲线对比图

由图 3.10 可以看出,S_r-e_0-ψ 三维曲面较好地重现并对应了室内试验的结果;该三维曲面可以看成是由无数条不同初始孔隙比条件下的土水特征曲线所组成的。该曲面大致可以分为 3 部分,在吸力低于 100kPa 的区域,曲面较为平缓,随着基质吸力的增大,曲面开始变得陡峭,当基质吸力超过 10 000kPa 后,曲面又逐渐趋于平缓。随着初始孔隙比的逐渐减小,SWCC 第一个与第二个转折点对应的基质吸力均在逐渐增大。该曲面可以应用于土体吸湿膨胀孔隙比变化较小的情况下,因为式(3.11)所模拟的三维曲面只能表示不同初始孔隙比对土水特征曲线的影响,而无法真实地反映试验过程中孔隙比的变化情况。

3.6.2 吸湿膨胀方程

3.6.2.1 公式推导

通过上文的吸湿试验,得出了已知土体初始孔隙比 e_0 的情况下膨胀后孔隙比随饱和度的变化曲线,并对曲线进行了公式拟合

$$e = p - qE^{-S_r/r} \tag{3.12}$$

式中:e 为土体孔隙比;E 为欧拉常数,为了与表示孔隙比的数学符号区分,这里用作大写表示。r 为一常数,改写成 k_5;参数 p,q 均是与土体初始干密度相关的函数,且其函数关系式为

$$p = k_6 \rho_d^0 + k_7 \tag{3.13}$$

$$q = k_8 \rho_d^0 + k_9 \tag{3.14}$$

将式(3.13)与式(3.14)代入式(3.12)得出

$$e = (k_6 \rho_d^0 + k_7) - (k_8 \rho_d^0 + k_9) E^{-S_r/k_5} \tag{3.15}$$

式中:e 为土体孔隙比;S_r 为饱和度;ρ_d^0 为土体的初始干密度。

式(3.15)也可简记为 $e=f_2(S_r,\rho_d^0)$,即为土体孔隙比 e 与饱和度 S_r 及土体的初始干密度 ρ_d^0 之间的关系式,为 e-S_r-ρ_d^0 三维坐标系中的空间曲面,这里记为 S_2 曲面。该曲面描述不同干密度的土体在吸湿膨胀过程中,孔隙比随饱和度的变化规律(适用于含水率大于 9.5% 的土样)。

3.6.2.2 空间曲面及结果再现

通过吸湿膨胀试验及试验曲线的拟合,得到了式(3.15)中包含的土体参数值,具体汇总如表 3.6 所示。

表 3.6 e-S_r-ρ_d^0 方程参数建议表

k_5	k_6	k_7	k_8	k_9
0.165 8	−0.59	1.72	6.26	−8.255

结合表 3.6 的参数采用 Matlab 软件再现三维空间中的曲面形态,由于式(3.15)为隐函数,其显式表达式无法求解,因此需要采用 Matlab 软件中带有的 isosurface、patch 与 isonormals 3 种图形函数进行编程,函数功能及意义如下。

(1)isosurface 等值面函数:调用格式为 fv=isosurface(X,Y,Z,V,isovalue)。功能为返

回某个等值面(由 isovalue 指定)的表面(faces)和顶点(vertices)数据,存放在结构体 fv 中(fv 由 vertices、faces 两个域构成)。对于绘制隐函数 $v=f(x,y,z)=0$ 的三维图形,可以设置等值面的数值为 isovalue=0。

(2)patch 函数:调用格式为 patch(X,Y,C)。以平面坐标(X,Y)为顶点,构造平面多边形,C 是 RGB 颜色向量值;patch(X,Y,Z,C)以空间 3-D 坐标(X,Y,Z)为顶点,构造空间 3D 曲面,C 是 RGB 颜色向量值;patch(fv)通过包含 vertices、faces 两个域的结构体 fv 来构造 3D 曲面,fv 由等值面函数 isosurface 直接得到。

(3)isonormals 等值面法线函数:调用格式为 isonormals(X,Y,Z,V,p)。实现功能为计算等值面 V 的顶点法线,将 patch 曲面 p 的法线设置为计算得到的法线(p 是 patch 返回得到的句柄)。

通过编程语言绘制 S_2 曲面,并通过曲面提取初始干密度为 $\rho_d=1.70\text{g/cm}^3$ 情况下的孔隙比随饱和度的变化曲线,与试验结果进行对比。S_2 曲面的形态图和对比曲线如图 3.12 与图 3.13 所示。

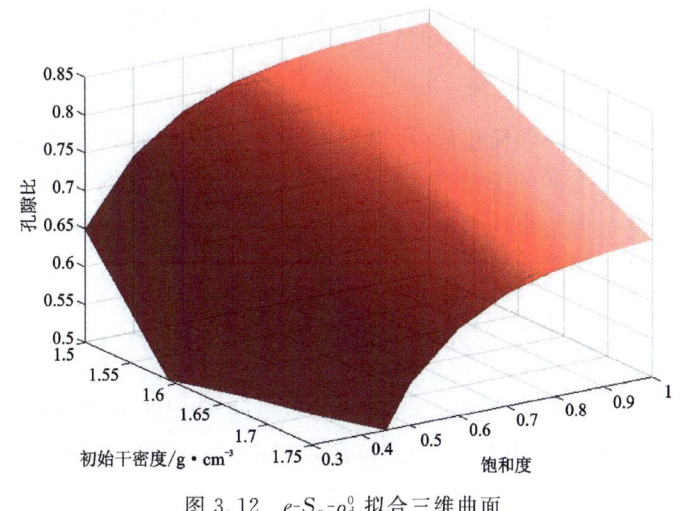

图 3.12 e-S_r-ρ_d^0 拟合三维曲面

从图 3.12 可以看出,e-S_r-ρ_d^0 三维曲面较好地重现并对应了室内试验的结果;该三维曲

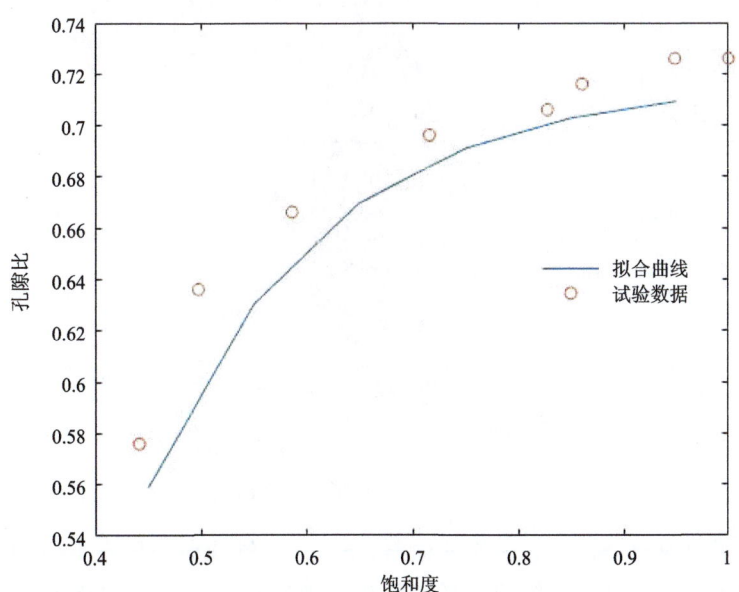

图 3.13 初始干密度 ρ_d 为 1.70g/cm^3 情况下的孔隙比与饱和度试验数据和拟合曲线对比图

面可以看成是由无数条不同初始干密度条件下的土体吸湿膨胀曲线所组成的。该曲面大致可以分为两部分,在饱和度较低的区域,曲面较陡峭,随着饱和度的增大,曲面逐渐趋于平缓。随着初始干密度的增大,土体的吸湿膨胀曲线逐渐向右下方移动。

3.6.3 IRSM-SSI 模型的构建

3.6.3.1 公式推导

为了将土体膨胀曲线与 SWCC 曲线联系起来,将式(3.15)代入式(3.11)得到

$$\frac{1}{S_r} = \{1 + [k_3 [(k_6 \rho_d^0 + k_7) - (k_8 \rho_d^0 + k_9) E^{-S_r/k_5}]^{k_4} \psi]^{k_2}\}^{k_1} \quad (3.16)$$

式(3.16)简化后,可以记为 $S_r = f_3(\rho_d^0, \psi)$,即为土体饱和度 S_r 与初始干密度 ρ_d^0 及基质吸力 ψ 之间的关系式,为 S_r-ρ_d^0-ψ 三维坐标系中的空间曲面,这里记为 S_3 曲面。该曲面即为表达侧限约束的土体吸湿膨胀过程中,基质吸力与饱和度在土体干密度不断减小过程中的动态变化关系。

3.6.3.2 空间曲面及结果再现

结合表 3.5 和表 3.6 的参数,通过 Matlab 软件编程绘制 S_3 三维曲面图(图 3.14),该图即为表达含侧限土体吸湿膨胀过程中,基质吸力与饱和度在土体干密度不断减小过程中的动态变化关系曲面。

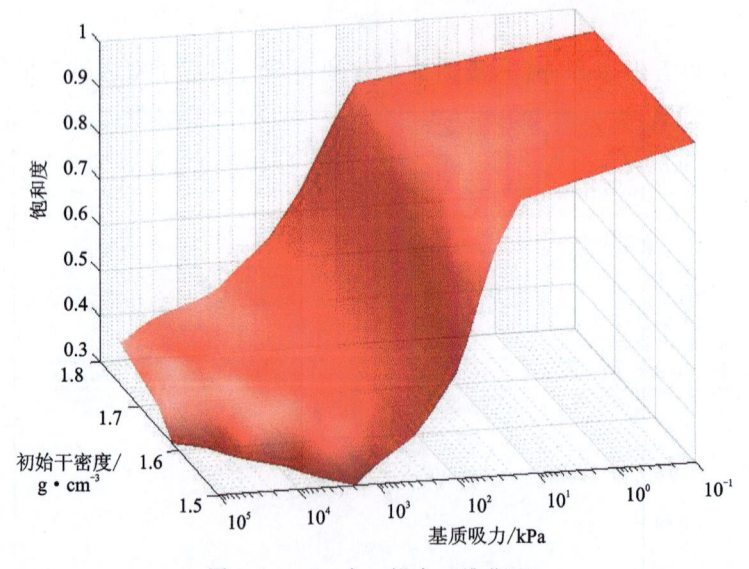

图 3.14 S_r-ρ_d^0-ψ 拟合三维曲面

由图 3.14 可以看出,S_r-ρ_d^0-ψ 三维曲面与 e-S_r-ρ_d^0 三维曲面的形态类似,曲面均大致可以分为 3 部分,为平缓—陡峭—平缓的滑梯状结构。随着初始干密度的逐渐增大,SWCC 曲线第一个与第二个转折点对应的基质吸力也在逐渐变大。

分别通过 $e\text{-}S_r\text{-}\rho_d^0$ 曲面提取初始孔隙比为 0.58、0.60、0.62 和 0.64 这 4 种情况下的土水特征曲线[图 3.15(a)],并通过 $S_r\text{-}\rho_d^0\text{-}\psi$ 曲面提取初始干密度为 1.695g/cm^3($e_0=0.58$)、1.675g/cm^3($e_0=0.60$)、1.655g/cm^3($e_0=0.62$)和 1.635g/cm^3($e_0=0.64$)这 4 种情况下的土水特征曲线[图 3.15(b)]。

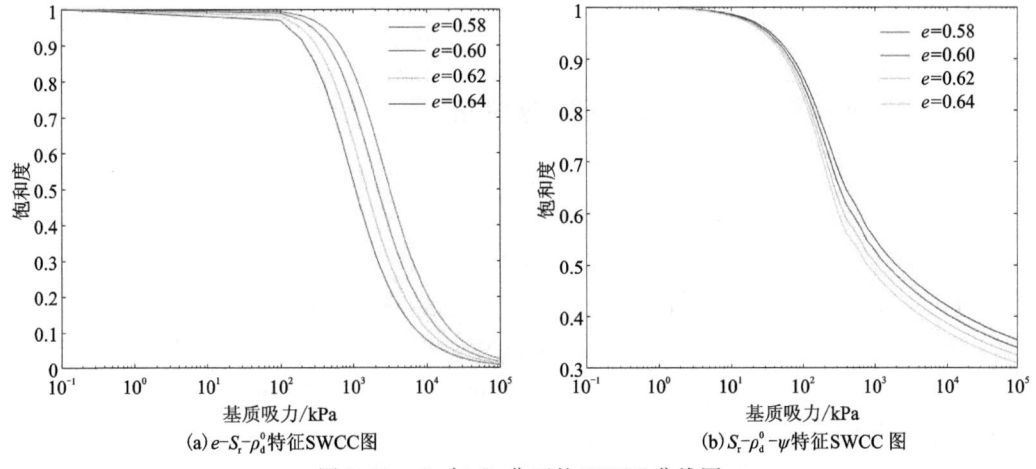

(a) $e\text{-}S_r\text{-}\rho_d^0$ 特征SWCC图   (b) $S_r\text{-}\rho_d^0\text{-}\psi$ 特征SWCC图

图 3.15　S_1 与 S_3 曲面的 SWCC 曲线图

由图 3.15 可知,不考虑吸湿膨胀效应时,在饱和度-基质吸力二维平面内,土水特征曲线呈"S"形,且随着孔隙比的减小,也即初始干密度的增大,SWCC 曲线逐渐向右上方移动。考虑土体吸湿膨胀效应的情况下,不同初始孔隙比土体的 SWCC 曲线在吸力低于 100kPa 时,大致接近。这是由于在吸湿过程中,增加相同的含水量,初始孔隙比小的土样膨胀量较大,这就导致土体最终的孔隙比差别变小,反映到 SWCC 曲线上,当接近饱和时,初始孔隙比差别不太大的土体其较为接近。当基质吸力较大时,随着孔隙比的变小,SWCC 曲线也会向上部移动。

制备初始含水率为 6%,初始干密度分别为 1.55g/cm^3 和 1.65g/cm^3 的环刀土样各 8 个,通过吸湿试验,将 8 组土样的含水率控制在约 8%、10%、12%、14%、16%、18%、20%,并通过滤纸法进行吸力测量。这样即获得了以上两种初始干密度条件下考虑吸湿膨胀效应的土水特征曲线,并与 IRSM-SSI 模型对应的曲线进行对比,如图 3.16 所示。

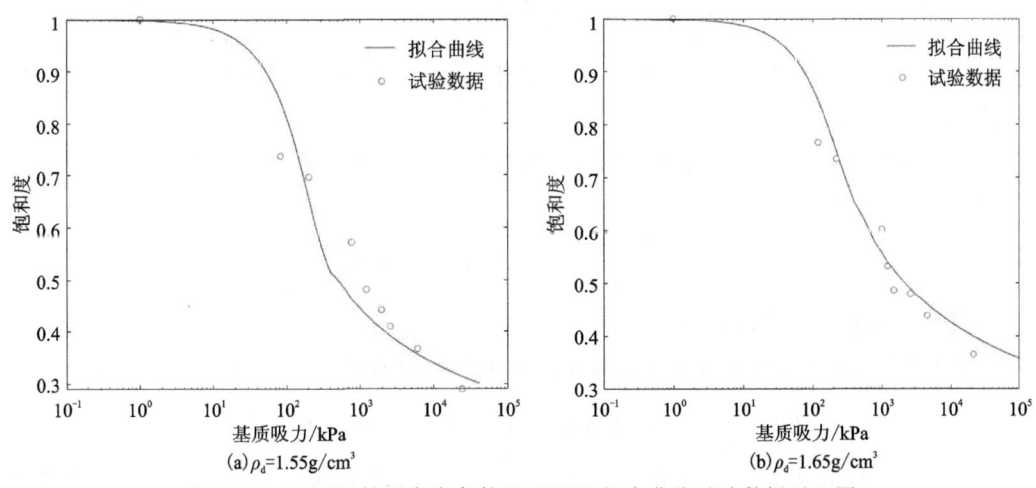

(a) $\rho_d=1.55\text{g/cm}^3$ (b) $\rho_d=1.65\text{g/cm}^3$

图 3.16　不同初始干密度条件下 SWCC 拟合曲线试验数据对比图

由图 3.16 可知,本书提供的本构模型及参数可以较好地与试验数据对应。从 SWCC 曲线的趋势可以推断出图 3.16(a)中饱和度低于 0.3,图 3.16(b)中饱和度低于 0.4,曲线拟合开始存在较大误差,这是由于吸湿模型仅给出了含水率 9.5% 以上的对应关系。对于含水率小于 9.5% 的情况,拟合公式失去物理意义与准确性,该含水率对应的饱和度即为图 3.16 中的 0.3 与 0.4。

3.7 非饱和膨胀土的渗透系数研究

3.7.1 渗透系数模型及预测方法

通过土水特征曲线方程预测相应的非饱和土的渗透系数方程,前人研究并开发了很多模型,这些模型大致可以分为 3 类:经验模型、宏观模型和统计模型。经验模型和宏观模型都是用一个形式简单的数学方程来表征土的渗透系数函数,这种数学方程由饱和渗透系数和各种曲线拟合参数所组成。

统计模型是一种简洁的方法,可以通过试验测量土水特征曲线模型间接地预测渗透系数函数。统计模型理论主要为切割任意体积有限的土体,按照截面上孔隙孔径的大小,可将这些孔隙划分为相互离散的孔隙组,如 $r_1, r_2, \cdots, r_n$。

在连续的土体中,当任意两个截面相邻时,通过一个横截面上的渗透系数与每个相邻横截面上被水充满的、孔径不一的孔隙成一定的关系。孔径为 r_i 的孔隙与孔径为 r_j 的孔隙之间的连通概率可以表示为

$$p(r_i \rightarrow r_j) = f(r_i)f(r_j) \tag{3.17}$$

式中: $f(r_i)$ 为第 i 个横截面孔径为 r_i 的给定位置处的概率函数;同样的, $f(r_j)$ 为第 j 个横截面孔径为 r_j 的给定位置处的概率函数。

对于饱和土系统,通过孔径为 r_i 的孔隙与孔径为 r_j 的孔隙相连形成的管道液体流速,可用 Hagen-Poiseuille 方程来进行描述

$$q_{r_i} \rightarrow r_{r_j} = \frac{\rho_w g i_h}{8\mu} R^2 f(r_i) f(r_j) \tag{3.18}$$

式中: ρ_w 和 μ 分别为渗透液体的密度和动力黏度; g 为重力加速度; R 为管道的特征半径; i_h 为水利梯度。

假定孔隙系统单位面积上的总液体流速等于每个孔径等级的相连孔隙产生的单个流速之和,即有

$$q = \frac{\rho_w g}{8\mu} \sum_{i=1}^{n} \sum_{j=1}^{n} R^2 f(r_i) f(r_j) \tag{3.19}$$

式中: n 等于孔隙孔径等级总的数量。

运用达西定律,可得到渗透系数 k 与孔径分布概率的表达式为

$$k = \frac{\rho_w g}{8\mu} \frac{\varepsilon^2}{n^2} [r_1^2 + 3r_2^2 + 5r_3^2 + \cdots + (2n+1)r_n^2] \tag{3.20}$$

式中: ε 为充满液体的孔隙率; n 为孔径等级的个数; r_i 为 i 孔径等级的平均半径; r_n 表示最小

的孔径等级；ε^2/n^2 为孔隙相互作用项，用于描述孔隙的连通性。

对于非饱和土系统，当吸力水头等于 h_i 时，被水充满的孔隙中最大孔隙的半径 r_i；r_i 可用 Young-Laplace 方程表示

$$r_i = \frac{2T_s}{\rho_w g i_h} \qquad (3.21)$$

将此式(3.21)代入式(3.20)中，可得渗透系数与含水量的函数关系表达式为

$$k(\theta_i) = \frac{T_s^2}{2\mu \rho_w g} \frac{\varepsilon^2}{n^2} [h_1^{-2} + 3h_2^{-2} + 5h_3^{-2} + \cdots + (2n-1)h_n^{-2}] \qquad (3.22)$$

式中：ε 是当含水量 θ_i 时被液体充满的孔隙率；n 是当含水量在 0 和 θ_i 之间变化时，孔径等级的数量。将相应的土水特征曲线的试验数据或数学模型，按照含水量的不同细分为一系列的离散数据点或区县段，即可确定吸力水头 h_i。

Van Genuchten(1980)模型与 Fredlund(1994)模型均是根据以上的孔径分布理论发展起来的渗透模型，且在岩土工程领域得到了广泛的应用，二者均能同时对土水特征曲线及渗透系数函数进行预测。

Van Genuchten(1980)把土水特征曲线公式代入 Burdine(1953)与 Mualem(1978)提出的统计传导率模型中，得出了一个灵活的封闭的渗透系数函数 $k_r(\psi)$ 解析表达式

$$k_r(\psi) = \frac{[1-(a\psi)^{n-1}[1+(a\psi)^n]^{-m}]^2}{[1+(a\psi)^n]^{m/2}} \qquad (3.23)$$

式中：a、m、n 为土水特征曲线函数的参数；ψ 为基质吸力；$k_r(\psi)$ 为相对渗透系数，即非饱和渗透系数与饱和渗透系数的比值。

运用式(3.23)，可以在知道饱和渗透系数的前提下，由相应的土水特征曲线直接确定渗透系数函数。

当 Van Genuchten 土水特征曲线确定后，可以将式(3.23)改为采用有效饱和度表示的形式

$$k_r = S_e^{0.5} [1-(1-S_e^{1/m})^m]^2 \qquad (3.24)$$

式中：k_r 为渗透系数；S_e 为饱和度；m 为土水特征曲线函数的参数。

Fredlund(1994)将对应的土水特征曲线公式与 Childs 和 Collis-George 统计孔径分布模型(1950)相结合，获得了一个相对渗透系数函数模型，其表达式如下

$$k_r(\psi) = \omega_*^q(\psi) \frac{\int_{\ln(\psi)}^b \frac{\theta(e^y)-\theta(\psi)}{e^y} \theta'(e^y) dy}{\int_{\ln(\psi_{ave})}^b \frac{\theta(e^y)-\theta_s}{e^y} \theta'(e^y) dy} \qquad (3.25)$$

式中：y 为积分 $\ln(\psi)$ 的虚变量；$b=\ln(10^6)$ kPa；ψ_{ave} 为进气值；θ' 为 Fredlund 土水特征曲线函数中对 ψ 的导数；ω_* 为标准化含水量；ω_*^q 为考虑曲率的修正系数。

3.7.2 饱和渗透系数试验与非饱和渗透系数的计算

采用变水头渗透试验法，测量干密度为 1.55g/cm³、1.60g/cm³、1.65g/cm³ 和 1.70g/cm³ 的 4 种土样的饱和渗透系数。由于试样不易透水，故先对其进行抽气饱和，然后按照规范中的

试验步骤进行装样并测量,最后利用多次测量得到的数据,求其平均值,结合公式转换到标准温度下的渗透系数。渗透系数测量仪器见图3.17,干密度不同的土样的饱和渗透系数见表3.7。

图 3.17 渗透系数测量仪器

表 3.7 干密度不同的土样的饱和渗透系数

干密度/g·cm^{-3}	1.55	1.60	1.65	1.70
饱和渗透系数/m·s^{-1}	4.67×10^{-7}	1.01×10^{-8}	2.49×10^{-8}	6.68×10^{-8}

通过 Van Genuchten(1980)模型计算不同干密度条件下试样的相对渗透系数如图3.18所示。

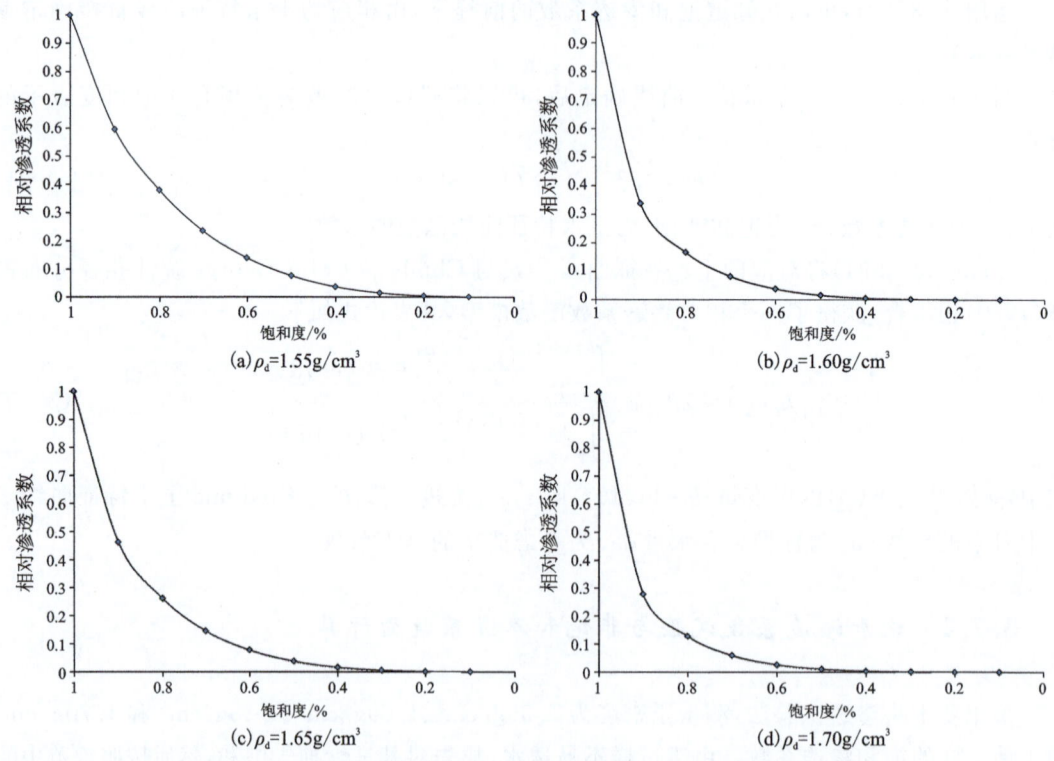

图 3.18 干密度不同的条件下膨胀土试样相对渗透系数计算曲线

3.8 小结

本章采用滤纸法测定了4组不同初始干密度条件下合肥重塑膨胀土样的土水特征曲线，开展了4组侧限约束下不同初始干密度土样的吸湿试验，并对试验结果进行分析，得到的主要结论如下：

（1）当土水特征曲线用含水率与吸力关系表示时，吸力会随着含水率的减小而增大，且试样干密度的减小会使特征曲线向右上移动。当吸力相同时，干密度越大的土样对应的含水率越小；当含水率相同时，干密度越小的土样对应的基质吸力越大。不同干密度的土样，在基质吸力较低的情况下，含水率差别较大，随着吸力的变大，干密度对于含水率和吸力关系表示的土水特征曲线产生的影响逐渐减小。

（2）当土水特征曲线用饱和度与吸力关系表示时，吸力会随着饱和度的减小而增大，且试样干密度的增大会使特征曲线向右上移动。吸力相同时，干密度越大的土样对应的饱和度越大；饱和度相同时，干密度越大的土样对应的基质吸力也越大。

（3）通过 VG 模型对试验数据进行拟合，进气值（a）随着初始孔隙比的增大先缓慢增大，然后增大速度变快。

（4）土体的吸湿曲线大致可以分为快速增大、缓慢增大、趋于稳定3个阶段，即增湿的初期，土样快速吸湿膨胀，土体孔隙比迅速增大，当含水率增大到4%左右时，曲线开始变缓，随着含水率的继续增加，土样膨胀逐渐减小直至为0。

（5）构建了 UN-EX 模型，该模型可以通过已知初始孔隙比得出相应的土水特征曲线。

（6）构建了吸湿膨胀三维曲面，该曲面大致可以分为两部分，在饱和度较低的区域，曲面较陡峭，随着饱和度的增大，曲面逐渐趋于平缓。随着初始干密度的增大，土体的吸湿膨胀曲线逐渐向右下方移动。

（7）构建了 IRSM-SSI 模型，该模型在三维空间内为一基质吸力与饱和度在土体干密度不断减小过程中动态变化的"S"形曲面。

（8）通过 VG 模型得出了不同初始干密度下非饱和膨胀土的相对渗透系数与饱和度的变化关系曲线，为后文的数值计算提供了依据。

4 降雨入渗条件下含结构性裂隙的膨胀土边坡模型试验

4.1 引言

边坡失稳破坏一直是膨胀土地质灾害中最为突出的问题,随着我国经济建设的快速发展,一些铁路、水利工程的实施,沿线膨胀土分布广泛,工程地质条件复杂,膨胀土边坡稳定性问题突出,造成了很多的经济损失。

由膨胀性、超固结性与裂隙性控制的膨胀土边坡浅层失稳机理已经有了相当丰富的研究成果。而对于裂隙结构面导致的边坡失稳机理,仅有少部分学者进行了研究,通过分析地质勘察资料及结构性裂隙填充物的物理力学性质,认为膨胀土的滑坡大部分发生于裂隙结构面的位置,多组次生裂隙一旦形成,往往容易贯穿并在边坡土体内形成裂隙结构面。这种结构面由于膨胀土特殊的工程特性以及受降雨的影响,结构面软化强度降低,会对边坡稳定构成重大威胁,是膨胀土边坡稳定分析中需考虑的重要因素。

结合以上研究成果可知,裂隙面及充填夹层是对膨胀土边坡稳定起重要影响的宏观结构,这种结构面会导致最为严重、产生负面效应最显著的膨胀土边坡滑动破坏。需要更进一步地研究,揭示裂隙结构面对于边坡稳定性的影响程度,以及边坡入渗-湿胀-结构面耦合作用模式下的滑坡机理。

本章基于相似理论,对含结构性裂隙的膨胀土边坡开展降雨条件下的模型试验,通过模型的表征、监测数据与试验结果,研究吸湿条件下结构性裂隙对膨胀土边坡的位移以及含水率变化特征与发展规律的影响,揭示夹层裂隙的作用模式与滑坡机理。

4.2 结构性裂隙的赋存状态

4.2.1 结构性裂隙的形态

膨胀土土体内部裂隙发育广泛,根据裂隙形态、裂隙面特点及裂隙成因,可以分为原生裂隙与次生裂隙。所谓原生裂隙,往往是土层在沉积过程中形成的,这类裂隙一般较长,中间由强膨胀性的灰白色、灰绿色填充物充满,且裂隙面光滑。次生裂隙,即土体后期由于吸湿膨胀失水收缩导致的受力条件变化,受剪或受拉而形成的裂隙。这类裂隙往往数量大、不规则、较短、较窄，无明显的定向性，且裂隙面粗糙，裂隙可容雨水迅速进入土体内部。但是也有一部分次生裂隙在大气营力等因素的作用下逐渐发展成为长大裂隙，且中间同样被强膨胀性的充填物充满，次生裂隙对边坡的影响逐渐趋近于原生裂隙（图4.1）。

(a) 受剪裂隙　　　　　　　　　(b) 受拉裂隙

图4.1　膨胀土受剪受拉裂隙照片[137]

陆定杰[137]通过对南水北调中线工程南阳段渠道边坡开挖过程中揭露的强膨胀土和中膨胀渠段进行的工程地质调查以及边坡结构面形态的统计，发现裂隙具有一定的方向性，裂隙结构面清晰光滑，具有蜡状光泽、有擦痕，且大多由灰白色黏土充填（图4.2）；一些滑坡坡脚处揭露顺坡向缓倾角长大裂隙，倾角为7°～17°，长度一般超过20m，厚度甚至超过40cm。

图4.2　膨胀土中的灰白色填充物[137]

赵亮[141]对南阳现场中膨胀土试验区进行调查发现，土体裂隙极其发育，规模差异很大，长度从数毫米到数十米，甚至上百米，其中长大裂隙往往延伸长度大于2.0m，最长近百米，这类裂隙对边坡稳定起控制作用。同时，赵亮对试验区的裂隙产状进行统计（表4.1），发现试验段土体裂隙以缓倾角和中倾角裂隙为主，二者占裂隙总数的96.7%，陡倾角裂隙极少，仅占裂隙总数的3.3%。同时，裂隙的倾角与其延伸规模有相关性，裂隙的延伸长度越长，缓倾角裂隙的比例越高；裂隙的延伸长度越短，中倾角裂隙的比例越高；陡倾角裂隙数量随延伸长度的减小也显著增多。

结合以上研究可以发现，长大裂隙由于充填灰绿色、灰白色强度极低的充填物，形成软弱结构面，在不利的形态下对边坡稳定起到控制作用。而这类长大裂隙往往定向贯穿边坡，且倾角很小。

表 4.1 膨胀土裂隙倾角统计表[141]

统计分类	统计数	缓倾角(≤30°)		中倾角(30°～60°)		缓倾角(≥60°)	
	条	条	占比/%	条	占比/%	条	占比/%
长大裂隙	1374	917	66.7	449	32.7	8	0.6
大裂隙	929	345	37.2	528	56.8	56	6
小裂隙	107	15	14	78	72.9	14	13.1
合计	2410	1277	53	1055	43.7	78	3.3

4.2.2 裂隙充填物的物理力学性质

由于模型试验中所需结构性裂隙的土量较多,而现场的灰绿色、灰白色充填物虽多但与膨胀土混杂在一起,不宜大量挖取,故采用膨润土与高岭土按比例混合的方式配出与现场充填物性质相似的土样作为试验用土。裂隙充填物主要因与其赋存的膨胀土存在的差异膨胀性以及吸水饱和后的低强度特性影响边坡的稳定性,因此保证这两方面性质相似即可。调研并汇总前人对填充物相关物理力学性质的试验结果及模型填充物替代土样的相关参数如表 4.2 所示。

表 4.2 结构性裂隙充填物主要物理力学参数表[21,137,141]

土样类别	干密度/ $g \cdot cm^{-3}$	液限 w_L/%	塑限 w_P/%	塑性指数 I_P/%	饱和黏聚力 c/kPa	饱和内摩擦角 φ/(°)	自由膨胀率/%
南水北调 TS95+300 填充物	1.47	90.11	29.46	60.65	14.0	4.0	110
南水北调 中1区 填充物	1.47	56.5	22.4	34.0	10.0	17.2	54
宁明膨胀土填充物	1.6	—	—	—	11.1	9.7	—
膨润土与高岭土混合物	1.5	84.27	32.88	51.39	3.2	7.6	105

结合前人对膨胀土裂隙充填物的试验结果,对比膨润土与高岭土按比例 9∶1 的拌和物,发现该试样物理性质与充填物最为接近,故将其作为模型试验的裂隙夹层用土。

4.3 模型试验设计与传感器布设方案

4.3.1 模型试验设计方案

模型试验设备研制与方案制定需针对实际工程,体现实际几何与物理特征,结合膨胀土的渗透性、膨胀性、裂隙性等特殊工程地质特性,综合考虑大气影响范围与干湿循环效应,来模拟反复吸湿、蒸发条件下,膨胀土边坡浅层变形规律。根据相似条件原理,模型试验必须满足空间条件、物理条件、边界条件与实际工况的相似性。

4.3.1.1 空间条件相似

该条件要求模型的几何形状的尺寸与实际边坡形态保持相似。通过调研各类涉及膨胀土的工程(如南水北调工程、引江济淮工程等)边坡形态,得出该类边坡的坡比往往在 1∶1.5 到 1∶3 之间,故选定坡比为 1∶2 的边坡进行模拟。实际工程中膨胀土典型边坡形态如图 4.3 所示。

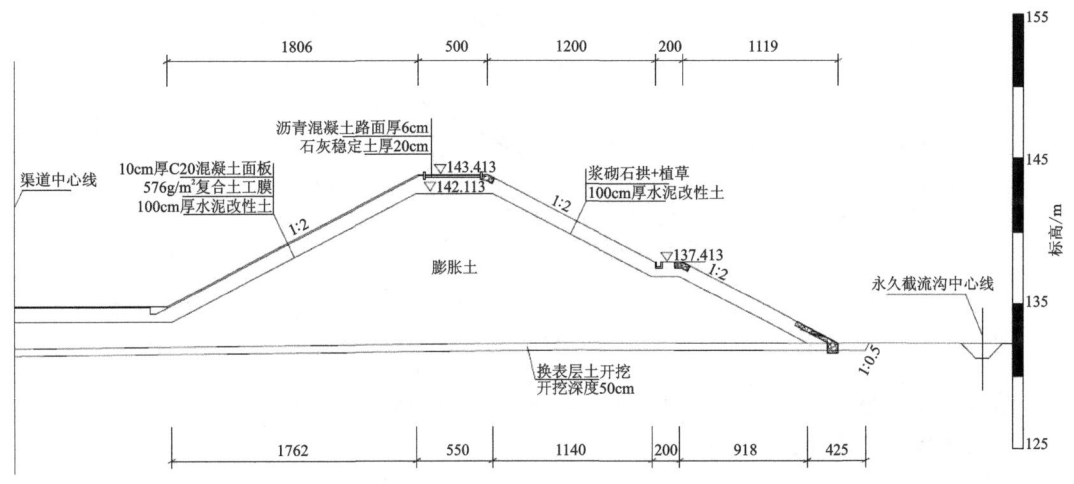

图 4.3 南水北调工程 TS95+670~TS95+770 渠道现场施工几何图(单位:mm)

根据填筑模型所用膨胀土渗透试验及相关文献资料可知,膨胀土边坡土体导水率较小,一般小于 10^{-6} m/s,因此坡表水分较难入渗,土体受水分作用而发生膨胀变形效应的深度有限,一般在 0.6m 左右。根据以上情况,模型箱尺寸定为 5.4m×2.11m×1.3m。该模型箱具有以下特点。

(1)模型箱高度不宜过高,对应坡面处为斜面设计,斜度与边坡坡比均为 1∶2,一方面可模拟真实工况,另一方面可节约填筑材料(图 4.4)。

(2)填筑土体厚度为 0.7m,该值在斜坡处则表示自表面竖直向下的填土深度。根据模型箱尺寸,确定模拟边坡的渠底长度为 1.28m,坡顶长度为 1.40m,斜坡面水平长度为 2.62m,填筑土体后尺寸见图 4.5。

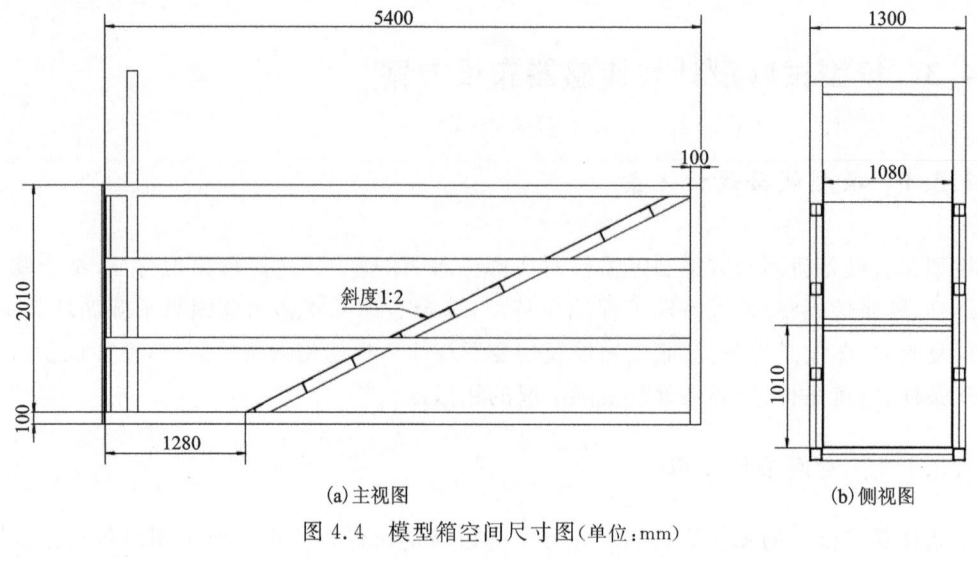

图 4.4　模型箱空间尺寸图(单位:mm)

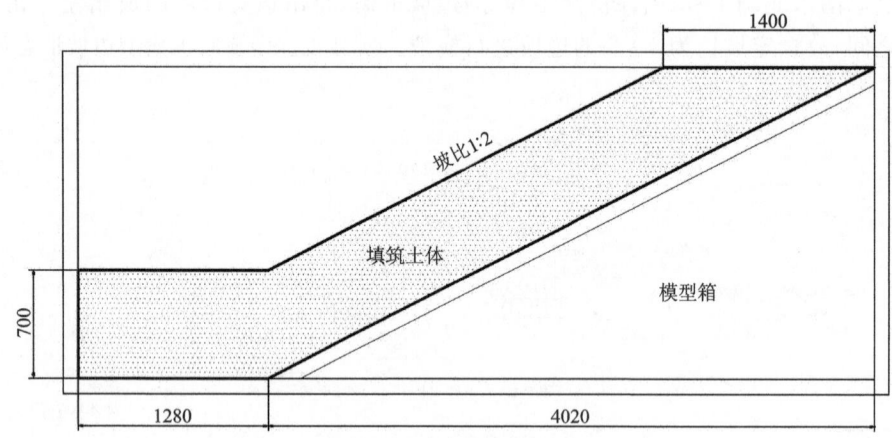

图 4.5　模型箱内填筑土体示意图(单位:mm)

结合 4.2.1 小节内容,设计在边坡中加入一层厚 100mm,15°倾斜的结构性裂隙夹层,模型试验的具体设计尺寸见图 4.6。

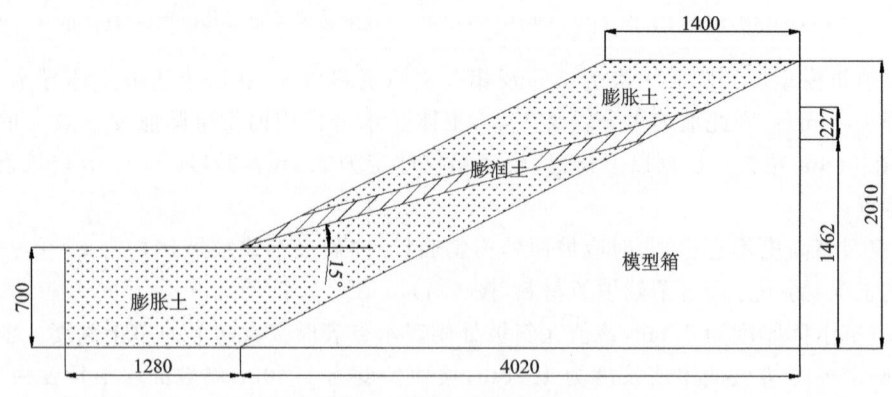

图 4.6　模型试验尺寸示意图(单位:mm)

4.3.1.2 填筑土体物理条件相似

该条件是指发生物理现象的材料的物理力学特性和受荷后引起的变化反应必须相似。本次试验中边坡填筑的膨胀土为弱膨胀土。材料物理性能及受力变形性能方面保持了良好的相似性,弱膨胀土的物理力学性质见表 4.3。

表 4.3 弱膨胀土主要物理力学性质

岩土类型	天然含水率/%	天然密度/g·cm^{-3}	液限 w_L/%	塑限 w_P/%	塑性指数 I_P/%	自由膨胀率/%	比重 G_S
弱膨胀土	21.64	2.04	72	30	42	44	2.68

4.3.1.3 边界条件相似

由于模型箱尺寸的限制,在模型边界土体与箱体接触部位,膨胀土因为黏性高易于箱体发生黏结,在遇水后这种黏滞效应更为显著,从而产生边界土体对其内部土体的牵制力,限制膨胀力与下滑力的发展,造成靠近边界处土体变形量小于实际值,导致应力场与变形场的失真,限制滑坡的形成与发展。

因此,为了真实模拟实际情况,应对模型箱边界做适当处理,减小箱体与土体之间的摩擦力与黏结力。具体做法是:首先对箱体内部侧壁进行打磨和清理,保证侧壁清洁与光滑,然后在与膨胀土接触的部分内壁,均匀涂上一层凡士林,尽可能地减小摩擦力和黏结力,从而消除不利的边界效应(图 4.7)。

图 4.7 涂抹凡士林

4.3.2 模型填筑过程与质量控制

本次模型试验填筑过程分为17层进行,根据每层所设计的厚度以及之前土工试验得出的最优含水量曲线,确定设计压实土体干密度下所对应的含水量以及每层所需要的土质量,在每层铺设前对称量过后的土进行翻晒、配水等操作步骤,使土体的含水量达到所需要求。具体填筑步骤尺寸见图4.8与图4.9。

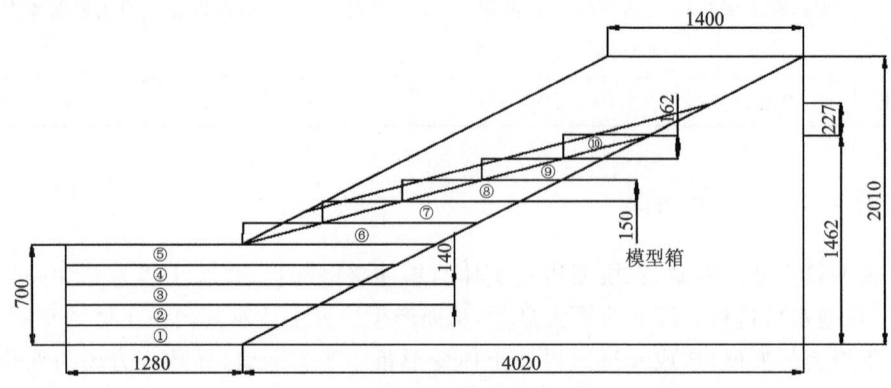

图4.8 结构性裂隙下部填筑示意图(单位:mm)

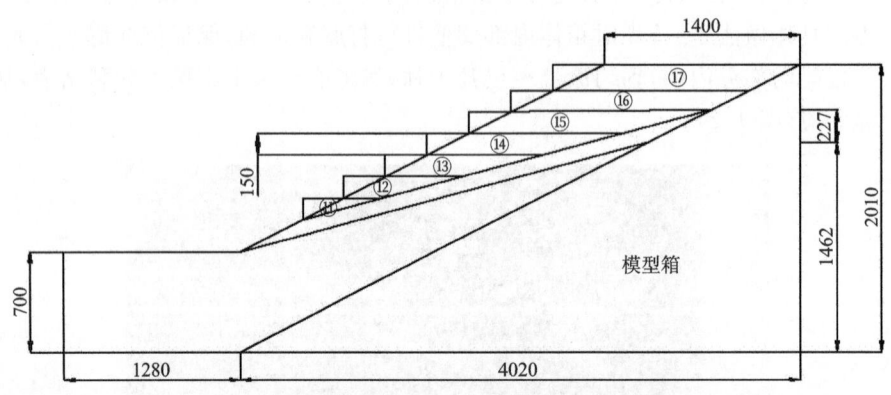

图4.9 结构性裂隙上部填筑示意图(单位:mm)

每层土体填筑前,首先对现场取回土样进行预处理,包括清理、翻晒、碾碎、计算配水量、喷水、闷制等。然后,根据填筑体尺寸,采用阶梯状水平分层填筑,每一层的填筑步骤均为:布线—松铺—压实—削坡—刮毛(图4.10)。

填筑土体应具有合适的压实度以及较低的含水率,一方面避免土体因压实度不够,而在吸水过程中膨胀量小于陷落量,难以反映膨胀土的膨胀特性,造成结果失真;另一方面需保证水分渗透的可能性,防止水分过量以表面径流的方式流失。因此,试验土体应对密度和含水率指标进行控制,在填筑进行之前应进行含水率的检测,在填筑过程中应对密度与含水率进行检测。基于此,控制湿密度为1.70~1.80g/cm³,干密度约为1.45g/cm³,控制质量含水率在15%左右。

4 降雨入渗条件下含结构性裂隙的膨胀土边坡模型试验

图 4.10 模型土体填筑过程

4.3.3 传感器布设方案

为了弄清试验过程中模型边坡在吸湿条件下物理力学参数的变化特征与发展规律,应对模型边坡建立一系列的监测系统。模型试验中使用的监测传感器类型如下。①监测边坡土体含水率变化特征采用剖面土壤含水量测量系统;②监测边坡表面水平向、竖向胀缩变形采用位移传感器;③监测边坡内部土体竖向变形采用沉降板、位移传感器;④监测边坡变形发展状态采用图像采集系统(相机、摄录机)。

4.3.3.1 传感器型号

通过文献资料查阅对各种仪器进行优化对比,本次试验拟采用以下型号的元器件。
(1)沉降板。试验采用自行加工的小沉降板,沉降板直径为 80mm,高度为 600mm。
(2)位移传感器。试验采用弹簧回弹式位移计,仪器量程 50mm,精度 5/1000。位移传感器输出电流为 4~20mA,供电电压为 24VDC,弹簧全弹出输出电流为 4mA,全缩回输出电流为 20mA。位移传感器数据采集系统为自行开发,LVDT 位移传感器共计 20 组,通过连接 3组 8 路的泓格模数转换模块进行信号采集,采集模块与供电模块集中置入一控制箱,采集模块中的 RS232 信号通过 RS232/RS485 数据转换接口转换为 RS485 信号,再通过 RS485/USB 转化器与电脑连接,在 Windows 系统下,通过组态软件编程,开发数据采集软件,实现对位移信号的实时采集(图 4.11)。

(3)土壤剖面水分速测仪。试验采用英国 DELTA-T 生产的 PR2/4 型土壤剖面水分速测仪,即含 4 个探点土壤剖面水分传感器,最大测量深度为 40cm,4 个传感器分别布置于 10cm、20cm、30cm、40cm 深度位置。采用 HH2 手持式土壤水分读数表进行数据采集,它通过 RS232 通讯电缆与 PR2/4 型土壤剖面水分速测仪相连,可直接读出被测土体体积含水率值。该速测仪采集速度快,操作简便,可实现数据的实时采集与传输。PR2 和 HH2 读数表联合使用,是一种经济实用的多点移动测量方式。

PR2/4 型土壤剖面水分速测仪主要技术参数:探头测量范围为 0～100%;探头精度为±3%(特殊标定后);探头重复性为±1%;探头工作温度在-20℃～70℃之间;探头标准电缆长度为 2m;探头长度为 637mm,质量为 0.55kg,直径为 28mm。该土壤剖面水分速测仪包括若干 PR2/4 型专用探管,可预埋在土体内部,试验时,需将传感器完全插入探管进行读数(图 4.12)。

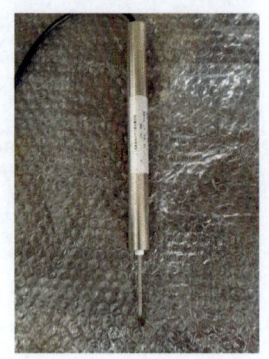
图 4.11 位移传感器

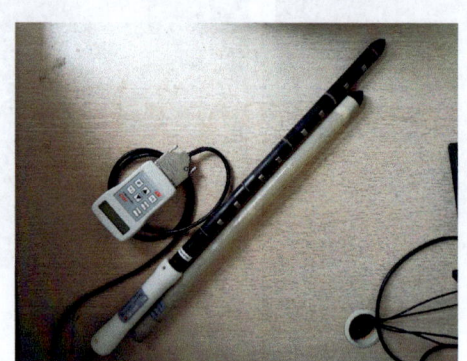
图 4.12 含水量传感器

4.3.3.2 传感器布设方案

元器件的布设数量、位置、方式应综合考虑元器件的特点和性能,试验中所监测的主要内容包括监测位置、深度及监测频率和时间等。本模型试验中监测元器件的布设分布如图 4.13 所示。

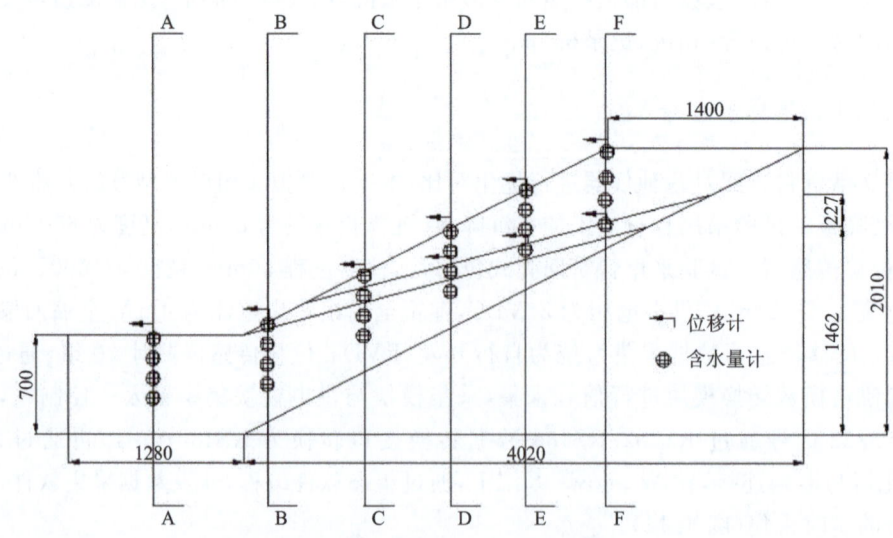
图 4.13 模型试验监测元件布设示意图(单位:mm)

图 4.13 中 A、B、C、D、E、F 断面分别为坡底中心、坡脚处、1/4 坡面处、1/2 坡面处、3/4 坡面处和坡肩处。在边坡的不同断面处布设了含水量计以及位移计,以监测边坡土体不同深度处含水量以及位移的变化规律。土体内部的位移传感器仅监测土体的垂直位移变化,表层的位移传感器既监测水平位移也监测垂直位移变化。各断面监测元器件种类与数量如表 4.4 所示。

表 4.4 各断面监测元器件种类与数量统计表

传感器	断面位置	深度/cm
位移计	A、B、C、D、E、F	0
	B	20
	D	20
	E	30
	F	40
土壤剖面水分速测仪	A、B、C、D、E、F	0、10、20、30、40

4.3.4 降雨设备

人工模拟降雨是土壤渗流试验中应用最广泛的供液方式,通过模拟降雨器使系统模拟的降雨与自然降雨物理性能达到最大相似。目前模拟降雨器多为垂直下喷型与侧喷型两种,但由于喷洒强度与喷洒范围的限制,模拟降雨器应用于物理试验时仍存在一些不足:①模拟降雨器所提供的雨量往往较大,对于低渗透性的膨胀土而言,模型表面会产生大量的积水和径流,使降雨总量与边坡入渗总量差别极大,达不到试验所需精度要求。②降雨喷头中的喷孔往往直径较大,单位时间出水量大,很难满足长时间低雨量的试验要求。

戴张俊[83]针对膨胀土等低渗透性土壤渗流试验,尤其是斜坡土壤渗流试验,设计了一种可持续、低通量、供液范围可控的低通量滴淋式自给降雨装置。该供液装置构造简单,操作便捷,并可有效节约资源,满足斜坡土壤渗流试验等科学实验对恒压降雨式供液装置的需求。但是这种单排线型模拟的降雨形态并不能完全覆盖整个坡面,与实际有一定出入。因此,本次试验将该装置改为多排线型,以实现降雨对模型坡面的全覆盖。

4.4 试验过程控制

本次模型试验水分供给形式采用模拟降雨,在降雨入渗条件下,通过监测膨胀土边坡土体含水率的变化、边坡表面及内部变形等,并根据模型试验中观察到的宏观现象与监测结果,分析边坡在吸水膨胀时,由于含水率发生变化,在膨胀力的作用下应变场的变化特征,总结边坡破坏模式与演化规律。

4.4.1 边坡状态

模型箱填筑材料采用合肥弱膨胀土,结构裂隙用土采用膨润土与高岭土的混合物,在填筑过程中严格控制各层土体含水率与干密度,以保证水分的入渗以及表征的膨胀变形符合客观实际。

裂隙是决定膨胀土边坡性质的关键因素之一,由于膨胀土边坡裂隙广泛发育,裂隙的存在赋予了膨胀土边坡特殊的结构性。在实际边坡中,裂隙主要以两种形态存在:一是坡顶近地表部分发育的垂直裂隙层由于长期经历周期性的干湿循环,往往表现为上宽下窄的垂直胀缩裂隙,常是由边坡开挖导致土体失去侧向支撑,从而使得裂隙张开;二是土体中的原生裂隙或构造裂隙,主要为土体内层面及成岩过程中形成的收缩裂隙,广泛发育于边坡表层及内部,具体包括层理、层面、不整合面和原生裂隙面等。

在模型试验填土结束后,边坡受到人工击实的作用,表面显得平整且光滑,内部土体均匀程度及密实度也较好,这与裂隙分布广泛的实际膨胀土边坡形态存在较大差别。因此,对于填筑后的土体进行静置处理。静置的作用主要有两个方面:一是保证土体内部含水率的进一步均匀分布;二是在此过程中,裂隙逐渐开展,经过30d后,形成了裂隙膨胀土边坡。

4.4.2 降雨条件

降雨方式:在边坡不同位置,采用降雨器进行边坡表面小范围滴淋式降雨,坡面水分依靠自重自然下流。这种降雨方式的优点在于人工控制降雨范围,保证降雨量与入渗量最大程度的接近,避免降水对监测元器件造成的可能性损坏,同时为人工监测与数据采集提供可操作空间与相关便利条件。

降雨类型:试验采用控制降雨量的低强度连续降雨,每日降雨4~8h,日降雨量控制为10mm左右,人工模拟自然小雨状态。通过蒸发试验测得土体日蒸发量为0.42mm/d,远远小于降雨量,故在集中降雨过程中忽略蒸发作用的影响。边坡降雨历程如图4.14所示。

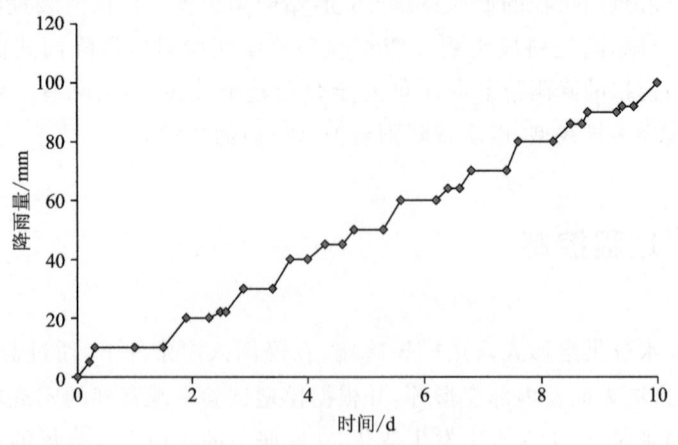

图4.14 模型试验降雨历程图

4.4.3 监测控制

在降雨进行之前,记录各监测物理量的初始值,得到边坡初始含水率状态与应变状态分布。在降雨初始阶段,应对各物理量进行密集监测,在降雨进行的前2d,各物理量监测记录为2~3次/d,每次测定时间应选在降雨间隔时,并记录即时降雨总量。在降雨中后期,各物理量监测记录为1~2次/d,同时对应各次记录时的即时降雨总量。

土体含水率变化特征的监测采用水分传感器测定与取样测定相结合的方式。由于PR2/4水分传感器可直接测定边坡表面以下10cm、20cm、30cm、40cm处土体含水率,对于表层土体含水量的测定,可于每天降雨结束后,采用表层取样的方式对土体含水率进行测定。试验开始后,应不定时对边坡变形特征进行记录与描述,若发生滑坡,应详细记录滑坡发生次数、位置、规模与形式。

4.5 边坡物理状态分析

4.5.1 蒸发作用下裂隙的发展

模型边坡填筑完成后,需静置处理使水分蒸发产生裂隙,降低边坡的整体性,保持与工程实际较高的一致性。图4.15为边坡蒸发阶段模型表面裂隙的发展形态。由图4.15可以看出,随着蒸发量的加大,土体由于失水收缩产生干裂隙,裂隙的长度、宽度与深度均随着时间而逐渐加大;蒸发后期,由于膨胀土表面应力的变化,出现一些新的拉裂隙。

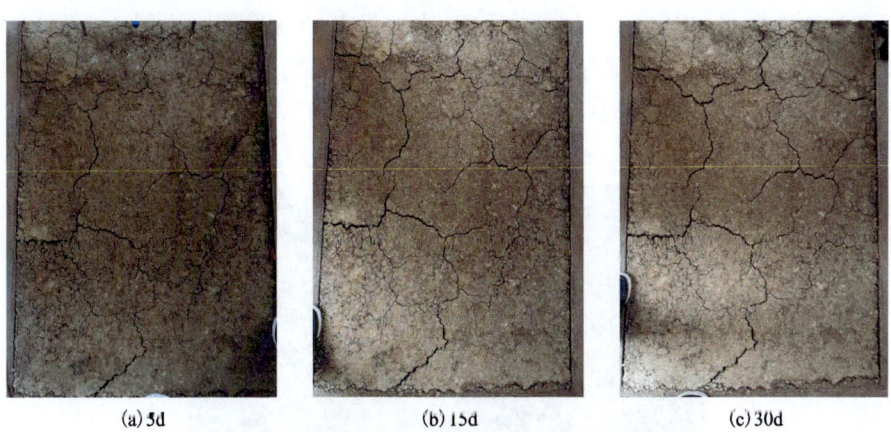

图4.15 蒸发作用下不同时间边坡顶部裂隙图

4.5.2 吸湿作用下裂隙的闭合

在降雨初期,雨水不仅通过边坡表层土体入渗,还有大部分水分流入裂隙,直接进入边坡表层内部,土体快速吸水膨胀,表面裂隙逐渐消失。图4.16为边坡降雨初期模型表面裂隙的逐渐闭合的变化形态。

(a) 5mm　　　　　　　　(b) 10mm　　　　　　　(c) 15mm

图4.16　吸湿作用下不同时间边坡顶部裂隙图

从图4.16中可以看出,降雨初始阶段,裂隙变化并不明显,在降雨量达到10mm时,宽度较大的裂隙收缩明显,一些细小裂隙开始消失。在降雨量达到15mm时,主要裂隙大部分已消失,裂隙数量大大减小,在经过了这一阶段后,土体中裂隙已基本闭合。

4.5.3　吸湿作用下土体的膨胀

随着水分的持续供给,土体继续吸水产生膨胀变形,变形以另外的方式表现出来,具体表现为局部和整体的隆起。图4.17为降雨后期,边坡局部的变形图。由图4.17可以看出,裂隙完全闭合后,由于膨胀土吸水膨胀效应,土体变形将向无约束方向继续发展,土体表面发生不规则隆起,变得凹凸不平,在同一断面的不同位置,由于应力的不均匀性,表面变形有所差异。

图4.17　边坡表面膨胀变形图

4.5.4 地表径流与汇水

属于黏土范畴的膨胀土的渗透性很差,导水率往往低于 10^{-6} m/s,因此,在无明显裂隙的情况下,水分入渗十分困难。在该模型试验中,采用了自行加工的小型低通量滴淋式降雨系统,保证了低速持续供水,满足膨胀土边坡的渗流特点,但是在降雨进行到一定阶段后,待裂隙完全闭合,水分只依靠膨胀土自身的渗透性进行入渗,边坡表面仍会表现出一般膨胀土边坡所具有的径流特征,坡脚与渠底将产生汇水现象,这与现场实际特征是相吻合的(图4.18)。

径流与汇水现象对边坡破坏模式与应力应变特征将产生一定的影响。径流可逐渐冲刷土体,使边坡表面产生沟壑,形成冲刷破坏。大面积长时间的渠底积水,将对坡脚产生不利影响,造成坡脚软化,最终发生较大的膨胀变形,从而影响边坡的整体稳定性。

(a) 地表径流

(b) 坡脚汇水

图 4.18 边坡的径流与汇水现象

4.6 边坡含水率变化特征分析

4.6.1 边坡含水率时程曲线

选取边坡坡脚、1/4坡高、坡中部、3/4坡高和坡肩5个不同断面作为含水率观测面,这5个断面不同深度处土体体积含水率的时程变化曲线如图4.19所示。

由图4.19可以看出,在降雨吸湿过程中,膨胀土不同位置处的含水率变化速率随着降雨量的增大而不断变化,边坡表层及10cm深处的主要变化趋势基本可以分为快速增长、缓慢增长和趋于稳定3个阶段。这是由于模型边坡在降雨前经历了蒸发阶段,膨胀土失水收缩产生裂缝,这些裂缝布满整个边坡表面,深度在1~8cm之间,故初始降雨时,水流会从裂缝处迅速进入边坡土体,使得裂隙影响深度范围内的土体含水率在一开始就快速增长。

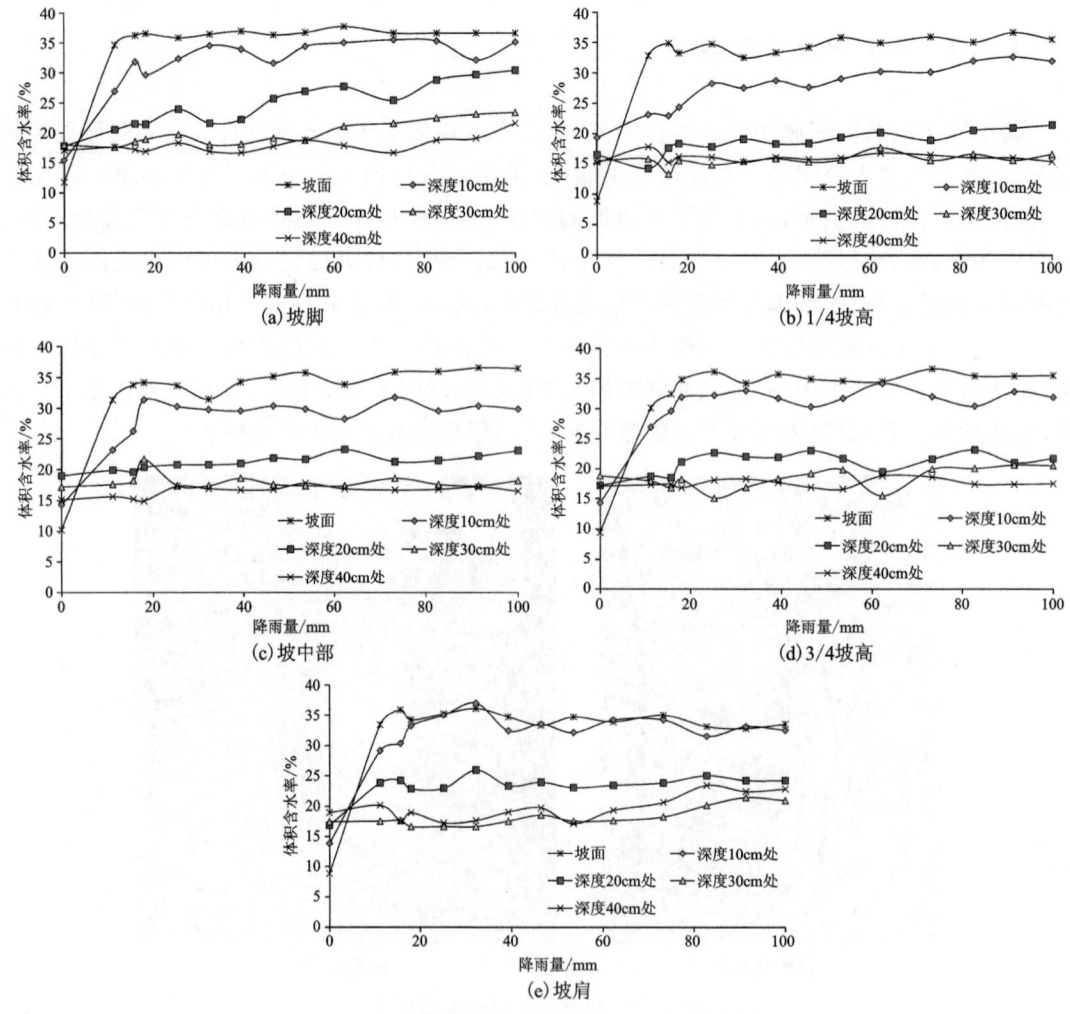

图 4.19 不同断面土体含水率变化时程曲线图

更深处的边坡土体含水率主要变化趋势可以分为启动、快速增长、缓慢增长和趋于稳定 4 个阶段。这是由于降雨初期，雨水通过裂隙渗入，表层土体吸水膨胀使裂缝迅速消失。众所周知，膨胀土属于黏性土，渗透率非常小，此时雨水只能靠非常缓慢的渗透速率进入边坡的更深处，故在快速增长阶段前会有一个时间较长的启动阶段，该阶段含水率基本不会有所变化或变化很小。

在同一断面处，越靠近边坡表层，含水率增长速率越快，随着深度的增加，边坡土体含水率随着降雨稳定后的值会逐渐减小，这是因为在裂隙膨胀土吸水消失后，大部分雨水会因径流从表面流出，加之膨胀土渗透率较小的缘故，深层土体很难有较大的含水率变化。

对于不同断面来说，边坡深度 10cm 以上土体含水率变化基本相似，均是快速增长后稳定在接近饱和的状态。边坡坡脚与坡肩更深处的含水率变化较其他断面位置处的要大，这是因为降雨时有部分雨水会通过径流或其他方式留滞在坡顶及坡脚处的平台上，因此这两处不断保持有水分渗入边坡深部。坡面位置 30cm 与 40cm 深度处的土体含水率基本不发生变化。

4.6.2 降雨量不同时边坡含水率空间变化规律

降雨量不同时,边坡 5 个典型断面的含水率空间分布情况如图 4.20 所示。

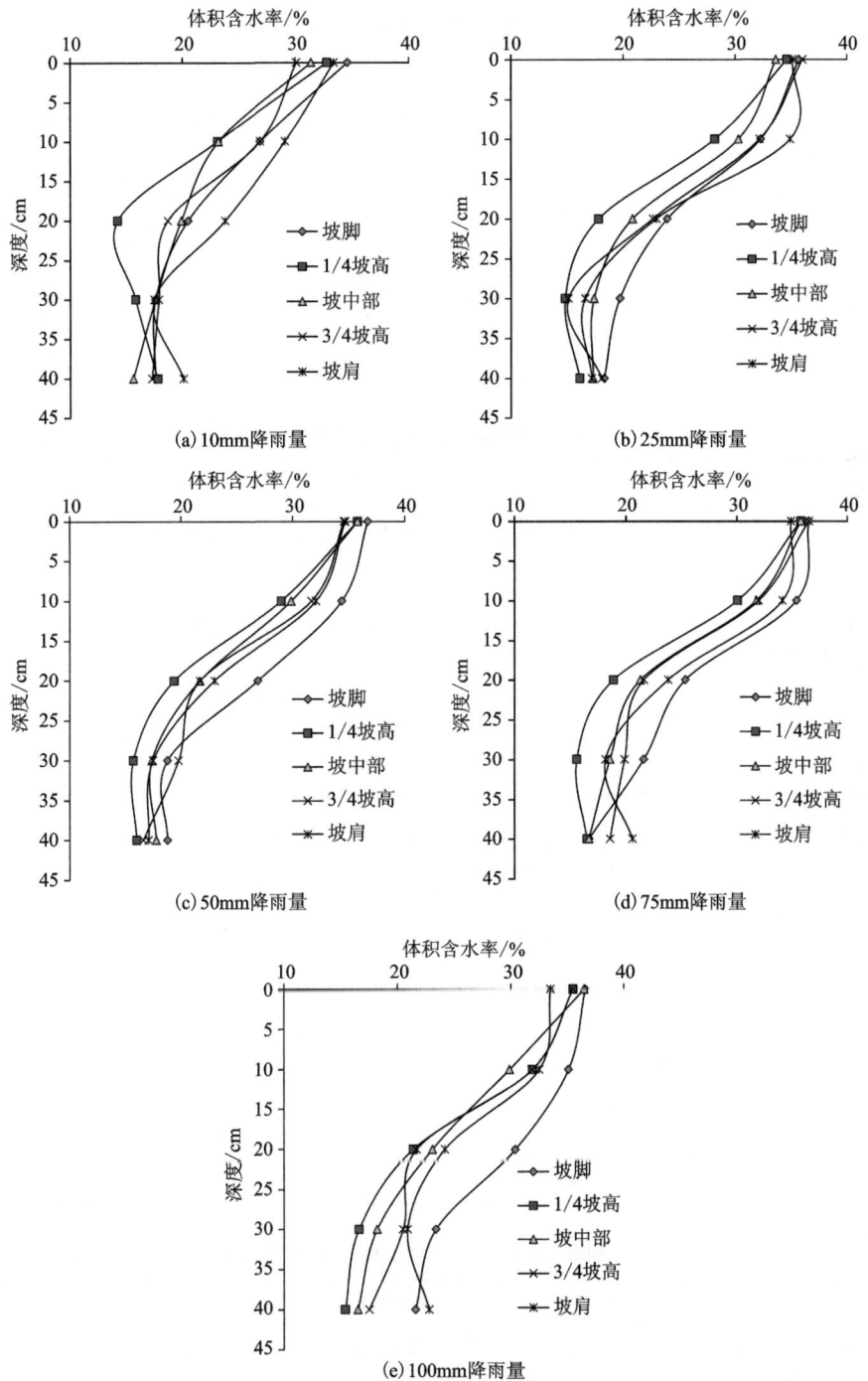

图 4.20　降雨量不同时边坡含水率空间分布图

由图 4.20 可知,随着降雨量的增加以及雨水入渗量的加大,先是边坡表层含水率快速增大,接着边坡深部含水率也逐渐增大,坡脚及坡肩断面的含水率较其他位置增幅更大。除坡脚与坡肩外,其他断面处 30cm、40cm 深度的含水率变化不大。

降雨量不同时边坡各位置处土体饱和度变化值汇总表如表 4.5~表 4.10 所示。

表 4.5 初始边坡土体饱和度数值表

深度/cm	土体饱和度/%				
	坡脚	1/4 坡高	坡中部	3/4 坡高	坡肩
0	32.0	24.5	27.9	26.5	25.0
10	42.1	53.8	39.2	40.3	39.2
20	48.6	46.0	52.1	48.5	47.7
30	49.2	43.2	47.1	53.0	49.4
40	46.7	42.3	41.4	48.2	53.7

表 4.6 10mm 降雨量时边坡土体饱和度变化规律表

深度/cm	土体饱和度/%				
	坡脚	1/4 坡高	坡中部	3/4 坡高	坡肩
0	94.5	91.4	86.0	84.8	94.9
10	73.5	64.3	63.6	75.8	82.7
20	56.0	39.6	54.5	52.7	67.6
30	48.1	44.0	48.2	50.4	49.7
40	48.1	49.6	42.7	48.7	57.1

表 4.7 25mm 降雨量时边坡土体饱和度变化规律表

深度/cm	土体饱和度/%				
	坡脚	1/4 坡高	坡中部	3/4 坡高	坡肩
0	97.8	96.7	92.3	101.7	100.0
10	88.3	78.6	83.0	90.7	99.4
20	65.3	49.6	57.0	63.7	65.1
30	53.8	41.2	47.7	42.5	47.2
40	50.0	44.8	47.4	51.0	48.9

表 4.8 50mm 降雨量时边坡土体饱和度变化规律表

深度/cm	土体饱和度/%				
	坡脚	1/4 坡高	坡中部	3/4 坡高	坡肩
0	100.3	99.7	98.1	97.5	98.6

续表 4.8

深度/cm	土体饱和度/%				
	坡脚	1/4 坡高	坡中部	3/4 坡高	坡脚
10	94.0	80.8	81.9	89.3	91.2
20	73.5	54.0	59.5	61.1	65.3
30	51.4	43.7	47.7	55.8	49.7
40	51.4	44.6	48.8	46.8	48.6

表 4.9　75mm 降雨量时边坡土体饱和度变化规律表

深度/cm	土体饱和度/%				
	坡脚	1/4 坡高	坡中部	3/4 坡高	坡脚
0	100.0	100.0	98.4	103.1	99.4
10	97.0	83.8	87.1	90.1	97.2
20	69.4	52.6	58.4	60.8	67.6
30	59.0	43.5	51.0	56.1	51.7
40	45.6	46.0	45.8	52.4	58.5

表 4.10　10mm 降雨量时边坡土体饱和度变化规律表

深度/cm	土体饱和度/%				
	坡脚	1/4 坡高	坡中部	3/4 坡高	坡脚
0	100.0	98.9	100.0	100.0	95.2
10	95.9	88.9	81.9	89.9	92.3
20	83.1	59.6	63.3	61.1	68.8
30	63.9	46.2	49.9	57.7	59.4
40	59.0	42.9	45.2	49.3	64.8

由表 4.5～表 4.10 可知,降雨量为 10mm 时,边坡表层土体含水率已经趋于饱和状态,各断面 10cm、20cm 深度处土体含水率有所增大,饱和度分别在 60%～80%、40%～70% 之间,更深处土体含水率基本没有变化;降雨量为 50mm 时,边坡表层土体达到饱和状态,10cm 深度处土体接近饱和,20cm 深度处坡脚土体饱和度 74%,其他断面土体饱和度在 54%～65% 之间,其他深度处含水率略有所增大,但增幅很小;100mm 降雨量时,边坡 10cm 深度处的土体可以认为全部达到饱和状态,更深处土体中坡脚与坡肩断面的饱和度明显高于其他位置,1/4 坡高与坡中断面处 30cm、40cm 的土体饱和度较初始状态变化不大,可以认为降雨入渗深度在 20～30cm 之间。

不同断面处边坡土体含水率分布随降雨量变化的关系曲线如图 4.21 所示。由图 4.21 可知,坡脚处的土体含水率整体变化最大,在降雨 10mm 后,坡面处土体迅速接近饱和,10cm

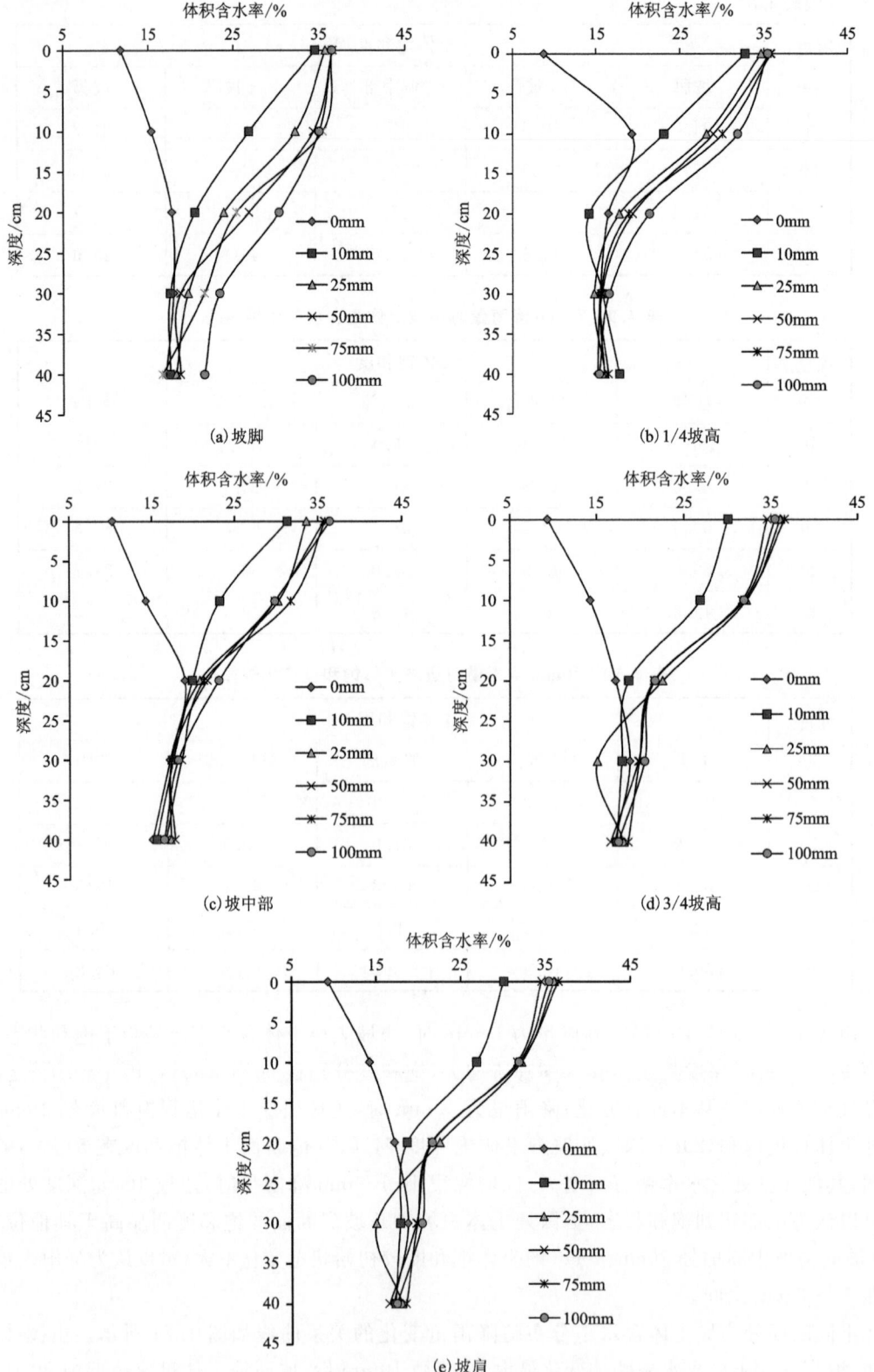

图 4.21 不同断面度土体含水率随降雨量变化规律图

深度处土体含水率达到 27% 左右，20cm 深度处土体含水率也有小幅度增长；随着降雨量的增加以及入渗量的加大，10cm 以上土体均达到饱和状态，20cm 深度处土体含水率超过 30%，更深处土体较初始状态含水率均有小幅度增加。

1/4 坡高、坡中部、3/4 坡高 3 处断面的含水率变化规律相近，在此统一分析。降雨 10mm 后，坡面处土体含水率达到 30% 以上，10cm 深度处土体含水率均有所变大，3/4 坡高处含水率变化幅度最大；随着降雨量的增加以及入渗量的加大，3 个断面处坡面土体含水率均达到饱和，10cm 深度处土体含水率接近饱和，20cm 深度处土体含水率变化较小，更深处土体基本无变化。

坡肩处整体土体含水率变化幅度仅次于坡脚。降雨 10mm 后，坡面处土体含水率达到 30% 以上，10cm 深度处土体含水率均有所变大；随着降雨量的增加以及入渗量的加大，10cm 深度处土体接近饱和状态，更深处土体较初始状态含水率均有所变大，但增加幅度较坡脚处小。不同断面土体饱和度变化值汇总表如表 4.11～表 4.15 所示。

表 4.11 坡脚处边坡土体饱和度随雨量变化规律表

深度/cm	土体饱和度/%						增长量/%
	0mm 降雨量	10mm 降雨量	25mm 降雨量	50mm 降雨量	75mm 降雨量	100mm 降雨量	
0	32.0	94.5	97.8	100.3	100.0	100.0	212.8
10	42.1	73.5	88.3	94.0	97.0	95.9	127.9
20	48.6	56.0	65.3	73.5	69.4	83.1	70.8
30	49.2	48.1	53.3	51.4	59.0	63.9	30.0
40	46.7	48.1	50.0	51.4	45.6	59.0	26.3

表 4.12 1/4 坡高处边坡土体饱和度随雨量变化规律表

深度/cm	土体饱和度/%						增长量/%
	0mm 降雨量	10mm 降雨量	25mm 降雨量	50mm 降雨量	75mm 降雨量	100mm 降雨量	
0	24.5	91.4	96.7	99.7	100.0	100.0	308.0
10	53.8	64.3	78.6	80.8	83.8	88.9	65.3
20	46.0	39.6	49.6	54.0	52.6	59.6	29.7
30	43.2	44.0	41.2	43.7	43.5	46.2	7.1
40	42.3	49.6	44.8	44.6	46.0	42.9	1.3

表 4.13 坡中处边坡土体饱和度随雨量变化规律表

深度/cm	土体饱和度/%						增长量/%
	0mm 降雨量	10mm 降雨量	25mm 降雨量	50mm 降雨量	75mm 降雨量	100mm 降雨量	
0	27.9	86.0	92.3	98.1	98.4	100.0	257.8
10	39.2	63.6	83.0	81.9	87.1	81.9	109.1

续表 4.13

深度/cm	土体饱和度/%						增长量/%
	0mm 降雨量	10mm 降雨量	25mm 降雨量	50mm 降雨量	75mm 降雨量	100mm 降雨量	
20	52.1	54.5	57.0	59.5	58.4	63.3	21.6
30	47.1	48.2	47.7	47.7	51.0	49.9	5.8
40	41.4	42.7	47.4	48.8	45.8	45.2	9.3

表 4.14　3/4 坡高处边坡土体饱和度随雨量变化规律表

深度/cm	土体饱和度/%						增长量/%
	0mm 降雨量	10mm 降雨量	25mm 降雨量	50mm 降雨量	75mm 降雨量	100mm 降雨量	
0	26.5	84.8	101.7	97.5	103.1	100.0	277.7
10	40.3	75.8	90.7	89.3	90.1	89.9	123.1
20	48.5	52.7	63.7	61.1	60.8	61.1	26.2
30	53.0	50.4	42.5	55.8	56.1	57.7	9.0
40	48.2	48.7	51.0	46.8	52.4	49.3	2.3

表 4.15　坡肩处边坡土体饱和度随雨量变化规律表

深度/cm	土体饱和度/%						增长量/%
	0mm 降雨量	10mm 降雨量	25mm 降雨量	50mm 降雨量	75mm 降雨量	100mm 降雨量	
0	25.1	95.4	100.6	99.1	100.0	100.0	297.7
10	39.4	83.1	100.0	91.7	97.7	92.9	135.5
20	48.0	68.0	65.4	65.7	68.0	69.1	44.0
30	49.7	50.0	47.4	50.0	52.0	59.7	20.1
40	54.0	57.4	49.1	48.9	58.9	65.1	20.6

由表 4.11～表 4.15 可知：坡脚处整体饱和度增长量最大，随着降雨量的增加以及入渗量的加大，最终 10cm 以上土体达到饱和，20cm 深度处饱和度达到 83%，较初始增加了 70%，30cm 与 40cm 深度处饱和度在 60% 左右，较初始分别增加了 30% 和 26%。

1/4 坡高、坡中部、3/4 坡高 3 处断面整体饱和度增长量较小，随着降雨量的增加以及入渗量的加大，最终坡面土体达到饱和，10cm 深度处土体饱和度接近 90%，20cm 深度处饱和度均在 60% 左右，增长量在 20%～30% 之间，更深处土体饱和度基本无变化，增长量均在 10% 以内。

坡肩处整体饱和度增长量较大，随着降雨量的增加以及入渗量的加大，最终 10cm 以上土体达到饱和，20cm 深度处饱和度达到 69%，较初始增加了 44%，30cm 与 40cm 深度处饱和度在 60% 左右，较初始均增加了 20% 左右。

由以上图表分析可以认为，边坡浅层土体含水率随降雨量的增加及入渗的加大快速增长,而深部土体含水率缓慢增长甚至增长很小,最终均会达到一个稳定的值。结合本模型试验结果,对于渗透性差的膨胀土,在连续小雨的降雨模式下,降雨量达到25mm时,表层土体含水率达到饱和且稳定,而在降雨量达到75mm时,边坡整体含水率达到稳定状态。

4.6.3 边坡软弱夹层含水率变化分析

绘制边坡不同断面处夹层含水率变化时程曲线如图4.22所示。由于边坡模型设置的软弱夹层为一斜面,夹层底部在坡脚表面出露,越靠近坡肩,夹层埋置越深。故在降雨吸湿过程中,坡脚处的夹层含水率首先快速增大达到饱和,1/4坡高处的夹层含水率埋深为10cm,由于初始边坡的裂隙作用,开始降雨时,水流会从裂缝处迅速进入边坡土体,使得该处夹层的含水率也以较大速度增长,随着降雨量的增加,该处夹层含水率达到30%以上。在降雨初期,表层土体吸水膨胀使裂缝消失后,由于膨胀土渗透率非常小,且大部分雨水均通过径流滞留于坡脚处,此后只有少量雨水靠非常缓慢的渗透进入边坡的更深处,故其他断面的夹层由于埋置较深,含水率增长幅度较小。

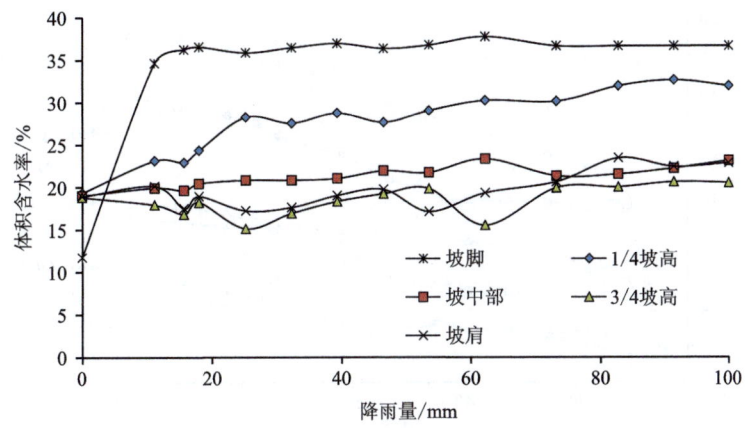

图4.22 不同断面软弱夹层含水率时程曲线图

绘制边坡不同断面处夹层含水率随降雨量的变化关系曲线如图4.23所示。

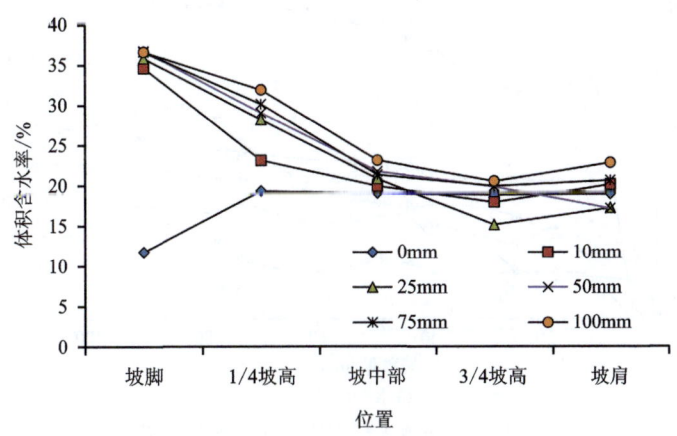

图4.23 软弱夹层含水率随降雨量变化规律图

由于越靠近坡肩，软弱夹层埋置越深，故由图4.22可知，各断面处夹层含水率的变化幅度基本是随着埋深的增加而减小的。基于此模型试验可知，降雨入渗影响土体范围基本在10~20cm深度之间。

在坡脚处，由于夹层含水量的增大，其强度参数迅速减小，边坡底部会首先开裂垮塌，虽然中部坡体夹层含水率变化不算太大，但是由于坡脚处土体的破坏而失去下部支撑力，因而继续发生破坏垮塌，最终形成膨胀土边坡典型的牵引式破坏垮塌。

4.7 边坡湿胀变形特征及演化规律

4.7.1 边坡表层湿胀变形演化规律分析

对边坡表层土体进行位移监测，不同断面处坡体表层的竖向位移及水平位移如图4.24所示。

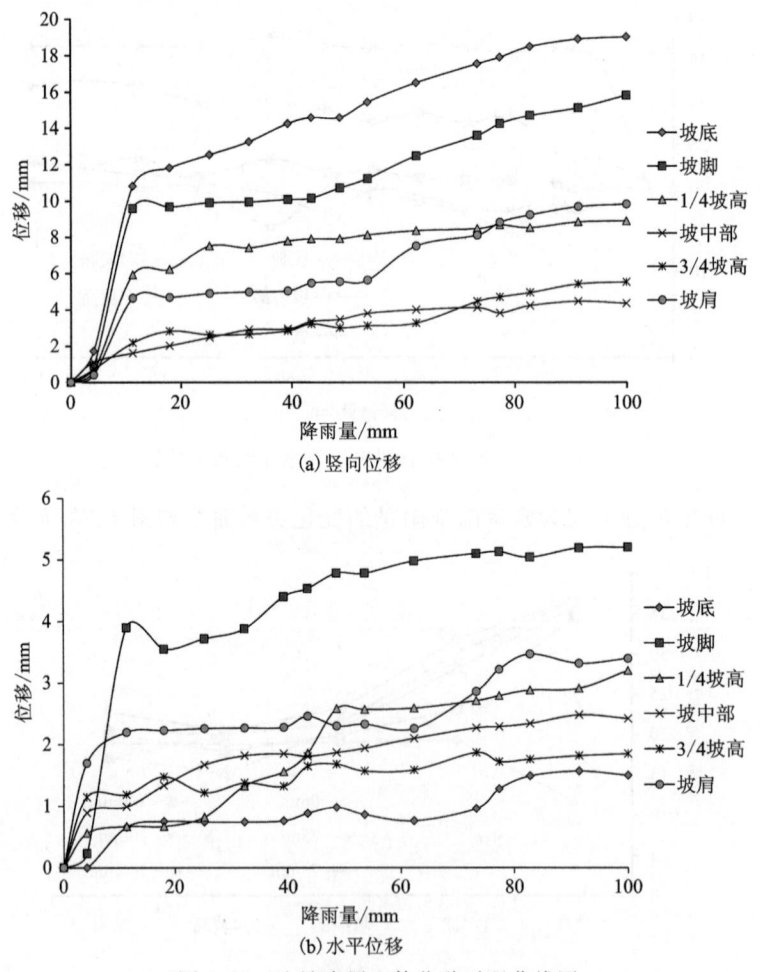

图4.24 边坡表层土体位移时程曲线图

由图4.24可以看出,在降雨吸湿过程中,膨胀土边坡表层土体位移时程曲线图特征与含水率变化时程曲线图特征大致相同,各断面处的边坡表层土体位移主要变化趋势基本可以分为启动、快速增长、缓慢增长和趋于稳定4个阶段。

启动阶段:该阶段为降雨初期,但是边坡表层位移基本没有变化。这是由于模型边坡在降雨前经历了蒸发阶段,膨胀土失水收缩产生裂缝,这些裂缝布满整个边坡表面,降雨刚开始时,雨水会从裂缝处迅速进入边坡土体,使得土体开始膨胀将裂隙充填,所以表面位移基本不会出现。因为土体初始膨胀去充填裂隙时,发生的是横向变形,所以有部分断面的水平位移没有该阶段。

快速增长阶段:在降雨初期,边坡土体吸水膨胀表面裂隙全部消失后,随着降雨量的增加,土体表层继续快速吸水膨胀,变形开始向边坡临空面发展,此时的膨胀向量可以分成竖直的位移分量与顺坡向的水平位移。该阶段降雨量为5~12mm时,边坡表层土体存在竖向位移;降雨量大于10mm后边坡表层土体水平位移趋于稳定。

缓慢增长阶段:当边坡表层土体达到或接近饱和后,表层土体对位移变化的贡献基本达到最大值,残余膨胀量已经很小了。此时,由于边坡裂缝的消失,又由于膨胀土属于黏性土,渗透率非常小,大部分雨水通过径流滞留在坡脚处,只有少部分雨水靠非常缓慢的渗透进入边坡的更深处,故在快速增长阶段后,边坡深部土体含水率增加变小,膨胀量发展开始变得缓慢。

趋于稳定阶段:随着降雨与入渗量的增加,边坡土体渗流场逐渐趋于稳定,各断面处含水率基本达到稳定状态,因此受控于水分变化的湿胀变形也基本停止。

在竖向位移时程曲线图中[图4.24(a)],坡底处位移增长速率最大,随后是坡脚、1/4坡高、坡肩、3/4坡高,坡中部增长速率最慢。由于径流,坡底坡脚处产生积水,加速了水分向深部土体的入渗,故该两处断面的竖向位移在缓慢增长阶段的位移变化量也大于其他断面处。

在水平位移时程曲线图中[图4.24(b)],坡脚处位移增长速率最大,随后是坡肩、3/4坡高处,坡底处增长速率最慢,这是因为边坡底部四周均有约束,水平位移表现不明显。坡脚处在缓慢增长阶段的变化特征与竖向位移中的相似。

边坡表层不同断面处的竖向位移及水平位移随降雨量变化规律如图4.25所示。边坡表层不同断面处位移增长量数值汇总表见表4.16、表4.17。

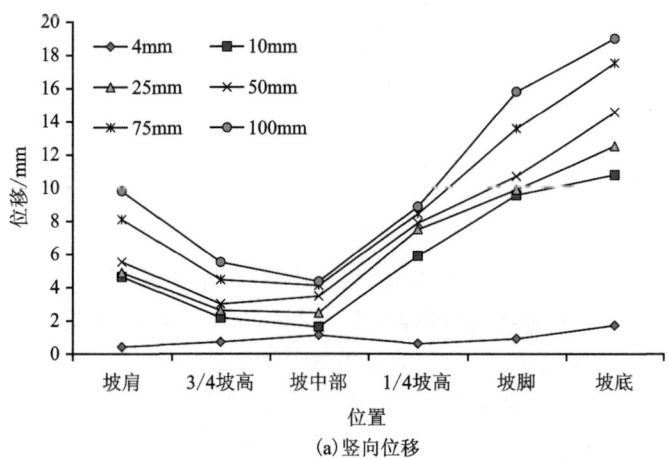

(a)竖向位移

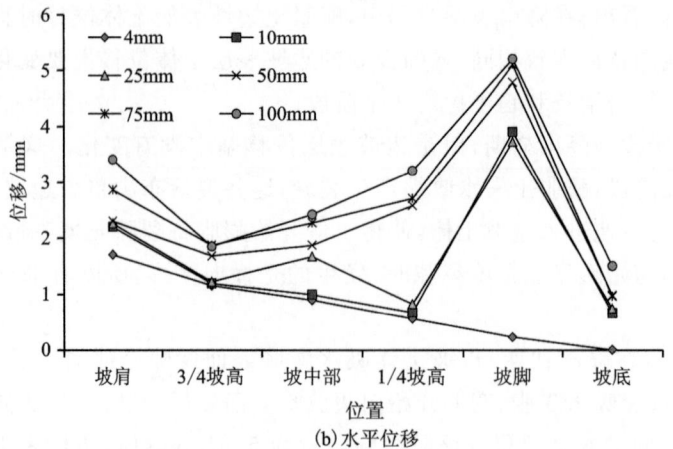

(b) 水平位移

图 4.25 边坡不同断面处表层土体位移随降雨量变化图

表 4.16 边坡表层土体竖向位移增长量随雨量变化规律表

降雨量/mm	位移增长量/%					
	坡肩	3/4 坡高	坡中部	1/4 坡高	坡脚	坡底
4	4.1	12.7	25.4	6.8	5.7	8.9
10	47.1	39.3	37.0	66.4	60.5	56.7
25	49.7	47.3	56.6	84.5	62.5	65.8
50	56.3	54.4	79.7	89.0	67.7	76.6
75	82.7	80.7	94.5	95.2	85.9	92.2
100	100.0	100.0	100.0	100.0	100.0	100.0

表 4.17 边坡表层土体水平位移增长量随雨量变化规律表

降雨量/mm	位移增长量/%					
	坡肩	3/4 坡高	坡中部	1/4 坡高	坡脚	坡底
4	50.0	62.2	36.8	17.5	4.4	0.0
10	64.7	64.3	40.9	20.9	75.0	44.0
25	66.5	65.9	69.0	25.6	71.5	49.3
50	67.6	90.8	77.3	80.6	91.9	65.3
75	84.1	101.1	93.8	84.7	98.1	64.0
100	100.0	100.0	100.0	100.0	100.0	100.0

根据图 4.25 与表 4.16、表 4.17 可知，竖向位移量最大部位发生在坡底处，达到了近 20mm，这是由于坡底为一平面，膨胀过程中基本不存在水平位移分量，且在边坡裂隙膨胀消失后，雨水通过径流在坡底处积聚起来，导致坡底基本浸泡在水中，加大了雨水的入渗及深部土体的膨胀。因底部及边坡顶部积水会对坡脚及坡肩造成同样的影响，所以坡脚竖向位移达到了 16mm，仅次于坡底，坡肩竖向位移达到了近 10mm。降雨量 25mm 时，边坡各断面的竖

向位移基本均达到了总位移量的50%以上;降雨量75mm时,边坡各断面的竖向位移均达到了总位移量的80%以上。

水平位移量坡底最小,其他断面的大小与竖向位移量的基本相似。在25mm降雨量与50mm降雨量之间,1/4坡面与坡脚处的水平位移有一次很大的变化,1/4坡面的水平位移从该断面处总位移的25%上升到80%,坡脚的水平位移从该断面处总位移的71%上升到91%。猜测可能是由于该降雨量阶段,坡脚与1/4坡高处的夹层含水率均已接近甚至达到饱和,此时软弱夹层的抗剪强度变得非常低,承受不住边坡下部土体的下滑力,所以发生了一次不明显的小滑移,进而导致了这次位移量的突变。

4.7.2 边坡深部湿胀变形演化规律分析

选取降雨阶段中深部位移发展最明显的连续降雨阶段,结合沉降板位移监测结果,绘制随着入渗的发生边坡20cm与40cm深度处的竖向变形时程变化曲线,如图4.26所示。

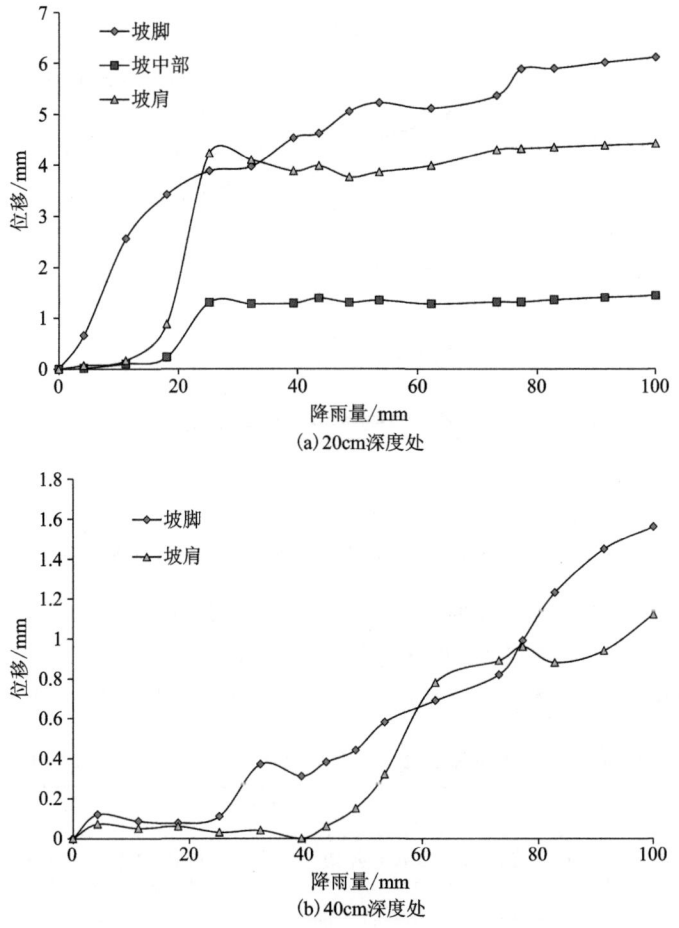

图4.26 边坡不同深度度土体竖向位移曲线图

由图4.26可知,边坡深部竖向位移时程变化规律与表层位移变化基本相同,主要变化趋势基本可以分为启动、快速增长、缓慢增长和趋于稳定 4 个阶段。但是深部土体位移变化的启动阶段主要是由水分入渗延迟导致的。这种延迟作用会随着深度的增加而增大，20cm 深度处，降雨量为 10mm 左右时，变形开始发展，40cm 深度处，降雨量为 25mm 左右时，变形才开始发展。边坡深部不同断面处土体的竖向位移随降雨量变化规律如图 4.27 所示。

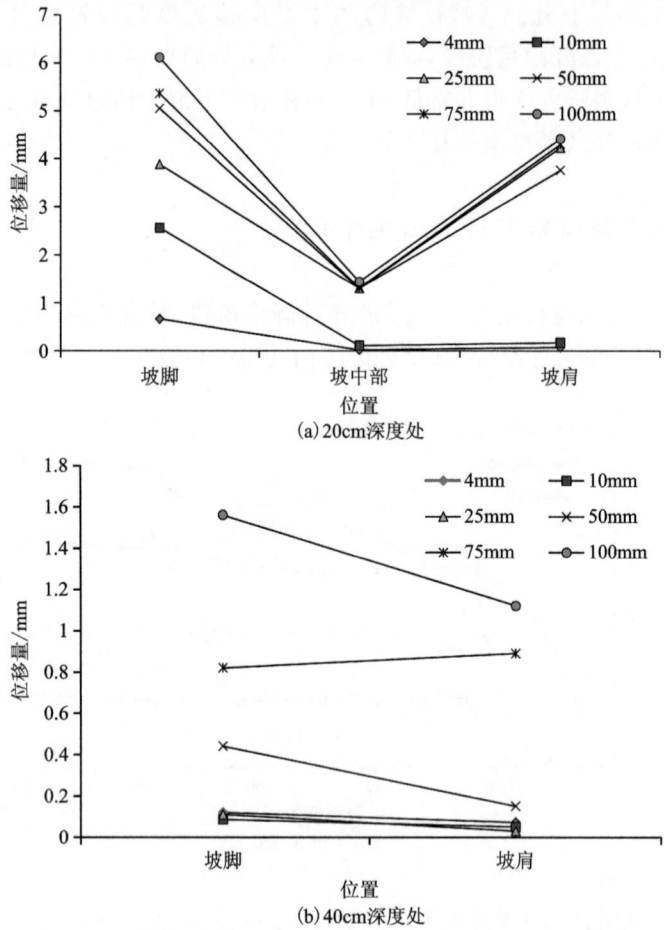

图 4.27 边坡不同断面处深部土体竖向位移随降雨量变化图

由图 4.27 可知，边坡深部土体的竖向位移大小与表层规律基本一致，无论深度为 20cm 或是 40cm，均是坡脚竖向位移最大、坡肩其次、坡中部最小。

边坡深部不同断面处土体竖向位移增长量数值汇总表如表 4.18 和表 4.19 所示。

表 4.18 边坡 20cm 深度处土体竖向位移增长量随雨量变化规律表

位置	位移增长量/%					
	4mm 降雨量	10mm 降雨量	25mm 降雨量	50mm 降雨量	75mm 降雨量	100mm 降雨量
坡脚	10.8	41.9	63.5	82.7	87.7	100.0
坡中部	1.2	7.4	90.4	90.4	91.1	100.0
坡肩	1.6	3.8	95.7	85.1	97.3	100.0

表 4.19　边坡 40cm 深度处土体竖向位移增长量随雨量变化规律表

位置	位移增长量/%					
	4mm 降雨量	10mm 降雨量	25mm 降雨量	50mm 降雨量	75mm 降雨量	100mm 降雨量
坡脚	7.7	5.5	7.1	28.2	52.6	100.0
坡肩	6.4	4.5	2.7	13.4	79.5	100.0

由图 4.27 与表 4.18、表 4.19 可知，边坡深部土体的竖向位移大小与表层规律基本一致，深度为 20cm 时，坡脚竖向位移最大，超过 6mm；其次是坡肩，超过 4mm；坡中部最小。深度为 40cm 时，坡脚竖向位移最大，接近 1.6mm；坡肩竖向位移在 1.4mm 左右。

深部土体由于入渗缓慢，吸湿变形延迟，这种延迟作用会随着深度的增加而增大，20cm 深度处，降雨量为 10mm 左右时，变形开始发展；40cm 深度处，降雨量为 25mm 左右时，变形才开始发展。

4.7.3　边坡软弱夹层湿胀变形演化规律分析

对边坡不同断面处软弱夹层的竖向位移进行监测，其位移时程变化曲线如图 4.28 所示。

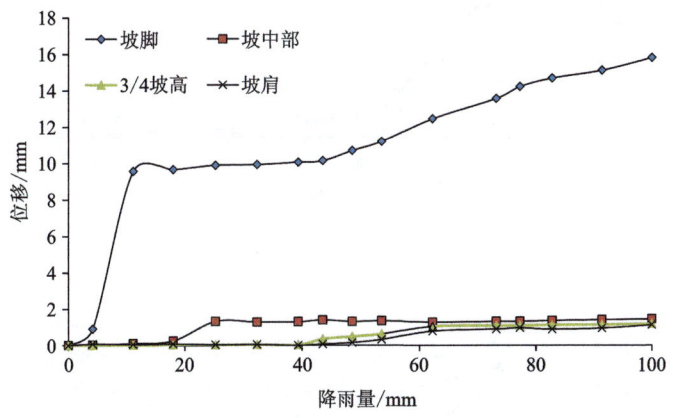

图 4.28　不同断面软弱夹层竖向位移时程曲线图

为了突出坡中、3/4 坡高与坡肩处边坡软弱夹层竖向位移变化规律，去掉坡脚处曲线，见图 4.29。

越靠近坡肩，夹层埋置越深，延迟作用随之增大，导致图中不同位置处的启动阶段长度不同。坡脚启动最早，坡中部次之，坡肩最晚，在降雨量达到 40mm 后土体竖向位移才开始变化。快速增长阶段，坡脚的竖向位移增大速度最快，坡肩最小。坡肩平台滞留雨水，导致该处入渗量加大，坡肩平台后期夹层处土体竖向位移量逐渐接近 3/4 坡高的夹层土体位移量。

分别绘制边坡软弱夹层不同断面处的土体竖向位移随降雨量变化规律图（图 4.30）、不考虑坡脚时边坡软弱夹层不同断面处的土体竖向位移随降雨量变化规律图（图 4.31）。

边坡软弱夹层不同断面处土体竖向位移增长量数值汇总表见表 4.20。

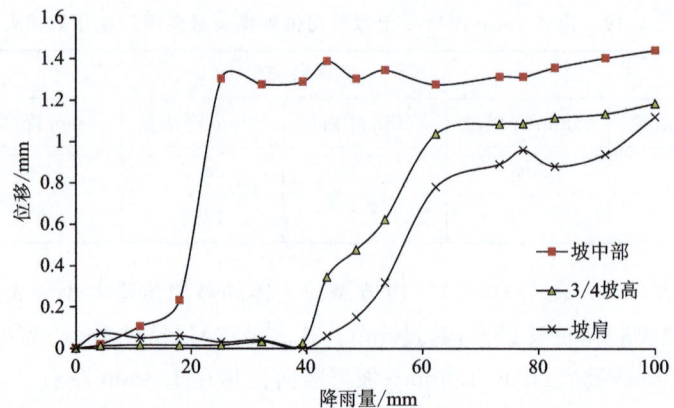

图 4.29 去掉坡脚处曲线后,不同断面软弱夹层竖向位移时程曲线图

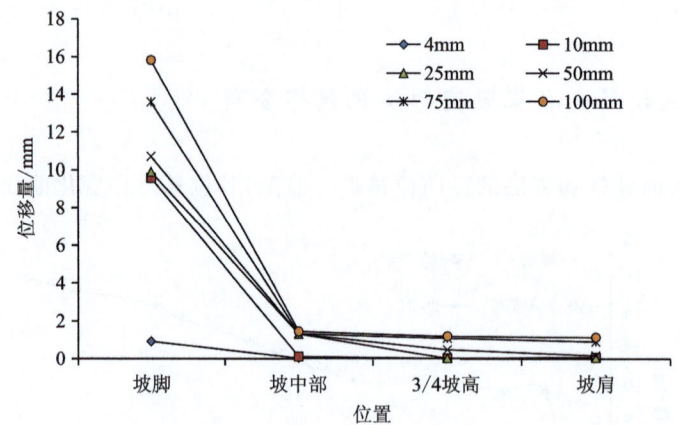

图 4.30 边坡软弱夹层不同断面处的土体竖向位移随雨量变化规律图

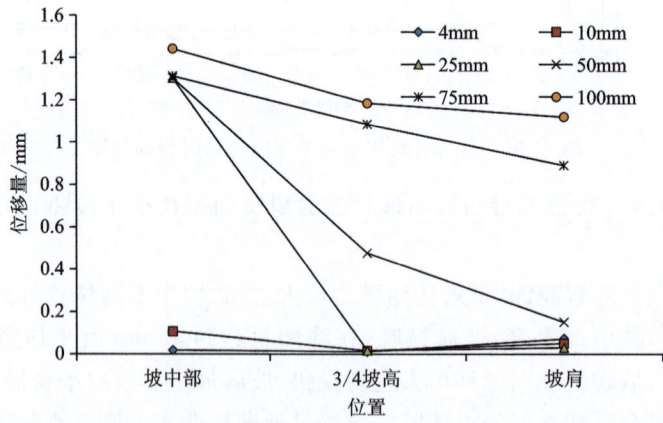

图 4.31 不考虑坡脚时边坡软弱夹层不同断面处的土体竖向位移随雨量变化规律图

表 4.20　边坡软弱夹层土体竖向位移增长量随雨量变化规律表

位置	位移增长量/%					
	4mm 降雨量	10mm 降雨量	25mm 降雨量	50mm 降雨量	75mm 降雨量	100mm 降雨量
坡脚	5.7	60.5	62.5	67.7	85.9	100.0
坡中部	1.2	7.4	90.4	90.4	91.1	100.0
3/4 坡高	0.9	1.4	1.4	40.3	91.6	100.0
坡肩	6.4	4.5	2.7	13.4	79.5	100.0

由图 4.30、图 4.31 与表 4.20 可知：各断面处的夹层最终竖向位移量为坡脚最大，为 16mm 左右；坡中部为 1.5mm 左右，3/4 坡高处为 1.3mm 左右；坡肩处最小，在 1.2mm 左右。可以清楚地看出，降雨量 10mm 时，坡中夹层处的变形开始发展；降雨量 25mm 时，3/4 坡高夹层处的变形开始发展；降雨量在 25～50mm 之间时，坡肩夹层处的变形开始发展。

4.8　边坡含水率与变形耦合作用规律分析

因为膨胀土对水分变化的敏感性，湿胀变形是膨胀土最显著的特征。变形是建立在吸湿的基础上，水分的作用造成膨胀土分子间与分子内部结构的改变，引起膨胀变形，所以宏观上，对于膨胀土边坡，含水率与变形场既存在因果关系，同时也相互作用、相互影响。基于水分传感器与位移传感器监测结果，将含水率与变形场进行耦合试验分析，分析边坡因湿胀效应引起的变形规律。

4.8.1　边坡表层含水率与变形耦合作用规律分析

采用体积含水率增量作为渗流变量，将初始时刻边坡土体含水率作为初始零点，在降雨进行中的不同时刻，于各典型断面提取不同深度处土体含水率增量值与该断面表面变形进行对比。在无约束条件下，表面变形可任意发展，含水率增大是引起土体变形的主导因素，而表面土体变形实际是土体内部各处变形累积的宏观表现，因此，表面土体变形与边坡深部各点含水率增加值之和有关，累积含水率增量越大，表面变形也越大，竖向变形受此规律影响更为显著。边坡表层土体竖向变形与含水率增量关系如图 4.32 所示。边坡表层土体水平变形与含水率增量关系如图 4.33 所示。

由图 4.32 与图 4.33 可以看出：边坡表层位移与该断面处总体含水率增量和呈正相关关系。降雨初期，边坡土体含水率快速增长范围大致到 10cm 深度处，此时表层及 10cm 深处含水率增量和对边坡膨胀位移起主导作用，例如降雨量为 10mm 时，表层含水率增量和与此时表层位移的形态大致相同。

降雨后期，边坡表层土体达到饱和，膨胀量释放完成，由于入渗作用，深部土体开始吸水贡献膨胀量，但是由于深部土体吸水量较表层小得多，所以此时仍然是表层土体的变化对边坡膨胀位移起主导作用，而深部土体的变化对总膨胀位移量会有影响，进而改变位移形态的某些特征。例如降雨量为 75mm 时，虽然坡肩与 3/4 坡高两处断面的表层含水率增量差不多，但是坡肩深部含水率增量值更大，最终使坡肩处高于 3/4 坡高的位移量。

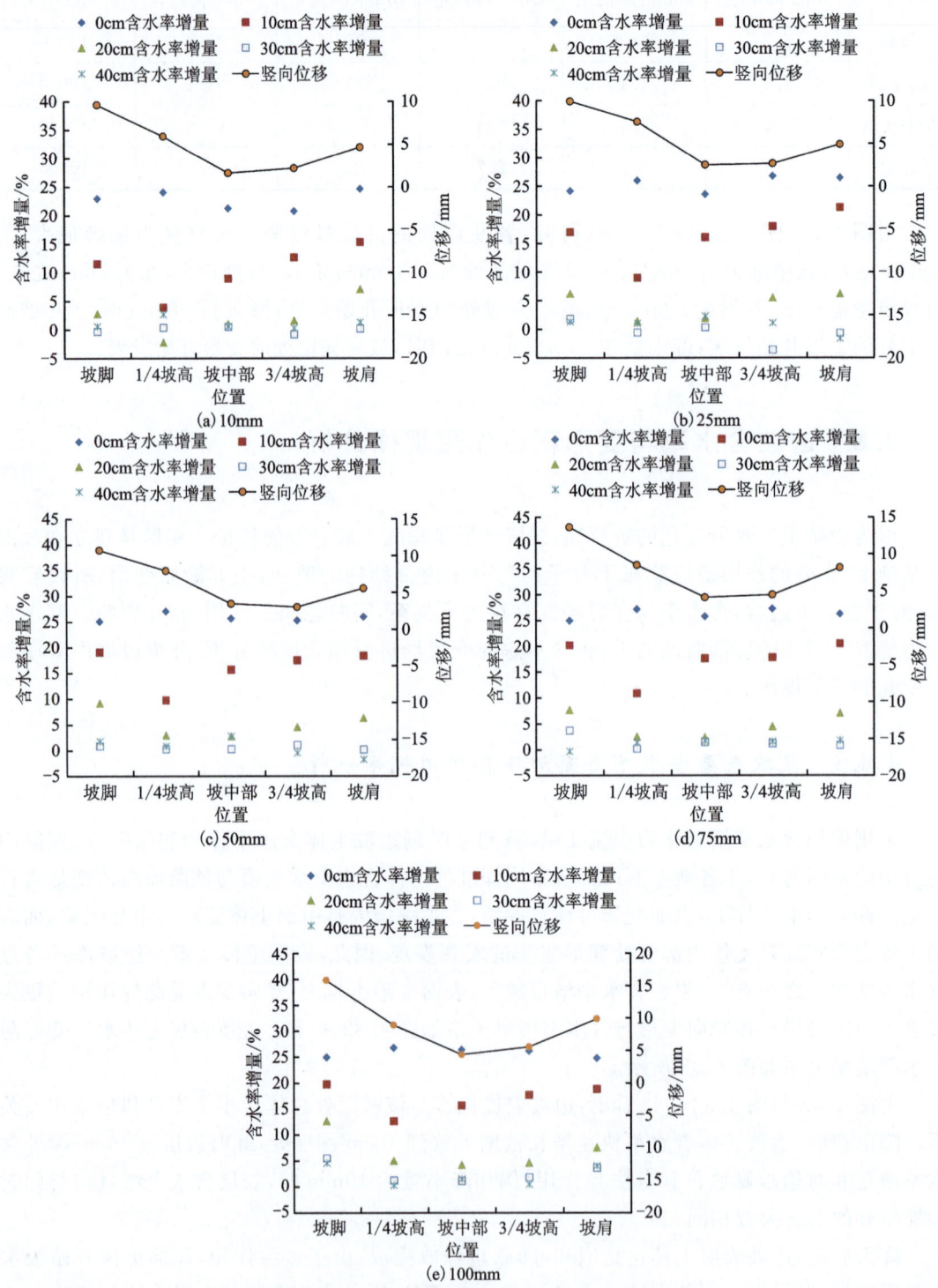

图 4.32 边坡表层土体含水率增量与竖向变形关系图

4 降雨入渗条件下含结构性裂隙的膨胀土边坡模型试验

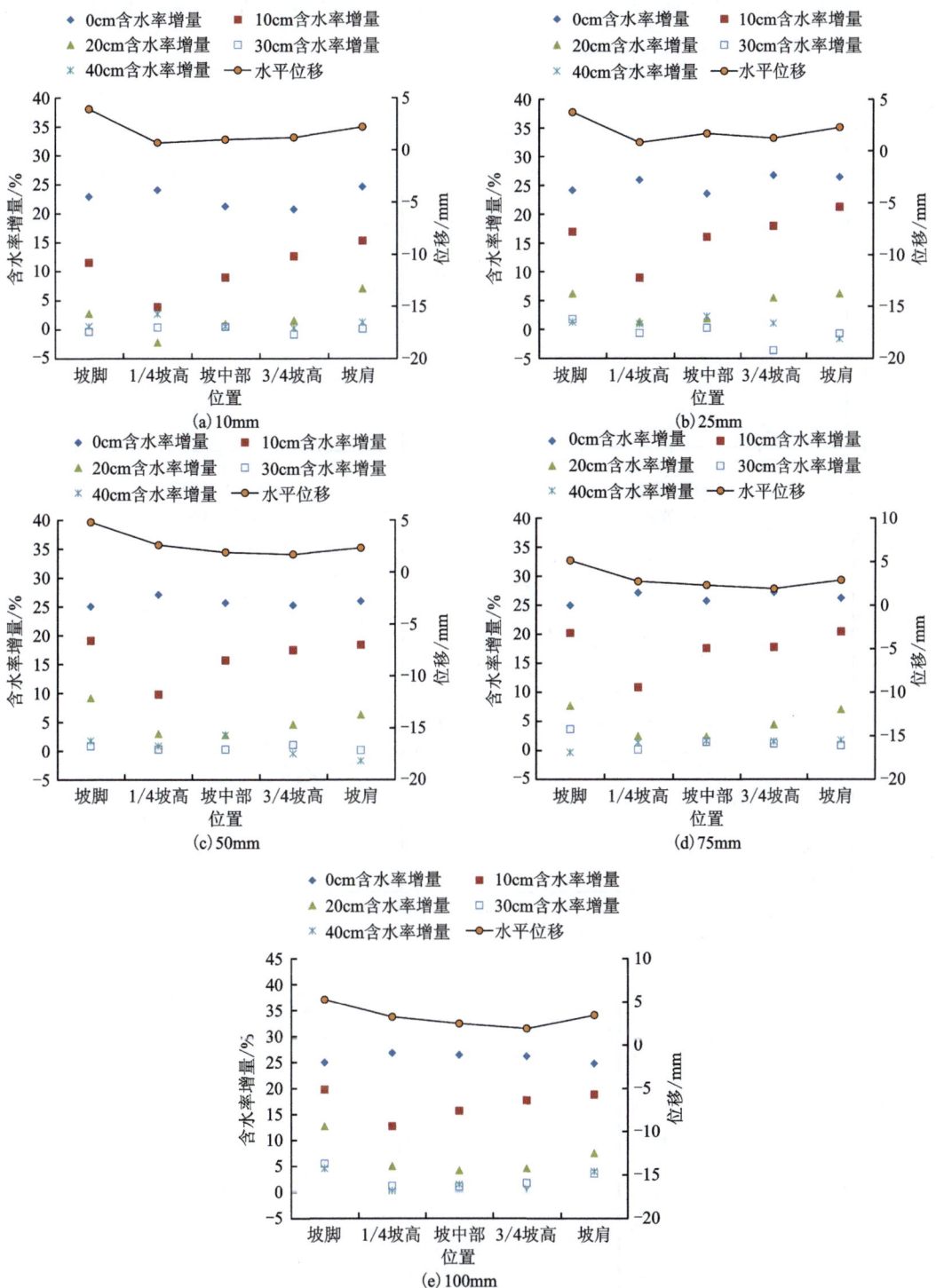

图 4.33 边坡表层土体含水率增量与水平变形关系图

将试验中各个边坡断面 0cm、10cm、20cm、30cm、40cm 深度处即时含水率增量进行算术求和,并与此刻边坡表面竖向位移进行对比分析(图 4.34)。

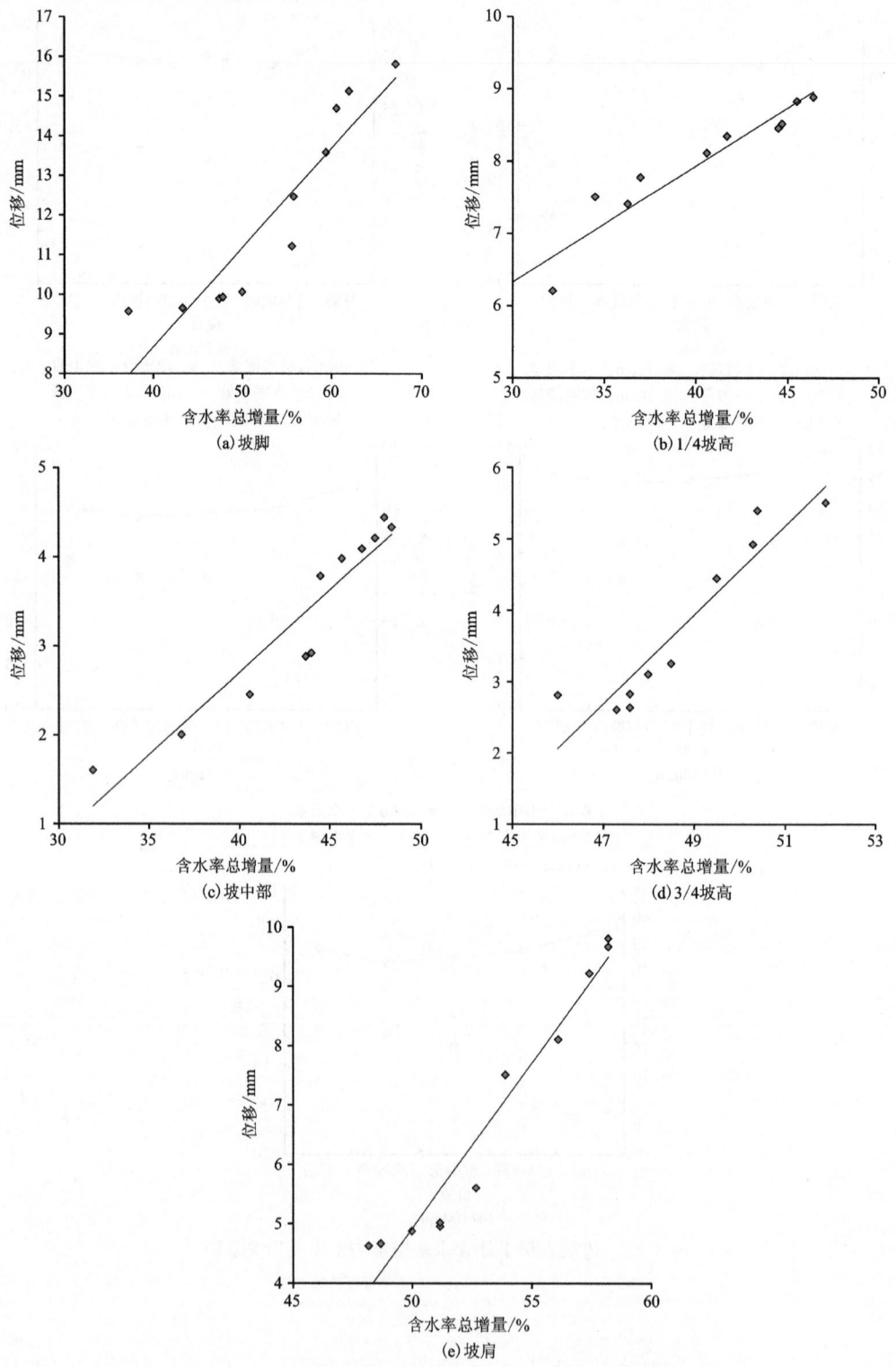

图 4.34　不同断面处土体竖向位移与含水率总增量关系图

竖向变形与含水率总增量基本呈线性关系,分别对各断面的竖向变形与含水率总增量进行拟合,得到各个断面拟合公式如表 4.21 所示。

表 4.21 边坡各断面竖向位移与含水率总增量关系表

位置	拟合公式	相关系数 R
坡脚	$S_V = 0.250\,4\Delta\omega - 1.359\,1$	0.926 1
1/4 坡高	$S_V = 0.160\,7\Delta\omega + 1.499\,9$	0.965 6
坡中部	$S_V = 0.185\Delta\omega - 4.702\,4$	0.947 0
3/4 坡高	$S_V = 0.623\,8\Delta\omega - 26.642$	0.938 2
坡肩	$S_V = 0.558\,4\Delta\omega - 23.011$	0.972 6

将试验中各个边坡断面 0 cm、10 cm、20 cm、30 cm、40 cm 深度处即时含水率增量进行算术求和,并与此刻边坡表面水平位移进行对比分析,结果见图 4.35。

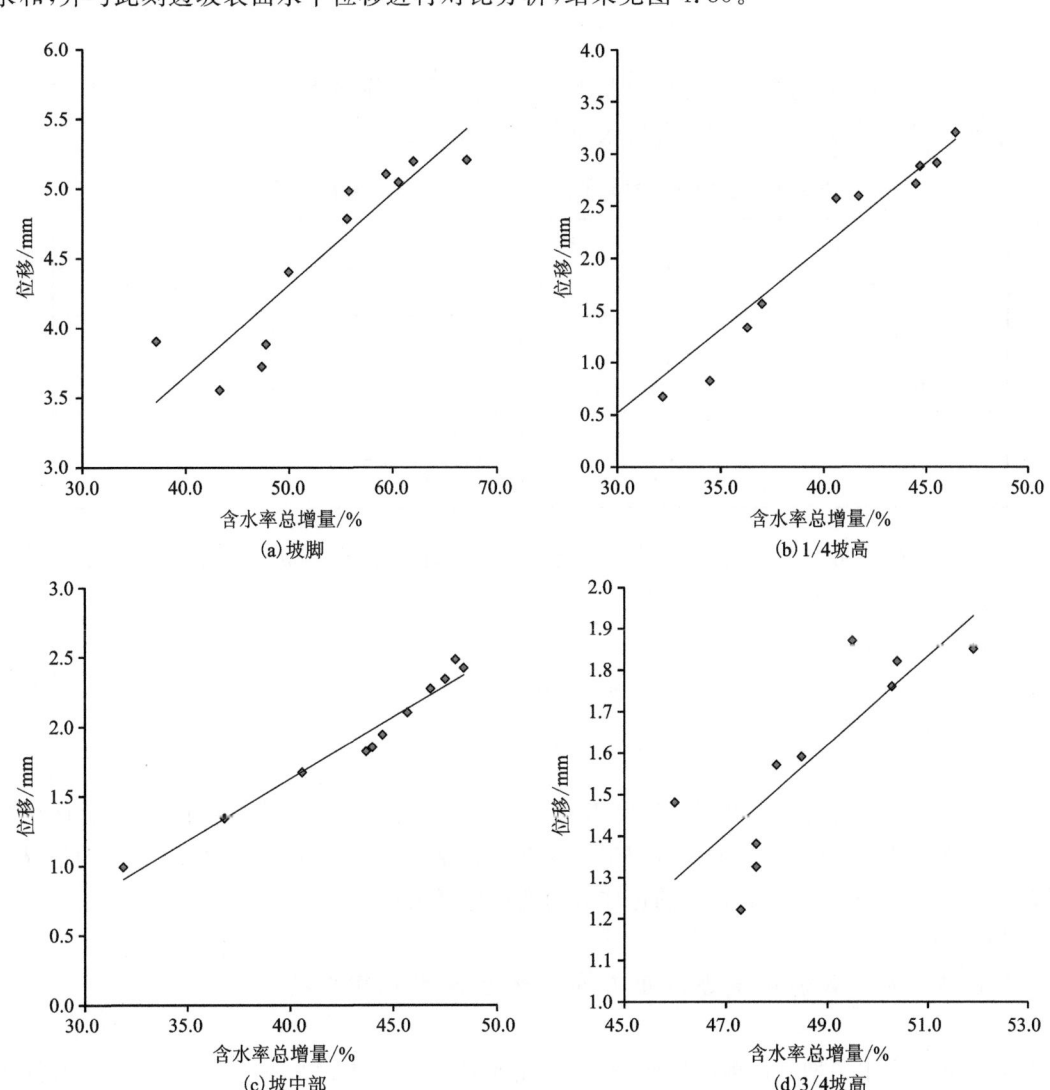

(a) 坡脚　　(b) 1/4 坡高　　(c) 坡中部　　(d) 3/4 坡高

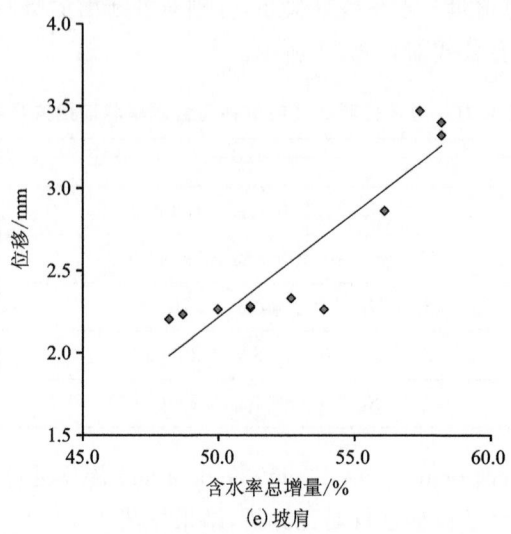

图 4.35 不同断面处土体水平位移与含水率总增量关系图

对于水平变形,其与含水率总增量基本呈线性关系,分别对各断面的水平变形与含水率总增量进行拟合,得到各个断面拟合公式如表 4.22 所示。

表 4.22 边坡各断面处土体水平位移与含水率总增量关系表

位置	拟合公式	相关系数 R
坡脚	$S_L = 0.065\,5\Delta\omega + 1.031\,6$	0.907 2
1/4 坡高	$S_L = 0.139\,8\Delta\omega - 3.282\,4$	0.967 8
坡中部	$S_L = 0.088\,9\Delta\omega - 1.933\,6$	0.982 0
3/4 坡高	$S_L = 0.107\,6\Delta\omega - 3.656\,6$	0.820 2
坡肩	$S_L = 0.127\,9\Delta\omega - 4.187\,7$	0.907 4

综合以上分析可知,边坡吸湿膨胀后,竖向位移及水平位移与断面含水率总增量的关系式如下。

竖向位移公式为

$$S_V = A_1 \Delta\omega + B_1 \tag{4.1}$$

水平位移公式为

$$S_L = A_2 \Delta\omega + B_2 \tag{4.2}$$

A_1、B_1、A_2、B_2 均是与边坡断面位置相关参数。由于裂隙的存在,边坡初始吸湿膨胀中各项位移表现不明显,故上述公式仅可用于已知渗流场变化且含水率总增量高于 25% 的情况下对该类膨胀土、软弱夹层组合形式的边坡表面变形进行估算。

4.8.2 边坡软弱夹层含水率与变形耦合作用规律分析

采用体积含水率增量作为渗流变量,将初始时刻边坡土体含水率作为初始零点,在降雨进行中的不同时刻,于各典型断面提取不同深度处土体含水率增量值与该断面表面变形进行对比,边坡软弱夹层竖向变形与含水率增量关系如图 4.36 所示。

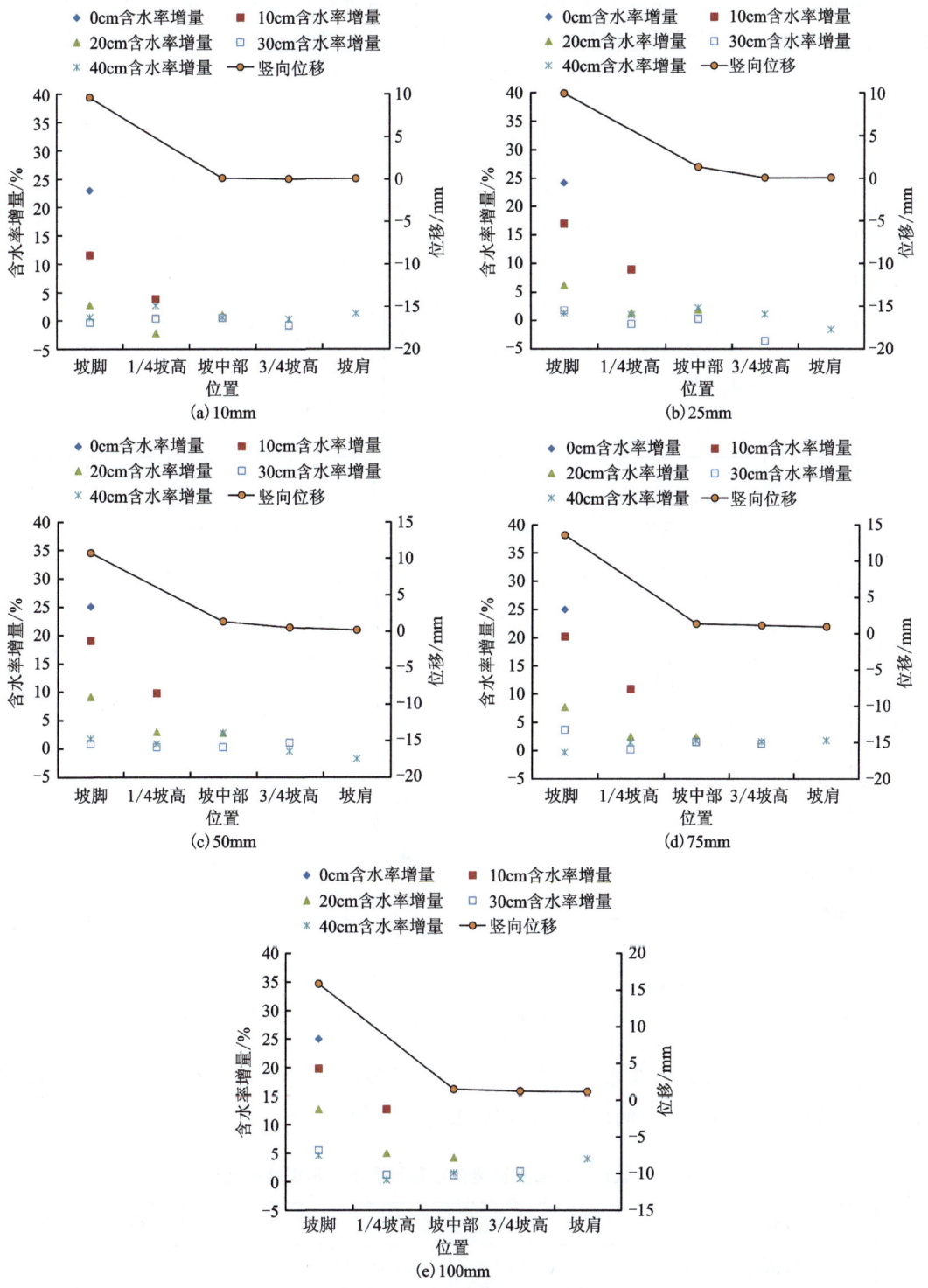

图 4.36　含水率增量与软弱夹层竖向变形关系图

由图 4.36 可以看出:边坡深层竖向位移与该点断面处下部土体总体含水率增量和呈正相关关系。夹层埋置越深,其下伏土体吸水量越小,对该处夹层的竖向位移值贡献越小。

将试验中软弱夹层下部各个深度处即时含水率增量进行算术求和,并与此刻夹层竖向位移进行对比分析。不同断面处软弱夹层竖向位移与含水率总增量关系图如图 4.37 所示。

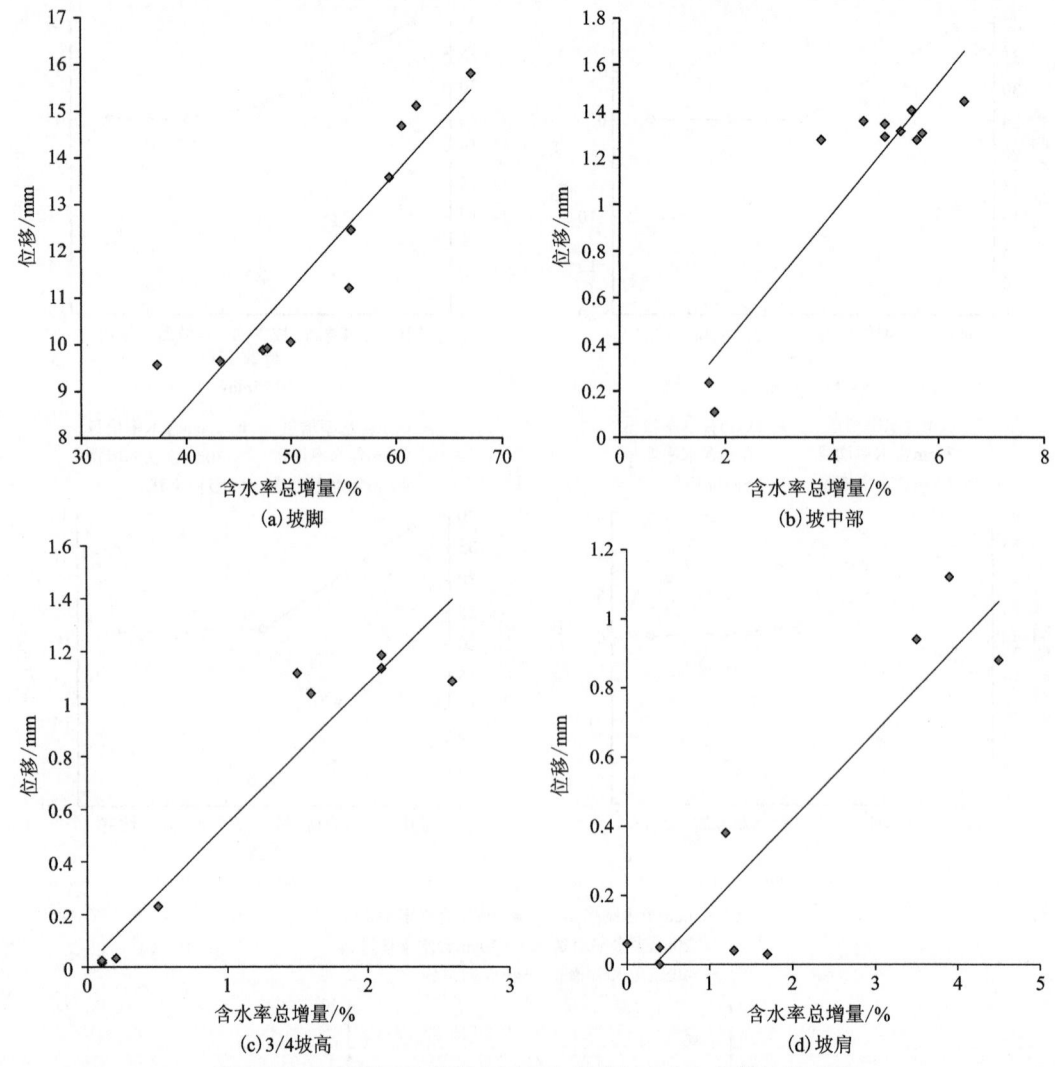

图 4.37　不同断面处软弱夹层竖向位移与含水率总增量关系图

软弱夹层的竖向变形与含水率总增量基本呈线性关系,分别对各断面的竖向变形与含水率总增量进行拟合,得到各个断面拟合公式如表 4.23 所示。

表 4.23　软弱夹层各断面竖向位移与含水率总增量关系表

位置	拟合公式	相关系数 R
坡脚	$S_{wv}=0.2504\Delta\omega-1.3591$	0.9261
坡中部	$S_{wv}=0.2795\Delta\omega-0.1616$	0.9189

续表 4.23

位置	拟合公式	相关系数 R
3/4 坡高	$S_{wv}=0.331\ 7\Delta\omega+0.013\ 1$	0.949 9
坡肩	$S_{wv}=0.252\ 1\Delta\omega+0.084\ 4$	0.912 1

综合以上分析可知，边坡吸湿膨胀后，夹层竖向位移与夹层断面下含水率总增量的关系式为

$$S_V = A_3 \Delta\omega + B_3 \tag{4.3}$$

A_3、B_3 均是与边坡断面位置相关的参数。该公式可用于已知渗流场变化的情况下，对相似膨胀土与夹层材料以及空间物理形态一致的边坡夹层变形进行估算。

4.9 结构性裂隙作用下膨胀土边坡失稳机理

结合模型试验的分析结果以及相关渠道工程的现场实际情况，对结构性裂隙控制作用下导致的膨胀土边坡的失稳机理做简要分析如下。

(1)渠道工程中，膨胀土体开挖后，形成边坡临空面。土体因卸荷回弹、开挖扰动、膨胀土超固结特性以及失去侧向支撑等原因，会使得其表层由于应力分布不均产生大量的节理、裂隙等。

(2)在干旱季节，由于膨胀土显著的胀缩特性与低渗透性，边坡表层土体水分蒸发会导致其继续收缩，而紧邻的下层水分并没有减少而收缩，这种不均匀的变形，会导致边坡表面继续产生新的裂隙。

(3)开挖以及初期干缩产生的这些裂隙的开展面暴露于大气当中，又形成了新的蒸发较快的面，使得更深部的土体按照(2)中的内容进行循环；进入降雨时期，雨水通过裂隙渗入，土体吸湿膨胀后，此前发展的这些裂隙会慢慢闭合，但是降雨结束后，蒸发作用会使原有的这些薄弱带继续开裂，并且由于毛细作用的存在，下部土体的水分会被吸上来蒸发掉，从而使裂隙继续向更深处发展。

(4)随着裂隙的不断产生与发展，大量延伸较长、较深的裂隙将土体切割成一个个类似的孤立土柱或土墙，不仅破坏了边坡的完整性，降低了坡体的强度，而且丧失了侧壁的摩擦强度与支持力，使得其只能通过深部土体的支撑与摩擦产生的抗滑作用维持稳定，相当于变相增加的下滑力减小了抗滑力。

(5)裂隙的发展最终也会使边坡中下部的填充夹层直接暴露于大气的作用之下，在后续的降雨过程中，雨水通过裂隙通道直接渗入填充夹层中，夹层吸水产生膨胀。由于夹层与所赋存的膨胀土体的膨胀性差异较大，两者膨胀后导致的不均匀变形会产生较大的剪应力。

(6)随着降雨的反复作用及边坡土体对水分吸入与散失存在的速度差异，导致表层土体水分蒸发很快，而深部土体依然保持着一个相对较高的含水量状态，此时膨胀土边坡产生了"外硬内软"的现象。

(7)因土体深部地应力较大以及水分蒸发的通道长造成蒸发减少等原因，裂隙发展困难。

因此,裂缝深度不可能无限发展,长期的干湿循环后会稳定在某一深度。同样的,在大气营力的作用下,边坡"表硬内软"现象中的高湿度软化带会固定在一定的深度内。

(8)当填充夹层进入高湿度软化带范围中,由于填充夹层饱和后极低的强度、不均匀膨胀产生的剪应力、雨水充满裂隙产生的静水压力、上覆土体的重力作用等的综合影响,最终边坡中下部会发生滑坡,进而引起整体的滑动。而当边坡中上部填充夹层埋深也较浅时,就会发生边坡整体沿填充夹层的失稳滑动。

4.10 小结

本章建立了含结构性裂隙的膨胀土边坡室内模型,深入分析了在控制降雨的条件下,边坡吸湿变形模型试验的结果,阐明边坡渗流场时空变化规律,以及渗流影响下边坡应变场演化特征与作用模式,得出边坡灾变机理与破坏方式的规律性认识,对膨胀土渗透作用特征及其胀缩、渗流特征进行验证分析。

(1)水分别从土体表面入渗,通过裂隙迅速运移,进入边坡内部,造成土体吸水,裂隙逐渐闭合,发生膨胀变形。边坡表面出现径流,形成冲刷破坏,坡脚与渠底产生汇水,造成坡脚软化及显著膨胀。

(2)渗流场时程曲线呈现"启动—快速增长—缓慢增长—趋于稳定"的形态,在入渗初始阶段,含水率增长越快,并迅速趋于饱和,沿着坡面高度的增加,表层土体含水率增长速率越来越慢。随深度增加,土体含水率变化表现出明显的滞后性。各断面处夹层含水率的变化幅度基本是随着埋深的增加而减小的,降雨入渗影响土体范围基本在10~20cm深度之间。

(3)边坡吸湿变形经历启动、快速增长、缓慢增长、趋于稳定4个阶段。竖向位移量最大部位发生在坡底处,水平位移量坡底最小。在25mm降雨量与50mm降雨量之间,1/4坡面与坡脚处的水平位移有一次很大的变化,这是由于该降雨量阶段,坡脚与1/4坡高处的夹层含水率均已接近饱和,此时软弱夹层的强度变得非常低,承受不住下滑力,所以发生了一次不明显的小滑移,进而导致了这次位移量的突变。

(4)边坡深部土体位移变化的启动阶段主要是由水分入渗延迟导致的。这种延迟作用会随着深度的增加而增大,20cm深度处,降雨量为10mm左右时,变形开始发展;40cm深度处,降雨量为25mm左右时,变形才开始发展。

(5)边坡变形与土体含水率提高有关,累积含水率增量越大,表面变形也越大,竖向变形受此规律影响更为显著,竖向变形与土体平均含水率增量基本呈线性关系。

(6)结构性裂隙对膨胀土边坡失稳的控制作用,是由其饱和后极低的强度、与赋存膨胀土之间的膨胀性差异导致的剪应力、雨水充满裂隙产生的静水压力、上覆土体的重力作用及裂隙开展与分布等因素综合影响决定的。

5 考虑湿胀软化效应的膨胀土边坡有限元分析方法

5.1 引言

在考虑水分入渗的膨胀土边坡稳定性分析中,采用有限元方法,引入土体的本构关系进行计算分析,能够更好地探究膨胀土边坡的渗流、应力、变形等变化规律[171-177]。前人首先从降雨、裂隙等因素进行了计算分析。而引起膨胀土边坡失稳的一个重要因素是土体在降雨入渗后发生膨胀变形,使得坡体内存在膨胀力。该力是由于坡体吸水后的不均匀变形受阻而产生的。一些学者通过统一温度场和湿度场量纲的方式研究膨胀性对边坡稳定性的影响[182-186]。

以上这些研究均是采用有限元软件自带的土体本构模型,如摩尔库伦模型、剑桥模型等。这些模型并不能反映膨胀土真实的应力应变特性,也不能模拟吸力变化对土体屈服强度的影响。因此,在有限元计算中采用描述膨胀土的本构方程可以得出更准确的模拟结果,从而更为深入地研究边坡流固耦合效应下的行为特征及相关场的变化规律。

非饱和土最早的弹塑性本构模型由 Alonso 等[190]提出,该模型是以饱和状态的修正剑桥模型为基础,考虑了吸力与土体强度、屈服面之间关系而建立的,至今已有 30 余年的研究历史,得到了广泛的应用和认可[191-194]。大量学者通过试验和数值的方式探究了 Alonso 模型的准确性,并对其进行了修正[195-199]。

本章基于 Abaqus 有限元软件自带的修正剑桥模型,通过子程序二次开发,将吸力变化对非饱和土屈服面起控制作用的修正 Alonso 模型编入程序。结合土体吸湿膨胀模型,提出了考虑湿胀软化效应的膨胀土边坡渗流-变形半解耦有限元分析方法。

5.2 基于修正 Alonso 非饱和土弹塑性本构模型的数值实现

5.2.1 修正剑桥模型与 Alonso 模型

5.2.1.1 修正剑桥模型

剑桥模型是由英国剑桥大学罗斯柯(Roscoe)等人建立的一个有代表性的土的弹塑性模型。它是在正常固结土和弱超固结土的试验基础上建立起来的,后来也推广到强超固结土及其他土类。这个模型采用了帽子屈服面和相适应的流动规则,并以塑性体应变为硬化参数,它在国际上被广泛地接受和应用。作为剑桥模型理论基础的"临界状态土力学"已成为土力学领域中的一个重要分支。

剑桥模型假设一种能量方程表达形式 $dW^p = Mp'd\bar{\varepsilon}$,确定的屈服轨迹在 p'-q' 平面上是子弹头形的,首先这种屈服面在各向等压试验施加应力增量 $dp' \geqslant 0$ 时,会产生塑性剪应变增量及总剪应变增量,$d\bar{\varepsilon}^p = d\bar{\varepsilon} = d\varepsilon_v^p/M$,这显然是不合理的。另外,许多试验结果也表明,用剑桥模型计算的三轴试验的应力应变关系与试验结果相差较大。在试验前段计算的应变 ε_1 偏大。

为此 1965 年,英国剑桥大学的勃兰德(Burland)采用了一种新的能量方程形式,得到了修正剑桥模型。他建议用式(5.1)代替剑桥模型中的式 $dW^p = Mp'd\bar{\varepsilon}$,即

$$dW^p = p'\sqrt{(d\varepsilon_v^p)^2 + M^2(d\bar{\varepsilon}^p)^2} \tag{5.1}$$

这样得到

$$\frac{d\varepsilon_v^p}{d\bar{\varepsilon}^p} = \frac{M^2 - \eta^2}{2\eta} \tag{5.2}$$

当 $\eta = 0$ 时,$d\bar{\varepsilon}^p = 0$,这符合一般的试验结果。

联立式(5.1)和式(5.2)可以得到

$$\frac{dq'}{dp'} + \frac{M^2 - \eta^2}{2\eta} = 0 \tag{5.3}$$

在 p'-q' 平面上的屈服轨迹方程为

$$\frac{p'}{p'_0} = \frac{M^2}{M^2 + \eta^2} \tag{5.4}$$

由式(5.4)可以推导出

$$\left(p' - \frac{p'_0}{2}\right)^2 + \left(\frac{q'}{M}\right)^2 = \left(\frac{p'_0}{2}\right)^2 \tag{5.5}$$

这在 p'-q' 平面上是一个椭圆,其顶点在 $q' = Mp'$ 线上,以 $p'_0(\varepsilon_v^p)$ 为硬化参数。其增量的应力应变关系为

$$d\varepsilon_V = \frac{1}{1+e}\left[(\lambda - k)\frac{2\eta d\eta}{M^2 + \eta^2} + \lambda\frac{dp'}{p'}\right] \tag{5.6}$$

$$d\bar{\varepsilon} = \frac{\lambda - k}{1+e} \times \frac{2\eta}{M^2 - \eta^2}\left(\frac{2\eta d\eta}{M^2 + \eta^2} + \frac{dp'}{p'}\right) \tag{5.7}$$

式中:$d\varepsilon_V$ 为塑性变形增量;p' 为有效平均主应力;q' 为有效平均偏应力;ε_v^p 为塑性体积应变;$\bar{\varepsilon}^p$ 为广义塑性偏应变;M 为临界状态线斜率;η 为有效应力比;p'_0 为硬化参数;ε_V 为体积应变;e 为孔隙比;λ 为正常固结及临界状态线斜率;k 为各向等压卸载再加载斜率。

5.2.1.2 Alonso 非饱和土弹塑性本构模型

非饱和土最早的弹塑性本构模型是由 Alonso 等提出,该模型是以饱和状态的修正剑桥模型为基础,考虑了吸力与土体强度、屈服面之间关系而建立的。

1. 屈服面方程

非饱和土的三轴应力状态为

$$p = \frac{(\sigma_1 + 2\sigma_3)}{3} - u_a \tag{5.8}$$

$$q = \sigma_1 - \sigma_3 \tag{5.9}$$

$$s = u_a - u_w \tag{5.10}$$

式中：p、q、s 分别为净平均应力、偏应力和吸力；σ_1、σ_3 为主应力；u_a 为孔隙气压力；u_w 为孔隙水压力。

膨胀土在三轴应力状态下的屈服特性，可采用修正剑桥模型的椭圆屈服面来描述，屈服方程为

$$f_1(p, q, s, p_0^*) \equiv q^2 - M^2(p + p_s)(p_0 - p) = 0 \tag{5.11}$$

$$f_2(s, s_0) \equiv s - s_0 = 0 \tag{5.12}$$

式中：

$$p_s = ks \tag{5.13}$$

$$\frac{p_0}{p^c} = \left(\frac{p_0^*}{p^c}\right)^{[\lambda(0)-k]/[\lambda(s)-k]} \tag{5.14}$$

$$\lambda(s) = \lambda(0)[(1-r)\exp(-\beta s) + r] \tag{5.15}$$

式中：p_0^* 是饱和状态下的屈服净平均应力；M 是临界状态线（CSL）的斜率；p_s 是某吸力下 CSL 线在 p 轴上的截距；k 为反映黏聚力随吸力增长的参数；p_0 为某吸力时的屈服净平均应力，当土体饱和后，即为 p_0^*；p^c 为参考应力；$\lambda(s)$ 是某吸力下净平均应力加载屈服后的压缩指数，当土体饱和后，即为 $\lambda(0)$；r 为与土体最大刚度相关的常数；β 为控制土体刚度随吸力增长速率的参数。

2. 流动法则

与屈服面 f_1 相关的塑性应变增量为

$$d\varepsilon_{vp}^p = \mu_1 n_p \tag{5.16}$$

$$d\varepsilon_s^p = \mu_1 n_q \tag{5.17}$$

式中：

$$n_p = 1 \tag{5.18}$$

$$n_q = [2q\alpha/M^2(2p + p_s - p_0)] \tag{5.19}$$

与屈服面 f_2 相关的塑性应变增量为

$$d\varepsilon_{vs}^p = \mu_2 \tag{5.20}$$

3. 硬化规律

屈服面的演化规律受到硬化参数 p_0^* 和 s_0 的控制。而它们的大小取决于总塑性体应变增量 $d\varepsilon_v^p$。

$$\frac{dp_0^*}{p_0^*} = \frac{v}{\lambda(0) - k} d\varepsilon_v^p \tag{5.21}$$

$$\frac{ds_0}{s_0 + p_{atm}} = \frac{v}{\lambda_s - k_s} d\varepsilon_v^p \tag{5.22}$$

4. 弹性应变

土体的体积和剪切弹性应变分量分别为

$$d\varepsilon_v^e = \frac{k}{v}\frac{dp}{p} + \frac{k_s}{v}\frac{ds}{(s+p_{atm})} \quad (5.23)$$

$$d\varepsilon_s^e = (1/3G)dp \quad (5.24)$$

式中：ε_{vp}^p 为与 LC 屈服表面相关的塑性体积应变；ε_s^p 为塑性偏应变；ε_s^e 为弹性偏应变；ε_{vs}^p 为与 SI 屈服表面相关的塑性体积应变；v 为比容；ε_v^p 为塑性体积应变；k 为净平均应力变化时的弹性刚度参数；k_s 为吸力变化时的弹性刚度参数；s_0 为吸力增加时屈服面的硬化参数；$\lambda(0)$ 为土体初始状态下随净平均应力变化的刚度参数；λ_s 为土体初始状态下随吸力变化的刚度参数；G 为剪切模量。

5.2.2 修正 Alonso 模型的二次开发

5.2.2.1 修正 Alonso 模型

Alonso 的弹塑性本构模型创造性地将修正剑桥模型从饱和领域延伸到非饱和领域，成为非饱和土本构模型的典范，但其模型仍有一些不足[199]：①Alonso 模型中认为 M 为一常数，前人的实验结果表明，M 值会随着吸力的增加而增大，且是非线性的，类似于非饱和土的黏聚力。②Alonso 模型描述的 p-q-s 三维应力空间中，出现了拉应力区，而实际在三轴试验中土样无法真实实现受拉应力状态，且土的受拉性质与受压性质不同。③$p_s = ks$ 的假设表明 ABC 屈服线随着吸力的增大而增大。当吸力无穷大时，偏应力 q 也会趋向无穷，但是前人研究发现，当吸力达到一定值后，非饱和土的力学参数会趋近于一定值，也就是说吸力对土的力学参数影响是有限的。

基于以上 Alonso 模型的不足之处，吴礼舟对其进行了修正[199]。修正考虑了吸力对临界状态线斜率 M 的影响，并假定不同吸力的临界状态线 M 在 (p,q) 平面内均经过原点坐标，保证了屈服面在 p-q-s 应力空间内不会出现拉应力区。本书在吴礼舟改进的修正模型基础上进行简化以方便数值编程的实现，改进的模型内容如下。

1. LC 屈服面

在 p-q-s 三维应力空间内 LC 屈服面方程改为

$$q^2 - M^2(s)p(p_0 - p) = 0 \quad (5.25)$$

$$\frac{p_0}{p_c} = \left\{\frac{p_0^*}{p_c}\right\}^{\frac{\lambda(0)-k}{\lambda(s)-k}} \quad (5.26)$$

$$p_0 = p_c \exp\left\{\frac{1+e_0}{\lambda(s)-k}\varepsilon_v^p\right\} \quad (5.27)$$

式中：p_0^* 是 $s=0$ 的先期固结压力；p_0 是非饱和土的先期固结压力。$M(s)$ 不是定值，是随吸力而变化。改进后的 LC 屈服面不再出现拉应力。

图 5.1 为 Alonso 模型的 LC 屈服面及改进后的 LC 屈服面在 p-s 平面内的投影。改进后

的模型屈服面方程的圆心永远在 p-q 的第一象限内,p 不会出现负值。

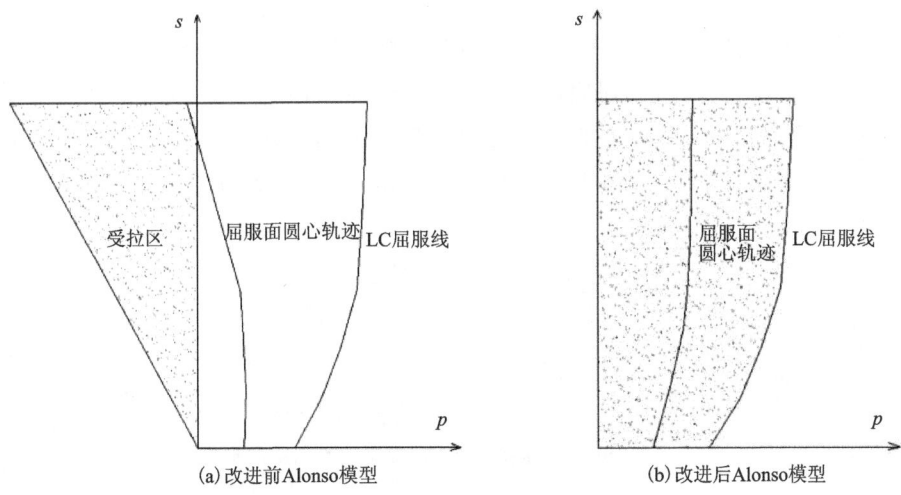

(a) 改进前Alonso模型　　　　　　(b) 改进后Alonso模型

图 5.1　LC 屈服面在 p-s 平面内的投影图

2. CSL 表达式

Futai[231]的试验结果表明非饱和状态下的 M 不是定值,是随吸力的变化而变化。Toll[232,233]认为非饱和土的临界状态需要 5 个相关参数确定。由于这些参数的确定需要做大量非饱和剪切试验,吴礼舟[199]提出了非饱和土临界状态参数的表达式

$$M(s) = M_0 + \frac{a(u_a - u_w)}{1 + b(u_a - u_w)} \tag{5.28}$$

式中:u_a 为孔隙气压力;u_w 为孔隙水压力。

$$\lambda(s) = \lambda(0)[(1-r)\exp(-\beta s) + r] \tag{5.29}$$

式中:$M(s)$ 是吸力的函数,随着吸力的增大而增大;M_0 饱和状态下的临界状态参数的斜率;a、b 是回归参数,由试验确定;r 为土体最大刚度参数。

当吸力趋向无穷大时,$M = M_0 + a/b$。当吸力达到一定值后,$M(s)$ 增大的幅度减小,在非常干燥的情况下,即认为吸力为无限大时,$M(s)$ 无限接近于一定值。

由于 Abaqus 软件的限制,参数 M 的斜率必须在 0.778～1 之间,故在上述表达式的基础上进行修改,$M_s > 1$ 时,取值为 1;$M_s < 0.778$ 时,取值为 0.778。改进前后的 CSL 临界状态线在 p-q 平面上的投影如图 5.2 所示。

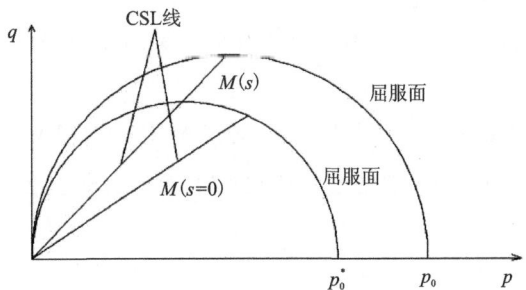

图 5.2　CSL 临界状态线在 p-q 平面上的投影图

3. SI 屈服面

根据非饱和土的试验研究可知,三轴试验中,控制围压不变,不断改变吸力值,当吸力超过一定大小后,试样会迅速达到屈服,该屈服面为 SI 屈服面。为了使 SI 屈服面在数值中实现,当吸力大于达到屈服时的吸力值后,设置 LC 屈服面迅速减小,即可描述土样相应的屈服效应。此时的屈服面在 p-q-s 三维应力空间中的形态如图 5.3 所示。

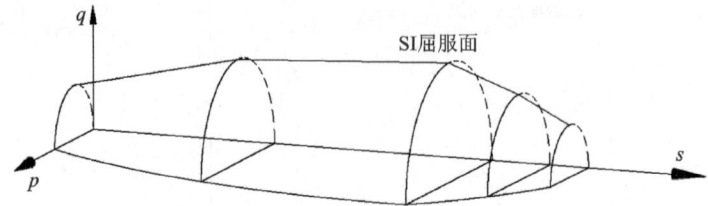

图 5.3 SI 屈服面在 p-q-s 三维应力空间中的形态

5.2.2.2 修正 Alonso 模型的数值实现方式

Abaqus 软件为用户提供了一系列的子程序,USDFLD 子程序用于重新定义材料积分点处的场变量,也可获得材料积分点处的信息。该子程序允许场变量是时间或者任何变量的函数,并且可以定义状态变量是场变量的函数,通过使用子程序 GETVRM 去获得积分点的数据。在时间增量步开始时更新材料积分点处的场变量,通过场变量控制材料参数的变化。通过 USDFLD 子程序可以定义模型中 XXX 为场变量的函数,实现模型参数在有限元计算中的实时更新。子程序主要结构及参数说明如下。

```
      SUBROUTINE USDFLD(FIELD,STATEV,PNEWDT,DIRECT,T,CELENT,
     1 TIME,DTIME,CMNAME,ORNAME,NFIELD,NSTATV,NOEL,NPT,
     2 LAYER,KSPT,KSTEP,KINC,NDI,NSHR,COORD,JMAC,JMATYP,
     3 MATLAYO,LACCFLA)
C
      INCLUDE 'ABA_PARAM.INC'
C
      CHARACTER*80  CMNAME,ORNAME
      CHARACTER*3   FLGRAY(15)
      DIMENSION FIELD(NFIELD),STATEV(NSTATV),DIRECT(3,3),
     1T(3,3),TIME(2)
      DIMENSION ARRAY(15),JARRAY(15),JMAC(*),JMATYP(*),COORD(*)
      user coding to define FIFLD and,if necessary,STATEV and PNEWDT
      RETURN
      END
```

其中:FIELD(NFIELD)表示场变量;NFIELD 为场变量的个数;STATEV(NSTATV)为状态

变量;NSTATV 为状态变量的个数;TIME 为时间;TIME(1)为当前增量步的时间;TIME(2)为总的时间;DTIME 为时间增量;COORD 为积分点的坐标。

USDFLD 场变量子程序在 Abaqus 中的调用步骤如下(流程见图 5.4)。

第一步,Abaqus 主程序在时间增量步开始之前给出应力、应变、应变增量、饱和度以及时间增量。

第二步,基于修正的 Alonso 非饱和土屈服面等相关方程更新屈服面的位置及大小,然后通过场变量子程序实时修改这些模型参数。

第三步,计算弹性试探应力,通过本构积分算法进行加载或卸载以检查并更新弹性应变、塑性应变、应力以及一致性切线刚度矩阵。

第四步,返回 Abaqus 主程序,进行平衡迭代,如果计算结果收敛,进行下一步增量,否则,减短时间增量步,重新返回第一步直至计算结果收敛。

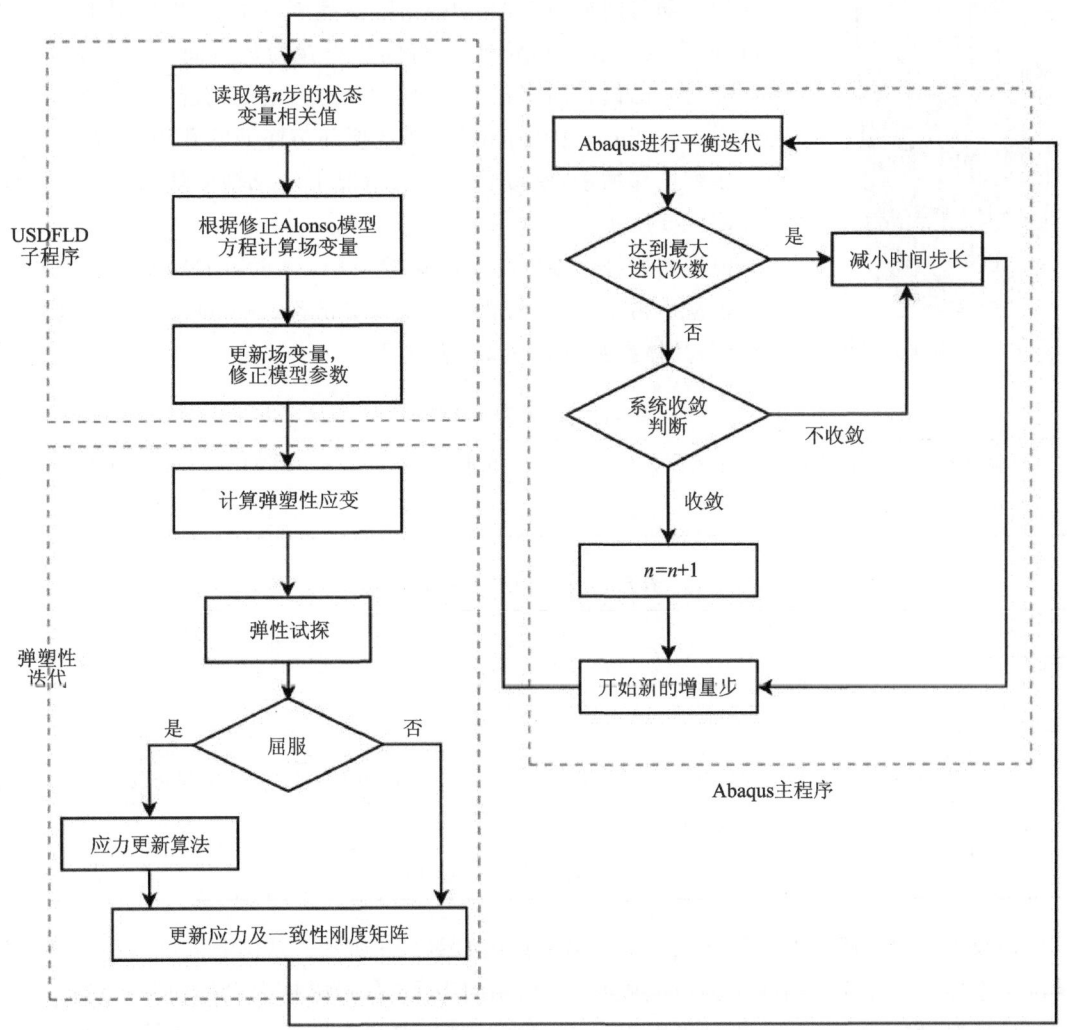

图 5.4 USDFLD 子程序流程图

5.2.3 数值验证

5.2.3.1 数值验证及参数反演

开发了基于修正 Alonso 非饱和土本构模型的 USDFLD 本构程序,经编译调试后对室内非饱和土三轴试验进行有限元分析,并与卢再华[203]所做的实测非饱和三轴剪切试验结果相比较,以测试 USDFLD 程序的计算能力、精度和效率。

计算模型参照试验模型建立,共分为 820 个单元,模型为直径 39mm,高度 80mm 的圆柱体,单元类型为三维实体单元,完全积分。约束模型底面的 3 个方向自由度,而对其他面则不作任何约束。具体模拟步骤为:在 initial 步骤中对模型施加初始固结压力;在第二步 in-suction 中对模型顶部与底部加一随时间均匀增大的孔压值,保持围压不变,以模拟土样的脱湿过程;在第三步 compress 中将围压设置为随时间均匀增大,在模型顶部与底部设置固定孔压值,模拟吸力一定的情况下的固结过程;在最后一步 shear 中固定围压,固定顶部与底部的孔压值,并对顶部加一压缩位移增量,模拟固定吸力情况下的三轴剪切过程。具体模型如图 5.5 所示。

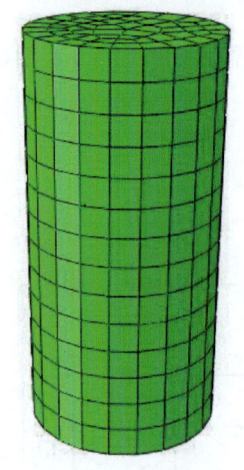

图 5.5 三轴试验试样图

模型初始计算参数与实际试验一致,修正后的屈服面公式相关参数根据卢再华[203]做的相关三轴收缩试验、三轴膨胀试验及剪切试验得到,具体参数见表 5.1～表 5.2。

表 5.1 试样初始条件

试验内容	土粒比重 G_s	干密度 $\rho_d / g \cdot cm^{-3}$	含水量 $w_0 / \%$	孔隙比 e_0	饱和度 $S_r / \%$
剪切试验	2.73	1.50	30.2	0.82	100

表 5.2 膨胀土模型参数

初始应力状态/kPa			初始硬化参数/kPa		
p	q	s	s_i	s_d	P_0^*
0	0	35	125	25	105
LC 屈服线相关参数					SI 屈服面相关参数		空间屈服面相关参数	
k	$\lambda(0)$	r	U	p_c	k_s	λ_s	k	G
0.03	0.08	0.85	0.013	30	0.015	0.09	0.58	9 801.3

同吸力不同围压下的计算结果与实验结果对比如图 5.6 所示。从图 5.6 可以看出,12 种情况下土样的应力应变曲线均为应变硬化型,且相同吸力时,围压越大土样屈服点越高。根据对比情况,修正的 Alonso 模型可以很好地反映重塑非饱和土样的应力应变关系的非线性以及非饱和土样塑性流动的特性。

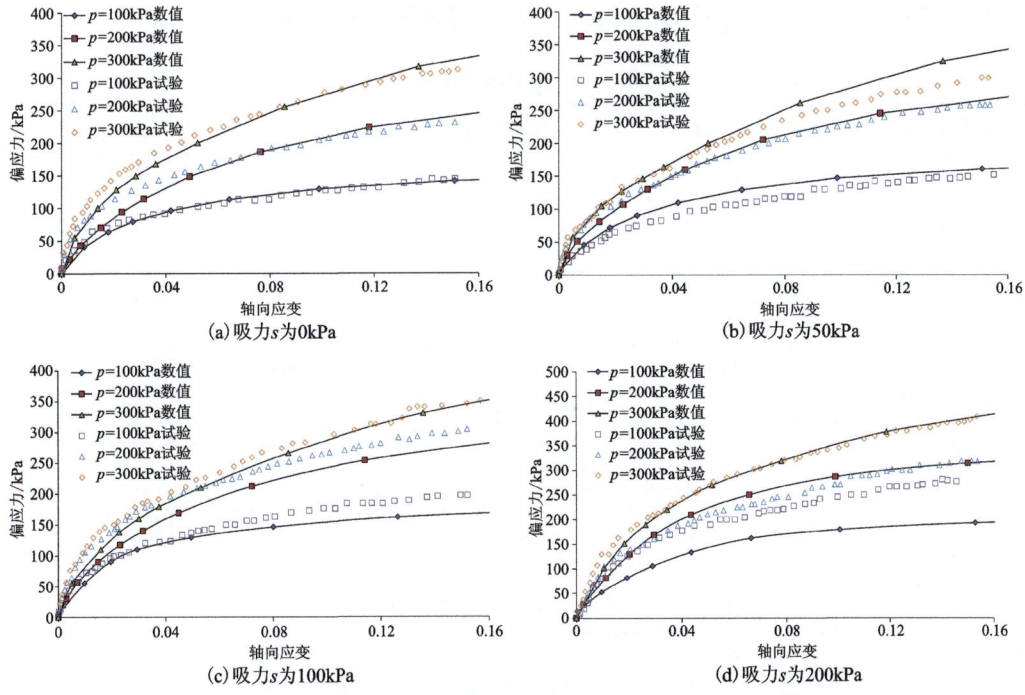

图 5.6　同吸力不同围压下数值模拟与试验数据对比图

相同围压不同吸力情况下的应力应变曲线如图 5.7 所示。由图 5.7 的应力应变曲线可知，与饱和土相比，非饱和土在吸力的影响作用下，有更高的屈服点，且吸力越大，屈服点越高。这体现了非饱和土吸力对屈服面的影响作用，证明模型可以很好地模拟非饱和土液相对固相的影响。

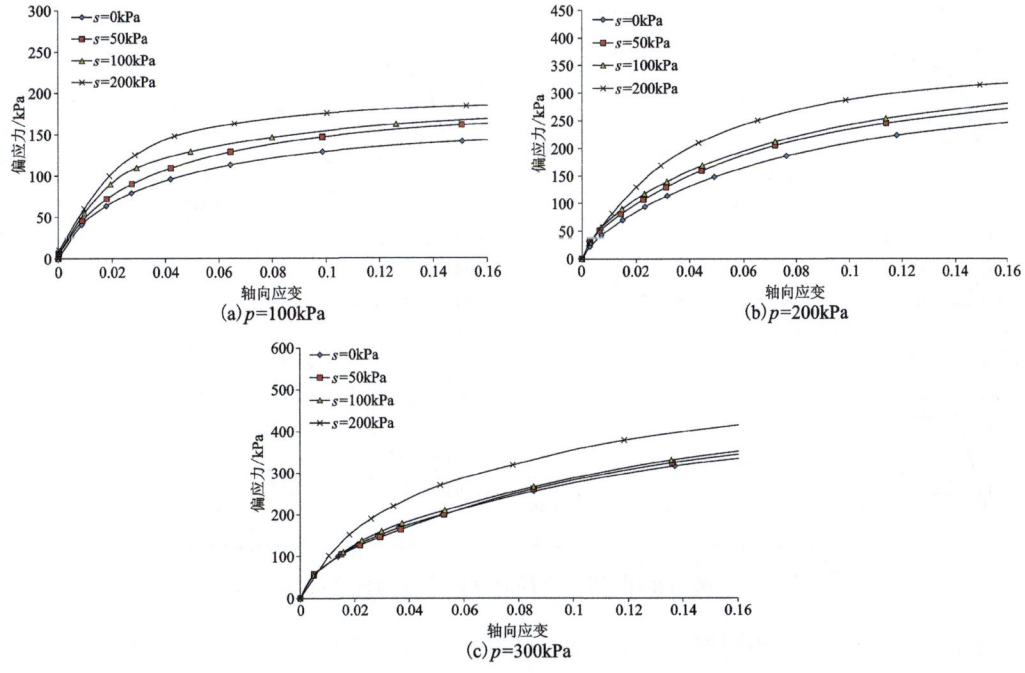

图 5.7　相同围压不同吸力情况下试样的应力应变曲线

根据三轴试验应力应变曲线的有限元模拟,可以反演出相关参数如表 5.3 所示。

表 5.3 模型反演参数表

吸力 s/kPa	围压/kPa	压缩指数	回弹指数	泊松比
0	100	0.053 3	0.006 5	0.3
	200	0.1	0.02	
	300	0.12	0.02	
50	100	0.053 3	0.006 5	0.28
	200	0.08	0.006 5	
	300	0.12	0.02	
100	100	0.053 3	0.006 5	0.27
	200	0.08	0.006 5	
	300	0.12	0.02	
200	100	0.053 3	0.02	0.26
	200	0.06	0.02	
	300	0.08	0.02	

结合以上分析,绘制出吸力相同,围压不同时轴向应变与体变的曲线图如图 5.8 所示。

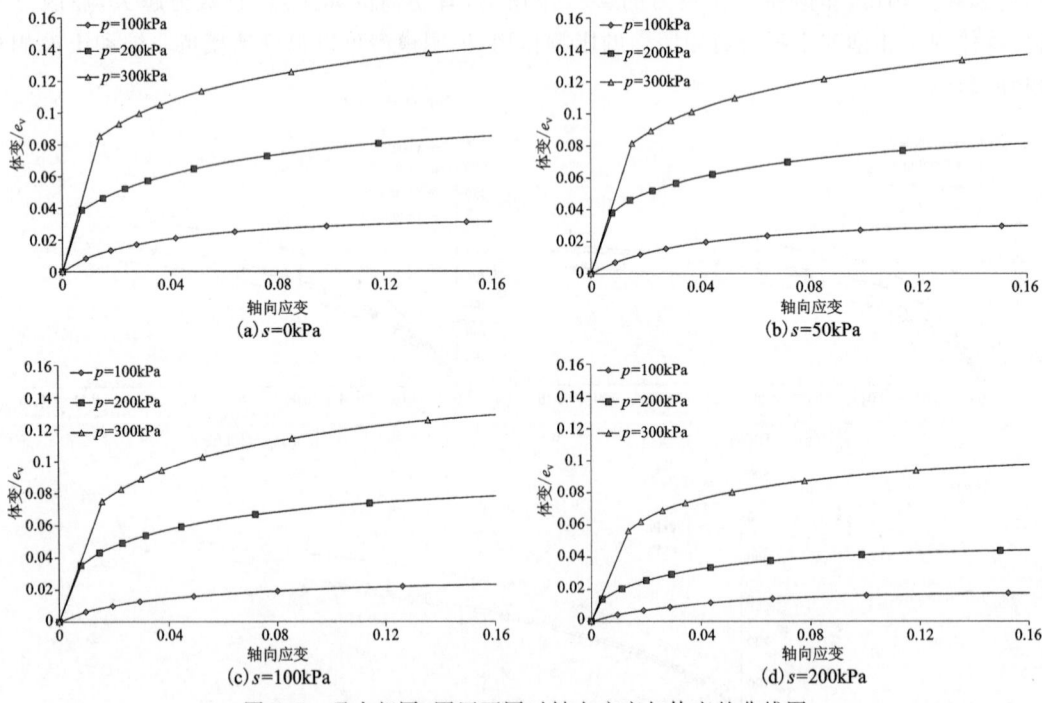

图 5.8 吸力相同,围压不同时轴向应变与体变的曲线图

由图 5.8 可知,吸力相同的情况下,围压为 200 kPa 和 300 kPa 时,土样体变均显示了明显

的屈服点,且围压越大,屈服点越高,试样整体体变越大。模型计算得到的应力和体变在实验结束时均在一定程度上表现出了临界状态,说明模型可以较好地反映三轴剪切的试验结果。围压相同,吸力不同时轴向应变体变曲线如图 5.9 所示。

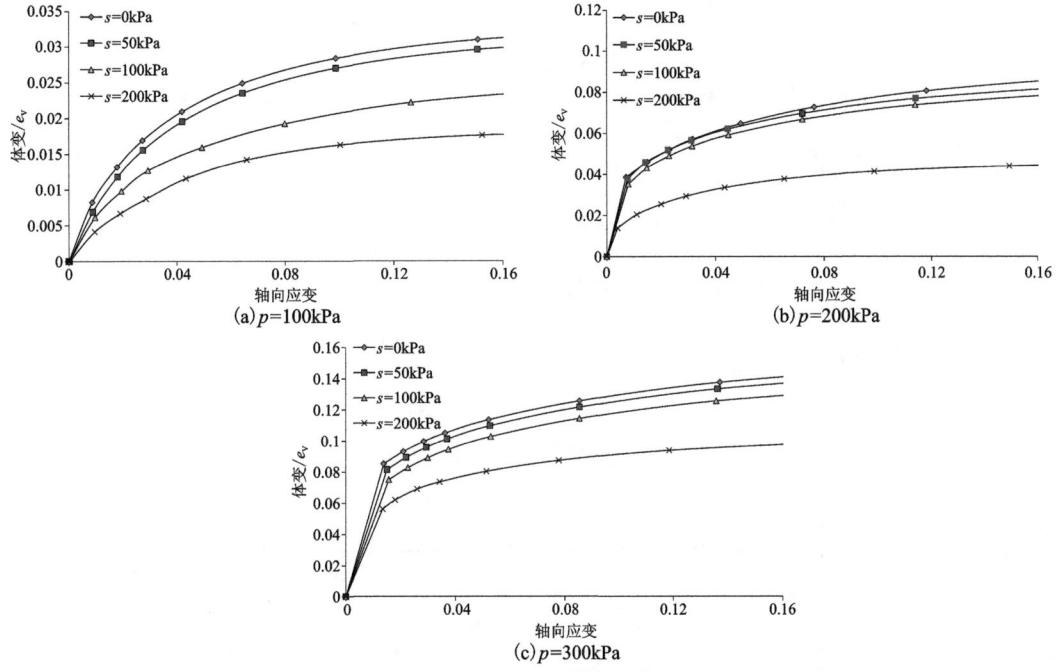

图 5.9　围压相同,吸力不同时轴向应变体变曲线图

由图 5.9 可以看出,围压相同时,吸力越小,土样饱和度越大,土体的屈服点越高;吸力越大,土样达到的体变越小,这与吸力对土体屈服应力的影响作用一致。其他研究人员的试验结果表明:土样剪胀量随着吸力的增加而增大[221]。

5.2.3.2　敏感度分析

在以上模拟的基础上,继续探究程序对土样密度的敏感性,设计 3 组不同孔隙比的模型进行数值计算,模型参数如表 5.4 所示。

表 5.4　不同孔隙比模型参数表

吸力 s/kPa	围压/kPa	孔隙比	压缩指数	回弹指数	泊松比
200	100	0.82	0.053 3	0.006 5	0.3
		0.72	0.055	0.02	0.26
		0.62	0.05	0.02	0.22

不同孔隙比情况下,试样的三轴剪切应力应变曲线及试样的三轴剪切轴向应变体变关系曲线如图 5.10、图 5.11 所示。

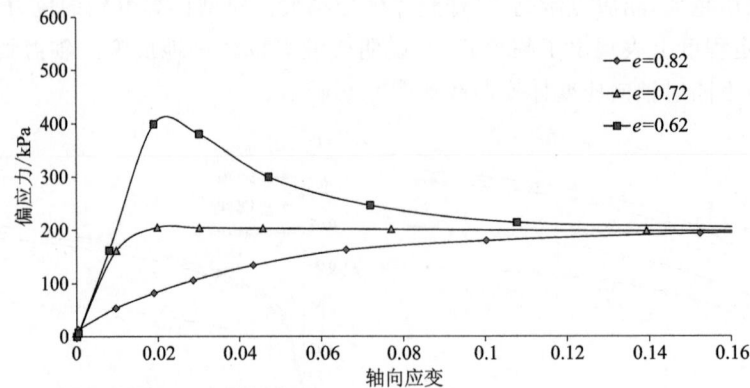

图 5.10 不同孔隙比情况下试样的三轴剪切应力应变曲线

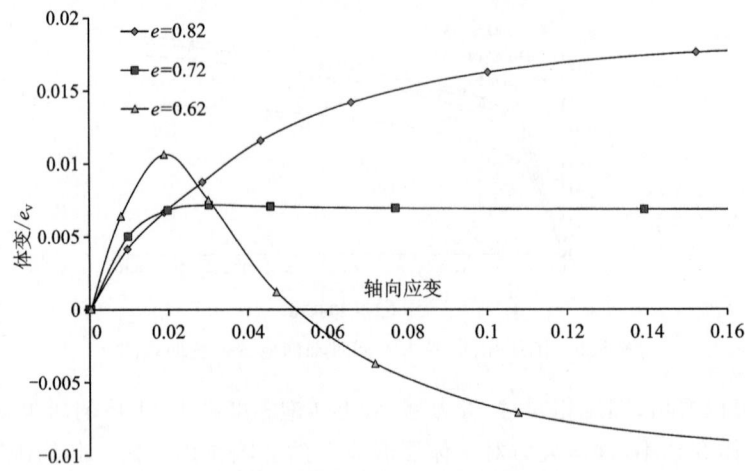

图 5.11 不同孔隙比情况下试样三轴剪切轴向应变体变曲线

由图 5.10 可以看出,在围压相同时,随着土样孔隙比的加大,土样的应力应变曲线从应变硬化型逐渐过渡变为应变软化型,3 个试样加载到最后,轴向应力差几乎不变,轴向应变连续增加,最终试样孔隙比几乎不变,达到临界孔隙比。

对于应变体变曲线,孔隙比最大的试样随着轴向应变的增加,体变也在逐渐收缩,孔隙比减小;试样孔隙比中间的一组,初始体积在逐渐收缩,屈服后体积保持稳定直到实验结束;孔隙比最小的试样,在屈服后发生剪胀现象,体积加大导致最终试样总体积较初始变大。

类似的,继续探究程序对土样围压的敏感性,设计 3 组不同围压的模型进行数值计算,模型参数如表 5.5 所示。

表 5.5 不同围压的模型参数表

吸力 s/kPa	围压/kPa	孔隙比	压缩指数	回弹指数	泊松比
200	100	0.62	0.05	0.02	0.22
	200				
	300				

不同围压的情况下,试样的三轴剪切应力应变曲线图及试样的三轴剪切轴向应变体变关系曲线如图 5.12、图 5.13 所示。

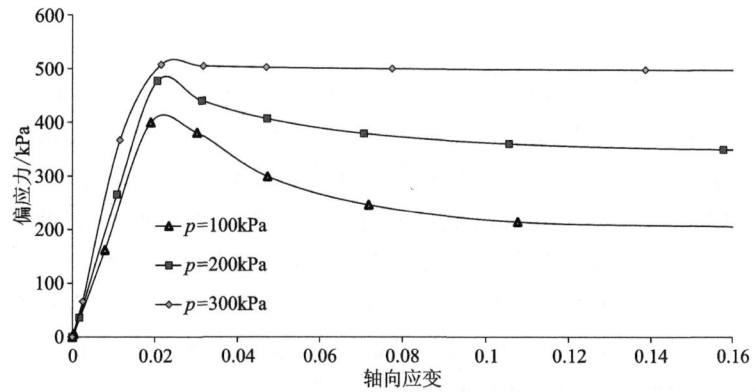

图 5.12　不同围压的情况下三轴剪切应力应变曲线

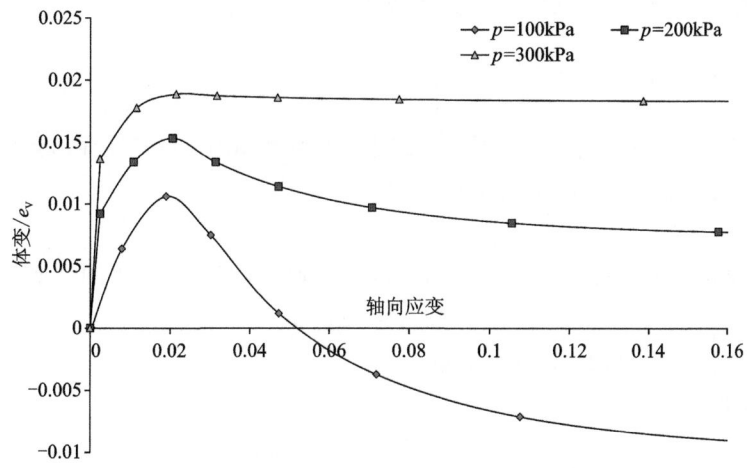

图 5.13　不同围压的情况下三轴剪切轴向应变体变曲线

由图 5.12 可以看出,随着围压的增加,土样破坏时的轴向应变加大,且土样的应力应变曲线从应变软化型逐渐过渡到应变硬化型。

对于应变体变曲线,在高围压情况下,主要分成 3 个阶段:初始弹性阶段,该阶段试样体变随着轴向应变的增加而线性变化;塑性变形阶段,试样体变随着轴向应变的增加其变化量逐渐变小;破坏阶段,随着试样的剪切破坏,出现剪胀现象,体积开始变大。围压越大,试样的体积收缩越大。

在高围压情况下,黏土将发生很大的体积压缩,当其孔隙比减小到一定程度时,黏土颗粒将相互靠近,颗粒间相互作用力将加大。例如,黏土颗粒距离达到 $100 A(10^{-10} m)$ 时,土粒表面相互作用就很明显了。这对于饱和纯高岭土大约相当于含水量为 15%;对于纯蒙脱土,相应含水量为 800%。当黏土颗粒表面只有 3 层水分子(大约厚 10A)时,水将强烈的被黏土颗粒表面吸引,当黏土颗粒相距 20A 时,要想进一步压缩,所需外力将相当大。因此在高围压下,黏土剪切时的应力应变曲线是硬化型的。

5.3 模拟膨胀的有限元方法

湿胀软化是造成膨胀土边坡变形失稳的决定性因素。上一节已经介绍了修正 Alonso 模型的二次开发与数值实现,该模型可以通过应力、应变、应变增量等场变量的变化不断地改变自身屈服面的大小,实现土体的吸湿软化效应。在模拟土体膨胀方面,前人做了大量的研究工作,材料温度升高将发生体积膨胀,膨胀土吸湿后也发生体积膨胀,两者的微分方程原理一致,因此,在统一量纲后,可利用热膨胀应力与膨胀变形来模拟土体吸湿后产生的膨胀力与膨胀变形。本节继续基于 Abaqus 有限元软件,通过 USDFLD 与 UEXPAN 子程序的二次开发,将湿度场与温度场的量纲统一结合,以实现对土体的吸湿膨胀的模拟。基于所编写的两个子程序,最终实现膨胀土的吸湿膨胀软化效应的研究。

5.3.1 热分析模块原理及数值二次开发

5.3.1.1 热分析模块原理

将湿度场与温度场等效结合后,为了实现土体的吸湿膨胀,需要推导出膨胀系数。
根据线性假设,温度变化产生的应变 ε_T 为

$$\varepsilon_T = \beta \Delta T \tag{5.30}$$

式中:β 为温度线膨胀系数;ΔT 为温度增量。与之相似,湿度变化产生的应变 ε_w 为

$$\varepsilon_w = \alpha \Delta \theta \tag{5.31}$$

式中:α 为湿度线膨胀系数;$\Delta \theta$ 为湿度增量。
令 $\varepsilon_T = \varepsilon_w$,可得

$$\beta \Delta T = \alpha \Delta \theta \tag{5.32}$$

则 $\beta = \dfrac{\alpha \Delta \theta}{\Delta T}$。

考虑到含水率的单位为%,温度的单位为℃,可得

$$\beta = 0.01\alpha \tag{5.33}$$

假设,膨胀岩土体吸水后各向同性均匀膨胀,且在体积变化过程中,没有剪应力和剪应变产生,由于湿度的变化产生的总应变分量为

$$d\varepsilon_{ij} = d\varepsilon_{ij}^w = \alpha \delta_{ij} dw \tag{5.34}$$

式中:α 为各向同性湿度线膨胀系数;$d\varepsilon_{ij}^w$ 为湿度应变增量;dw 为湿度增量,δ_{ij} 为 Kronecker 符号。

实际情况下,当土体受到内部或外部的束缚作用时,土体将不能各向均匀膨胀,从而产生了附加应力,由此产生附加变形,此时总应变增量表达式为

$$d\varepsilon_{ij} = d\varepsilon_{ij}^w + d\varepsilon_{ij}^e \tag{5.35}$$

式中:$d\varepsilon_{ij}$ 为总应变增量;$d\varepsilon_{ij}^e$ 为附加应变增量。

由广义胡克定律可知

$$\varepsilon_{ij}^e = C_{ijkl}\sigma_{kl} \tag{5.36}$$

式中：C_{ijkl} 为膨胀岩土体的柔度张量，该量是湿度的函数；σ_{kl} 为应力张量。

将膨胀土广义胡克定律公式改为微分形式有

$$\mathrm{d}\varepsilon_{ij}^e = C_{ijkl}\mathrm{d}\sigma_{kl} + \frac{\mathrm{d}C_{ijkl}}{\mathrm{d}w}\sigma_{kl}\mathrm{d}w \tag{5.37}$$

联立式(5.34)与式(5.35)，可得

$$\mathrm{d}\varepsilon_{ij} = \mathrm{d}\varepsilon_{ij}^w + C_{ijkl}\mathrm{d}\sigma_{kl} + \frac{\mathrm{d}C_{ijkl}}{\mathrm{d}w}\sigma_{kl}\mathrm{d}w \tag{5.38}$$

为了方便分析，将式(5.38)表达为柱坐标形式

$$\begin{cases} \varepsilon_\theta = \dfrac{1}{E}[\sigma_\theta - v(\sigma_r + \sigma_z)] + \alpha\Delta\theta \\[4pt] \varepsilon_r = \dfrac{1}{E}[\sigma_r - v(\sigma_\theta + \sigma_z)] + \alpha\Delta\theta \\[4pt] \varepsilon_z = \dfrac{1}{E}[\sigma_z - v(\sigma_r + \sigma_\theta)] + \alpha\Delta\theta \end{cases} \tag{5.39}$$

针对无荷膨胀率试验，在 θ、r 方向是不变的，z 方向无荷载，因此可得，$\varepsilon_\theta = \varepsilon_r = 0$，$\varepsilon_z = \delta_H$。由此可以得到湿度场的膨胀系数 α 的表达式为

$$\alpha = \frac{\delta_H(1-v)}{\Delta w(1+v)} \tag{5.40}$$

式中：δ_H 为试验所得无荷膨胀率；v 为泊松比；Δw 为无荷膨胀率试验土体吸湿前后含水率差值。

可根据式(5.40)，结合无荷膨胀率试验结果获得湿度线膨胀系数，进而转化为热分析中的热度线膨胀系数。

5.3.1.2 数值二次开发

基于 Abaqus 有限元软件，通过 USDFLD 与 UEXPAN 子程序可以定义模型中饱和度与温度场的函数关系，将湿度场的变化转化为温度场，实现模型变形在有限元计算中的实时更新。UEXPAN 子程序主要结构及参数说明如下：

```
      SUBROUTINE UEXPAN(EXPAN,DEXPANDT,TEMP,TIME,DTIME,
     1 PREDEF,DPRED,STATEV,CMNAME,NSTATV,NOEL)
C
      INCLUDE 'ABA_PARAM.INC'
C
      CHARACTER * 80 CMNAME
      DIMENSION EXPAN( * ),DEXPANDT( * ),TEMP(2),TIME(2),PREDEF( * ),
     1 DPERD( * ),STATEV(NSTATV)
      user coding to define FIFLD and ,if necessary ,STATEV and PNEWDT
       RETURN
      END
```

USDFLD 与 UEXPAN 场变量子程序在 Abaqus 中的调用步骤如下。

第一步，Abaqus 主程序在时间增量步开始之前给出应力、应变、应变增量、饱和度以及时间增量。

第二步，将模型饱和度增量转化为温度场增量，进而通过 UEXPAN 子程序计算出土体膨胀增量。

第三步，基于修正的 Alonso 非饱和土屈服面等相关方程，更新屈服面的位置及大小，然后通过场变量子程序实时修改这些模型参数。

第四步，计算弹性试探应力，通过本构积分算法进行加载或卸载以检查并更新弹性应变、塑性应变、应力以及一致性切线刚度矩阵。

第五步，返回 Abaqus 主程序，进行平衡迭代，如果计算结果收敛，进行下一步增量，否则，减短时间增量步，重新返回第一步直至计算结果收敛。

子程序流程如图 5.14 所示。

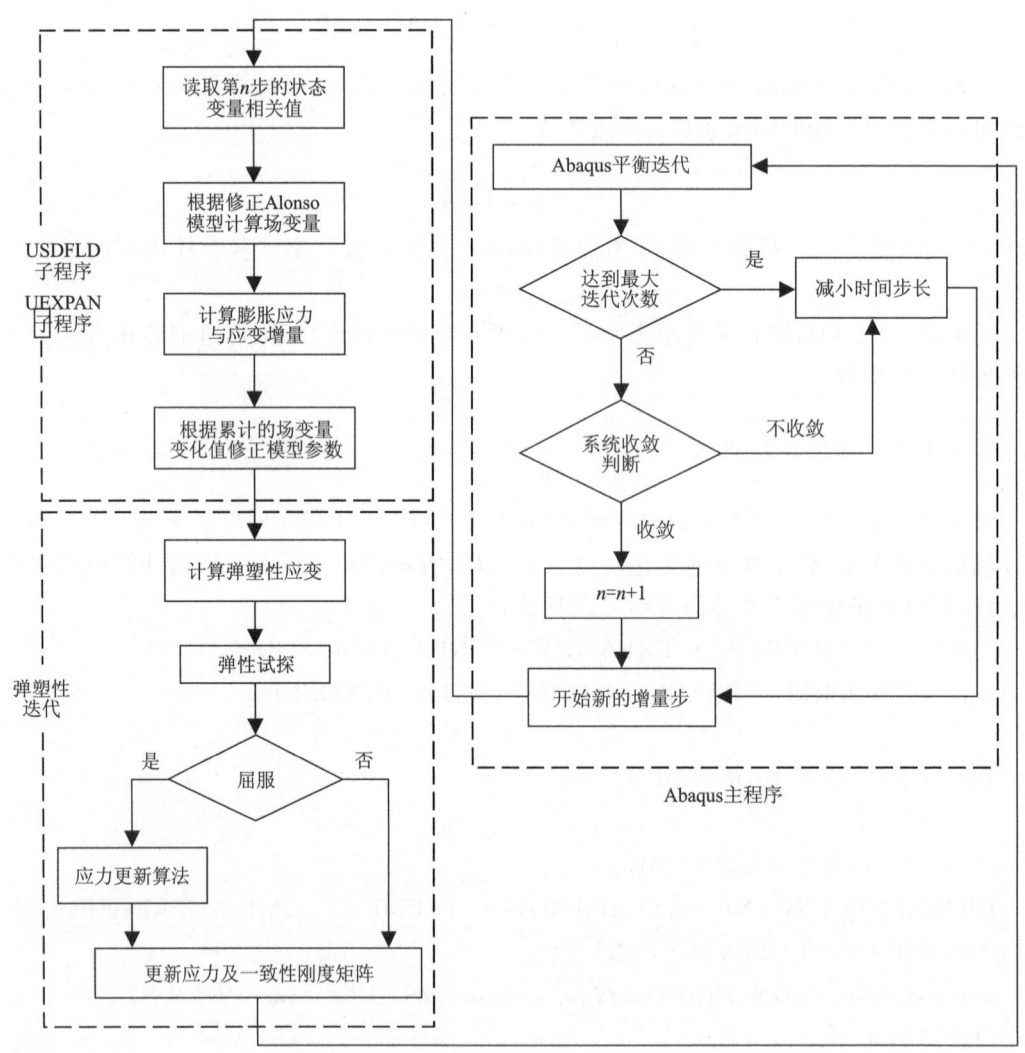

图 5.14　USDFLD 子程序和 UEXPAN 子程序流程图

5.3.2 膨胀率试验及膨胀系数

为了获得湿度线膨胀系数,采用固结仪对上覆荷载分别为 0kPa、12.5kPa 和 25kPa 的原状膨胀土环刀试样进行了室内一维膨胀率试验。不同上覆荷载情况下原状膨胀土试样膨胀率时程曲线如图 5.15 所示。

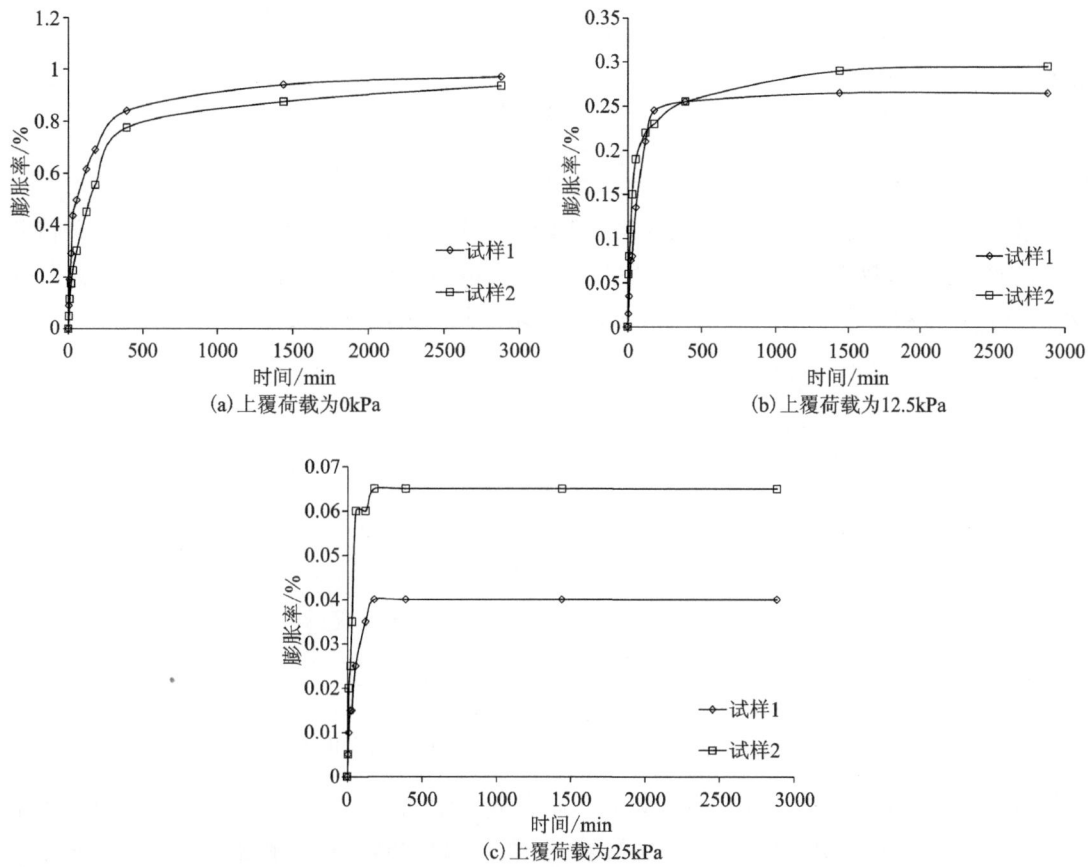

图 5.15 不同上覆荷载情况下原状膨胀土试样膨胀率时程曲线

由图 5.15 可知,不同上覆荷载情况下,膨胀土的膨胀率时程曲线形式大致相同,均可以分为 3 个阶段:快速增长阶段、缓慢增长阶段、稳定阶段。在前 5h 为快速增长阶段,这一阶段土样膨胀率快速增加,该阶段的膨胀量能达到总膨胀量的 90% 以上。无上覆荷载时,土样膨胀率在 0.94%~0.97% 之间;上覆荷载为 12.5kPa 时,土样膨胀率在 0.265%~0.295% 之间;上覆荷载为 25kPa 时,土样膨胀率在 0.04%~0.065% 之间。随着上覆荷载的加大,土样的膨胀率快速减小。

根据式(5.40)并结合试验数据可以得到膨胀土原状样的湿度线膨胀系数,具体数值如表 5.6 所示。

表 5.6 吸湿膨胀系数表

上覆荷载/kPa	试验前含水率/%	试验后含水率/%	膨胀率/%	吸湿线膨胀系数 α	温度线膨胀系数 β	平均温度线膨胀系数 $\bar{\beta}$
0	20.6	30.4	0.970	9.90×10^{-4}	9.90×10^{-6}	9.82×10^{-6}
	20.2	29.8	0.935	9.74×10^{-4}	9.74×10^{-6}	
12.5	19.7	29.5	0.265	2.70×10^{-4}	2.70×10^{-6}	2.76×10^{-6}
	19.1	29.6	0.295	2.81×10^{-4}	2.81×10^{-6}	
25	20.1	29.7	0.040	4.17×10^{-5}	4.17×10^{-7}	5.75×10^{-7}
	19.5	28.4	0.065	7.30×10^{-5}	7.30×10^{-7}	

由表 5.6 可知，膨胀土的平均热膨胀系数随着上覆荷载的增加而逐渐减小。无上覆荷载时，平均热膨胀系数为 9.82×10^{-6}；上覆荷载为 12.5kPa 和 25kPa 时，平均热膨胀系数分别为 2.76×10^{-6} 和 5.75×10^{-7}。平均温度热膨胀系数随上覆荷载的变化曲线如图 5.16 所示。

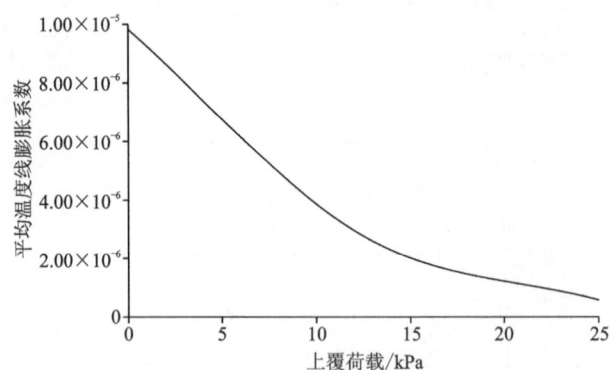

图 5.16 平均温度线膨胀系数随上覆荷载的变化曲线

由图 5.16 可知，温度热膨胀系数随着上覆荷载的增加，首先迅速下降，随后逐渐趋于平缓。由此可以在 UEXPAN 子程序中定义膨胀土的膨胀性质，从而对膨胀土的吸湿膨胀进行描述。

5.3.3 膨胀有限元方法的数值验证

通过以上分析，基于 Abaqus 有限元软件，采用 Fortran 语言编写子程序，将土体中湿度场的变化统一成温度场的变化，进而通过膨胀系数，转化为土体的膨胀应变，最终实现膨胀土的吸湿膨胀效果模拟。

为了验证该子程序的效果，利用该软件建立一个高度为 2cm，直径 6.18cm 的环刀试样，模拟原状土室内无荷载膨胀率试验。试样初始含水率为 21%，试验结束饱和含水率为 35%。数值模拟的计算结果如图 5.17 所示。

图 5.17 环刀样无荷载膨胀率计算结果

由图 5.17 可以看出,数值计算的膨胀土环刀样无荷膨胀量为 0.197mm,膨胀率为 0.98%,对应实际室内试验结果所得的膨胀率 0.95%,误差率很小,精度满足工程需求。因此,通过该子程序模拟膨胀土的吸湿膨胀效应是可行的。

5.4 小结

本章基于 Abaqus 有限元软件自带的修正剑桥模型,通过子程序的二次开发,将吸力变化对非饱和土屈服面起控制作用的修正 Alonso 模型及土体吸湿膨胀模型嵌入程序,提出了考虑湿胀软化效应的膨胀土边坡渗流-变形半解耦有限元分析方法。

(1)模拟了控制吸力与围压的非饱和土三轴剪切试验,通过所得出的应力应变曲线及轴向应变体变曲线验证了考虑吸湿软化效应的膨胀土有限元分析方法的准确性和可靠性。

(2)基于南阳膨胀土的非饱和三轴试验结果,将试验应力应变曲线与数值计算所得到的应力应变曲线进行对比,反演了模型参数;通过模拟不同孔隙比的非饱和土三轴剪切试验得出,随着土样孔隙比的加大,土样的应力应变曲线从应变硬化型逐渐过渡变为应变软化型。孔隙比越小,越容易发生剪胀现象。

(3)通过模拟不同围压的非饱和土三轴剪切试验得出,围压越大,土样破坏时的轴向应变越大,试样的体积收缩越大。随着围压的增大,土样的应力应变曲线从应变软化型逐渐过渡到应变硬化型。

(4)统一了热分析与渗流分析模块的量纲,通过 USDFLD 与 UEXPAN 子程序的二次开发,利用热膨胀应力与膨胀变形来模拟土体吸湿后产生的膨胀力与膨胀变形,实现了对土体的吸湿膨胀的模拟。基于所编写的两个子程序,最终提出了考虑湿胀软化效应的膨胀土边坡渗流-变形半解耦有限元分析方法。

6 含结构性裂隙的膨胀土边坡渗流-变形数值模拟

6.1 引言

膨胀土边坡的稳定性一直是个很难捉摸的问题[17]。许多边坡相当平缓,如1:6的坡比,仍然会发生滑坡[142],也有一些膨胀土边坡,高15~30m,坡比1:2到1:2.5,却又在历经数十年的风风雨雨后仍岿然不动[2]。

对于浅层边坡失稳,前人研究认为主要与膨胀土的"三性"及大气环境等因素有关,一般认为影响范围在5m以内。针对膨胀土边坡的浅层失稳问题,绝大部分学者认可渐进破坏理论[120-123]。即膨胀土浅层破坏,常常是由若干相连的滑坡组成,呈阶梯状、叠瓦状。膨胀土边坡下部先滑,牵动上部跟着滑,由下向上逐步发展。

除此之外,还有一类边坡失稳模式为结构面控制型失稳。失稳原因是由膨胀土固有的裂隙面组成有利于滑动的产状而产生滑坡。此类滑坡主要由裂隙面控制,属重力作用下的失稳。这类失稳会导致最为严重、产生负面效应最为显著的膨胀土边坡滑动破坏。

无论哪种边坡失稳模式均与降雨及坡内渗流作用密切相关。因此,本章基于前文提出的考虑湿胀软化效应的膨胀土边坡渗流-变形半解耦有限元分析方法,开展了降雨条件下,均质以及含不同角度结构性裂隙的膨胀土边坡渗流-变形数值模拟,分析结构性裂隙赋存角度对膨胀土边坡变形的影响规律,进一步揭示渗流作用对边坡变形的作用机理。

6.2 考虑湿胀软化效应的均质膨胀土边坡渗流-变形数值模拟

6.2.1 Abaqus流固耦合分析原理

岩土体的流固耦合是水体流动和介质变形相互作用、相互影响的结果,完全流固耦合模型的相互作用机理如图6.1所示。"直接耦合"是介质变形和孔隙水相互作用而产生的,如图中的过程A和B;而"间接耦合"是孔隙度的改变引起渗透系数的变化,孔隙度和渗透系数的变化由有效应力的变化而引起,孔隙的减小会引起介质截面面积和所含水量的减小,进一步使得材料刚度增大,如图中的C、D过程,"间接耦合"使得耦合系统呈非线性,导致多孔介质的渗透系数呈各向异性。

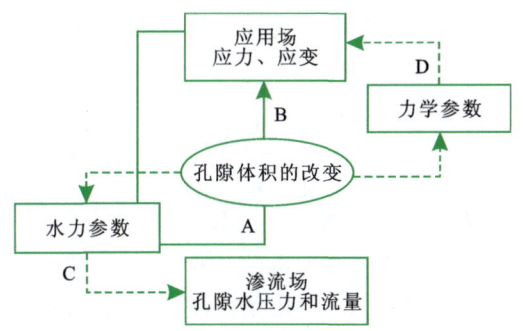

图 6.1 完全流固耦合系统相互作用机理

1. 孔隙介质的有效应力原理

岩石是由固体骨架和相互连通的孔隙以及储存于骨架孔隙中的流体三者组成的多孔介质。岩石中的流体能够承担或传递压力,将其定义为孔隙压力,而通过岩石颗粒间的接触面传递的应力称为有效应力。目前一般采用 Biot 有效应力,定力拉应力为正,孔压在饱和区以压应力为正,孔压在非饱和区域以压应力为负。Biot 有效应力表达式为

$$\sigma'_{ij} = \sigma_{ij} + \alpha \delta_{ij} [x p_w + (1-x) p_a] \tag{6.1}$$

式中:σ'_{ij} 为有效应力;σ_{ij} 为总应力;δ_{ij} 为 Kronecker 符号;α 为 Biot 系数;p_w 与 p_a 分别为孔隙水压力和孔隙气压力。

一般假定 $x=s$,显然 $s_w+s_a=1$。于是,有效应力的表达式又可表示为

$$\sigma'_{ij} = \sigma_{ij} + \delta_{ij}[s_w p_w + (1-s_w) p_a] = \sigma_{ij} + \delta_{ij} \bar{p} \tag{6.2}$$

式中:$\bar{p}$ 为两种流体的平均压力。

对于非饱和土问题,毛细压力 $p_c = p_a - p_w$ 是饱和度 s_w 的函数,可通过相关试验确定其函数关系。渗透系数也是饱和度 s_w 的函数,若不考虑应力对渗透系数的影响,渗透系数与饱和度之间的关系为 $k = k_0 s_w^3$。

2. 应力平衡方程

假定水无黏滞性,并且空气不溶于水,非饱和区水和大气是相通的,此时气压在整个区域上恒定。岩土介质应力平衡方程可采用虚功原理来表示,即在某一时刻岩土体的虚功与作用在该岩土体上作用力(体力和面力)产生的虚功相等,即

$$\int_V \delta\boldsymbol{\varepsilon}^T d\boldsymbol{\sigma} dV - \int_V \delta\boldsymbol{u}^T d f dV - \int_S \delta\boldsymbol{u}^T d t dS = 0 \tag{6.3}$$

式中:t 为面力;f 为体力;$\delta\boldsymbol{\varepsilon}$、$\delta\boldsymbol{u}$ 分别为虚位移和虚应变。

对虚功方程进行时间求导,将应力和渗流进行耦合可得

$$\int_V \delta\boldsymbol{\varepsilon}^T D_{ep} \frac{d\boldsymbol{\varepsilon}}{dt} dV - \int_V \delta\boldsymbol{\varepsilon}^T D_{ep} \left[m \frac{(s_w + p_w \xi)}{3K_s} \frac{d p_w}{dt} \right] dV - \\ \int_V \delta\boldsymbol{\varepsilon}^T m (s_w + p_w \xi) \frac{d p_w}{dt} dV = \int_V \delta\boldsymbol{u}^T \frac{df}{dt} dV + \int_S \delta\boldsymbol{u}^T \frac{dt}{dt} dS \tag{6.4}$$

3. 连续性方程

采用位移有限元法,用拉格朗日公式将虚功方程离散化得到固相材料有限元网格,同时

流体可以流经这些网格。因此，还需要满足流体连续方程，使得某时间增量内流入的流体流量等于流体体积的增加速率。渗流连续方程为

$$s_w \left(m^T - \frac{m^T D_{ep}}{3K_s} \right) \frac{d\varepsilon}{dt} - \nabla^T \left[k_0 k_r \left(\frac{\nabla p_w}{\rho_w} - g \right) \right] +$$
$$\left\{ \xi n + n \frac{s_w}{K_w} + s_w \left[\frac{1-n}{3K_s} - \frac{m^T D_{ep} m}{(3K_s)^2} \right] (s_w + p_w \xi) \right\} \frac{dp_w}{dt} = 0 \quad (6.5)$$

式中：k_0为初始渗透系数张量与水密度的乘积；k_r为比渗透系数，可为饱和度、应力、应变或损伤变量等的函数；g为重力加速度矢量；n为孔隙度；K_w为水的体积模量。

渗流连续性方程采用后向欧拉法近似积分，并将孔隙压力视为变量进行有限元离散，孔隙流体的渗流遵循Darcy定律或者Forchheimer定律。在流固耦合分析中，必须同时求解应力平衡与渗流连续方程，在一般的非线性计算中，Abaqus采用Newton迭代法来求解方程。

6.2.2 计算模型

根据渠道工程施工几何图，建立坡比为1∶2的边坡模型，模型整体高10m，长20m，坡底长5m，高5m。为了更好地反映实际情况，模型表面以下2.5m范围内设置为裂隙区，模型示意图见图6.2。

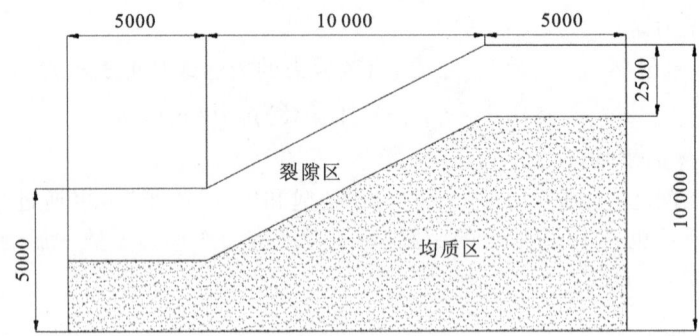

图6.2 计算模型尺寸示意图(单位：mm)

边坡初始地下水位设置为左侧埋深2.5m，右侧埋深5m(图6.3)，图中A、B、C、D、E这5个断面分别代表坡脚、1/4坡面、坡中部、3/4坡面、坡肩位置。

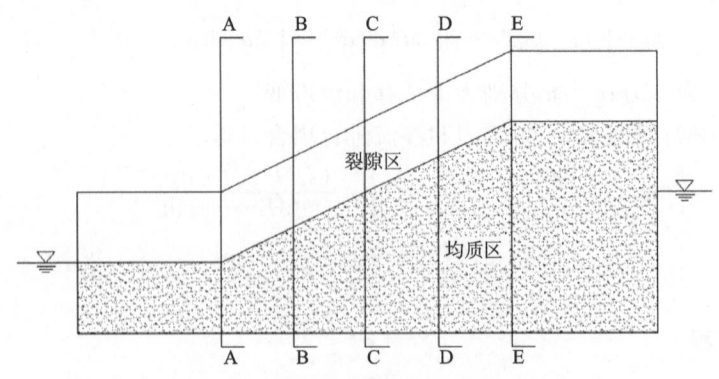

图6.3 计算模型初始水位线及断面示意图

由于在降雨入渗条件下,膨胀土边坡发生影响的主要范围在坡体表面,为了更好地模拟这种变化效应,需在表面划分更为精细的网格。因此,将模型的裂隙区划分为25层,每层厚度为0.1m,采用适合于模拟地表的四边形单元,单元类型为流固耦合模块的CPE4P型。模型单元划分示意图如图6.4所示。

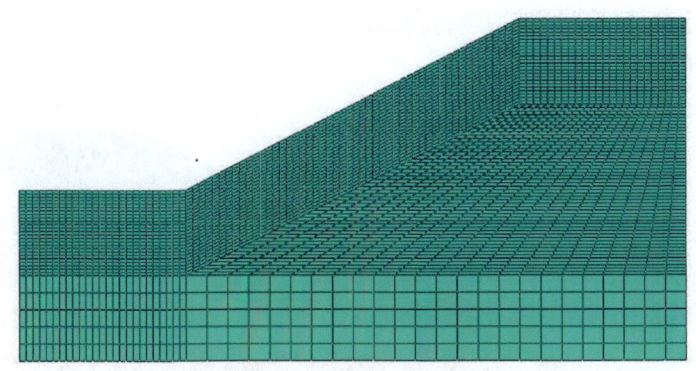

图6.4 有限元模型单元划分示意图

6.2.3 模型边界条件及物理力学参数

1. 模型边界条件

在Abaqus中降雨入渗边界是以定流量边界给出的,整个降雨入渗过程十分复杂,Abaqus采用降雨强度q、土壤允许入渗的容量f_p、土壤饱和时的水力传导系数K_{ws}这3个因子描述降雨入渗的过程与行为。$q<K_{ws}$时,地表径流不会发生,降雨将全部入渗,此时水的入渗率保持不变;$f_p>q>K_{ws}$时,所有的雨水全部入渗,f_p随着入渗深度的增加而减小,但此时降雨强度还未达到土壤允许入渗的容量,故入渗率并不会降低,且入渗率很高,此时坡面为流量边界;$q>f_p$时,由于降雨强度大于土壤的入渗容量,故部分降雨并不入渗,形成地表径流,此时坡面的土体基本上处于饱和状态,而入渗率在降雨未达到入渗容量后,将逐步下降。

模拟的雨量为5mm/d,是自然小雨状态。约束左右两侧的水平位移和底部的竖向位移。将坡底设置为排水边界。

2. 物理力学参数

模型初始计算参数与现场原状土样一致,试样初始条件模型初始参数见表6.1。

表6.1 试样初始条件表

土层	土粒比重 G_s	天然密度 $\rho/\text{g} \cdot \text{cm}^{-3}$	吸湿线膨胀系数 10^{-4}	饱和渗透系数 $\text{m} \cdot \text{s}^{-1}$	弹性模量 MPa	泊松比 v
裂隙区	2.65	1.95	9.0	1×10^{-6}	20	0.28
均质区	2.65	2.02	9.8	1×10^{-7}	25	0.3

6.2.4 边坡渗流分析

6.2.4.1 初始条件

对设置地下水位线的边坡模型进行初始的稳态渗流场分析,稳定后的土体饱和度云图以及孔压云图如图 6.5、图 6.6 所示。

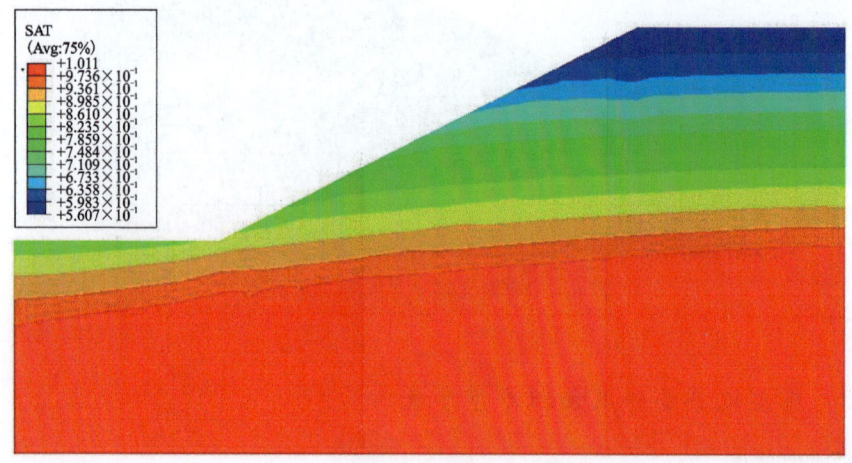

图 6.5　边坡初始饱和度云图

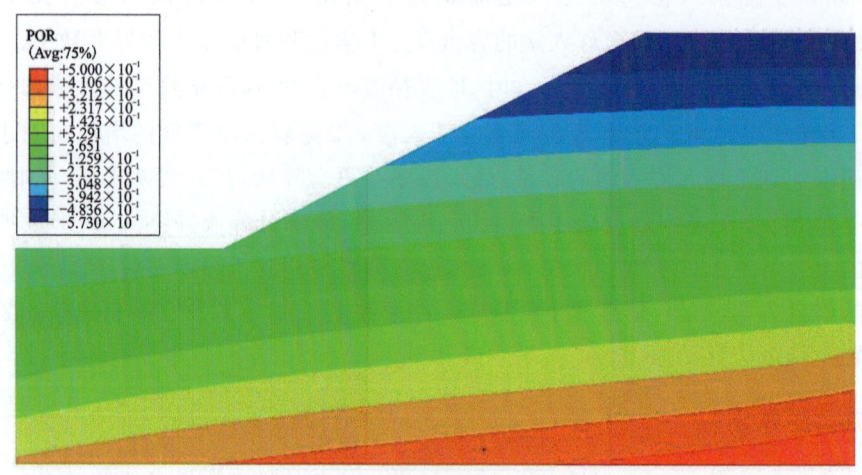

图 6.6　边坡初始孔压云图

由边坡初始饱和度云图(图 6.5)可知,在水位线位置以下,边坡饱和度为 1,随着边坡高度的上升,土体饱和度逐渐下降。由边坡孔压云图可知(图 6.6),水位线位置处,边坡孔压为 0,向下随着深度增加,孔压也在增大,向上随着边坡高度增加,孔压逐渐减小。通过计算,边坡表层的初始孔压为 $-60\mathrm{kPa}$,饱和度为 0.56,天然含水率为 19.6%,与工程现场土体的实际天然含水率 20.6% 吻合。

6.2.4.2 边坡瞬态渗流场

降雨过程中,由于入渗作用,坡体的饱和度处在时刻变化的情况下,因此,绘出不同降雨时刻边坡整体的饱和度增量变化如图 6.7 所示。

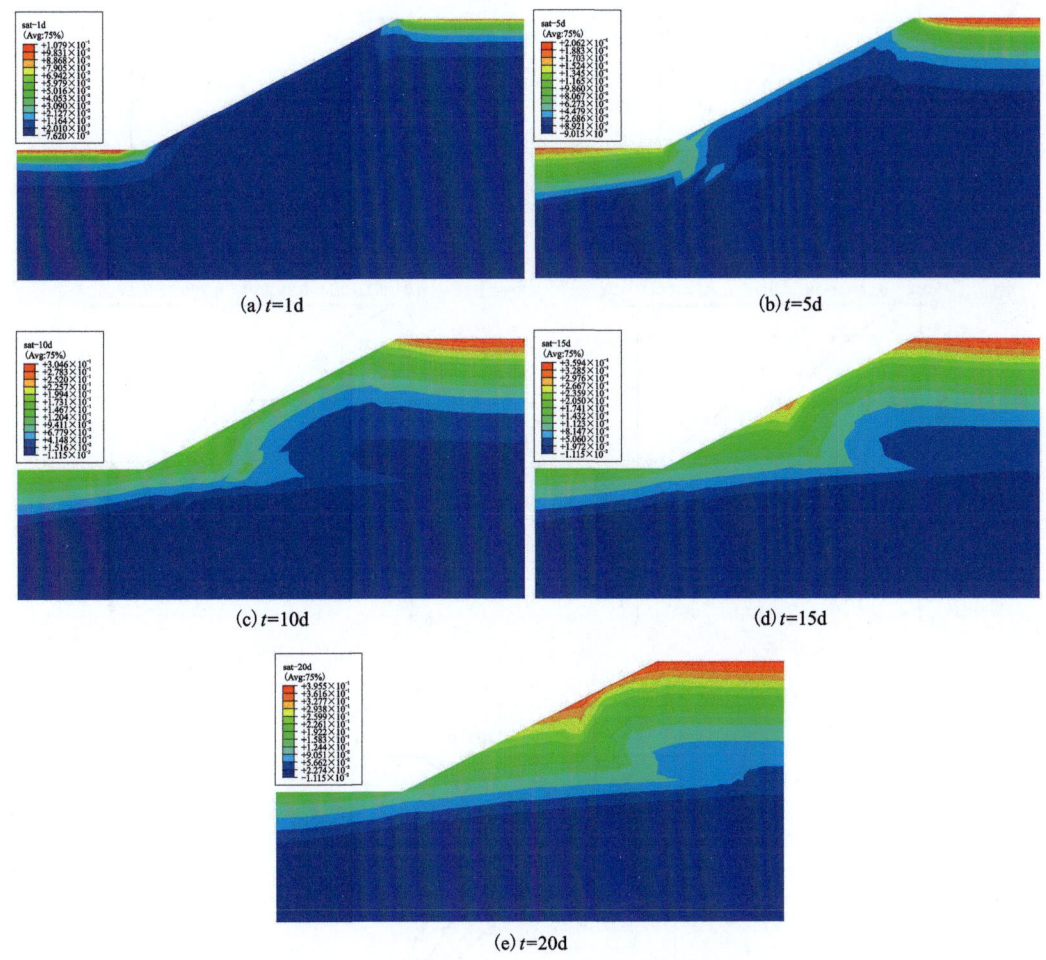

图 6.7 不同降雨时刻边坡整体的饱和度增量云图

由图 6.7 可知,在降雨的初期,坡脚与坡顶的饱和度增量快速增加,随着降雨历时的增加,由于坡面的渗透率小于降雨流量,大量雨水通过径流汇集于坡底,导致坡脚首先达到饱和状态,进而坡面由于降雨影响的深度逐由坡脚向上慢慢推移,降雨结束后,可以看出边坡 2.5m 深度范围内的土体均受到了雨水入渗的影响,饱和度有不同程度的增加。

绘制出边坡不同断面处不同深度土体含水率随降雨量的变化关系曲线如图 6.8 所示。

由图 6.8 可知,坡脚表层土体含水率快速增加,随着雨水的入渗坡脚深处土体含水率也在缓慢增加,由于径流对坡脚积水以及地下水位的影响,加速了水分的入渗,导致降雨后期,坡脚处整体快速达到饱和;其他位置处,由于径流影响,坡面增加速度大于更深处土体,坡脚达到饱和后降雨造成地下水位抬升,进而影响到其他断面处坡体的更深部土体含水率也在增加。

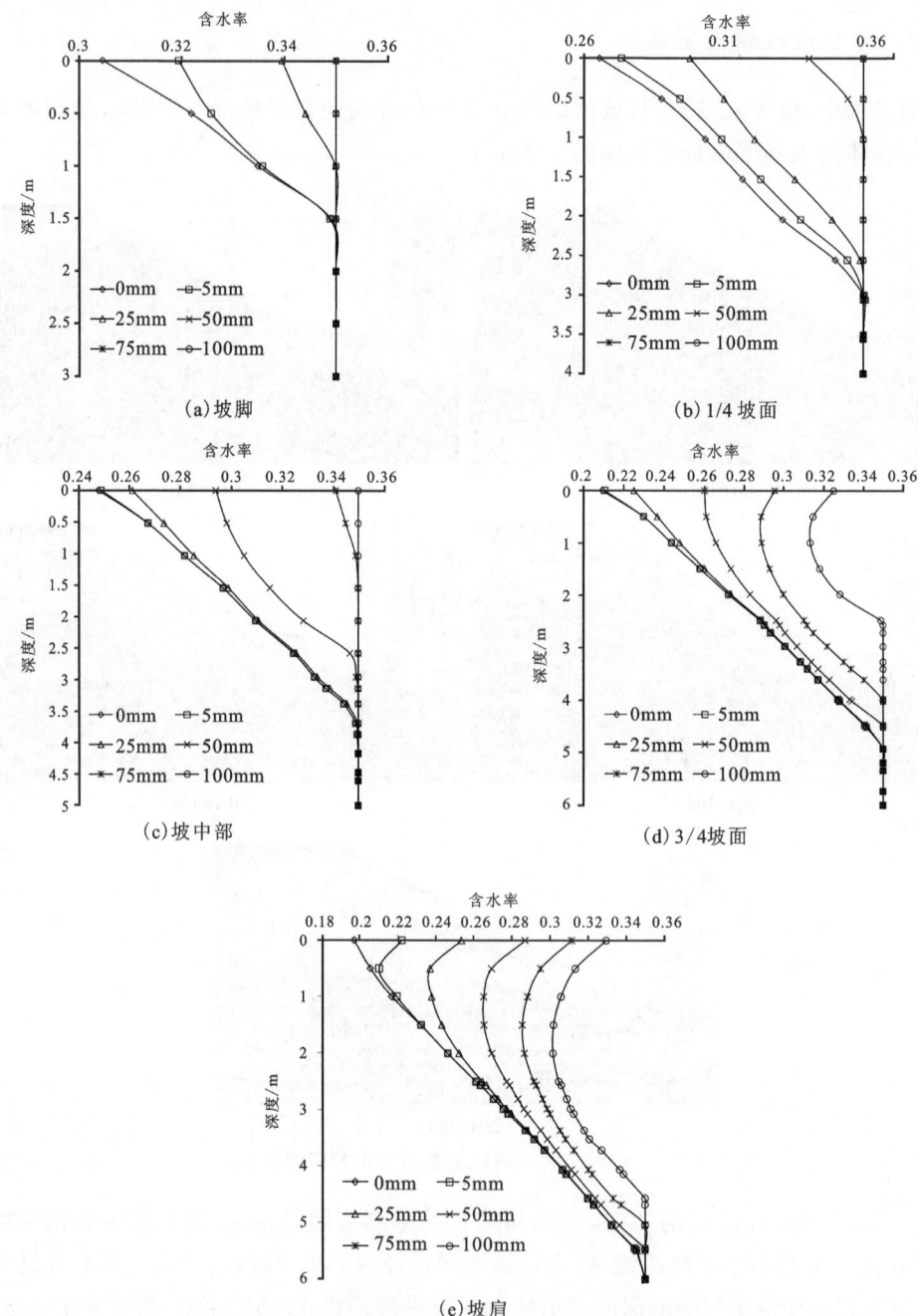

图 6.8 边坡不同断面处不同深度土体含水率随降雨量的变化关系曲线图

6.2.5 边坡变形分析

6.2.5.1 初始条件

边坡在自重应力作用下,初始的水平位移与竖向位移云图如图 6.9、图 6.10 所示。

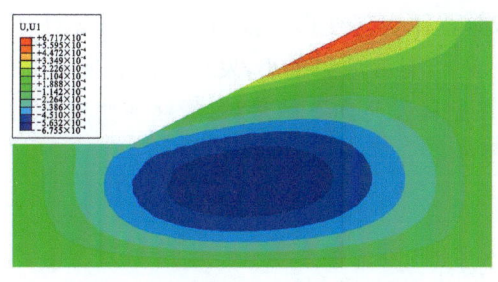
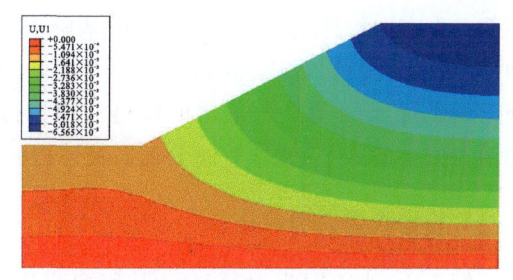

图6.9 降雨前边坡水平位移云图　　　　图6.10 降雨前边坡竖向位移云图

由图 6.9 和图 6.10 可知,初始边坡上部向坡体内发生水平位移,边坡下部向坡体外发生水平位移;初始竖向位移由边坡顶部向下逐渐减小。初始水平变形在 2mm 以内,竖向变形在 7mm 以内。

6.2.5.2　不考虑膨胀的边坡变形分析

1. 边坡表面水平位移

图 6.11 为不同降雨时刻,边坡水平位移增量云图。由图 6.11 可知,整个降雨过程中,边坡

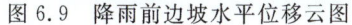

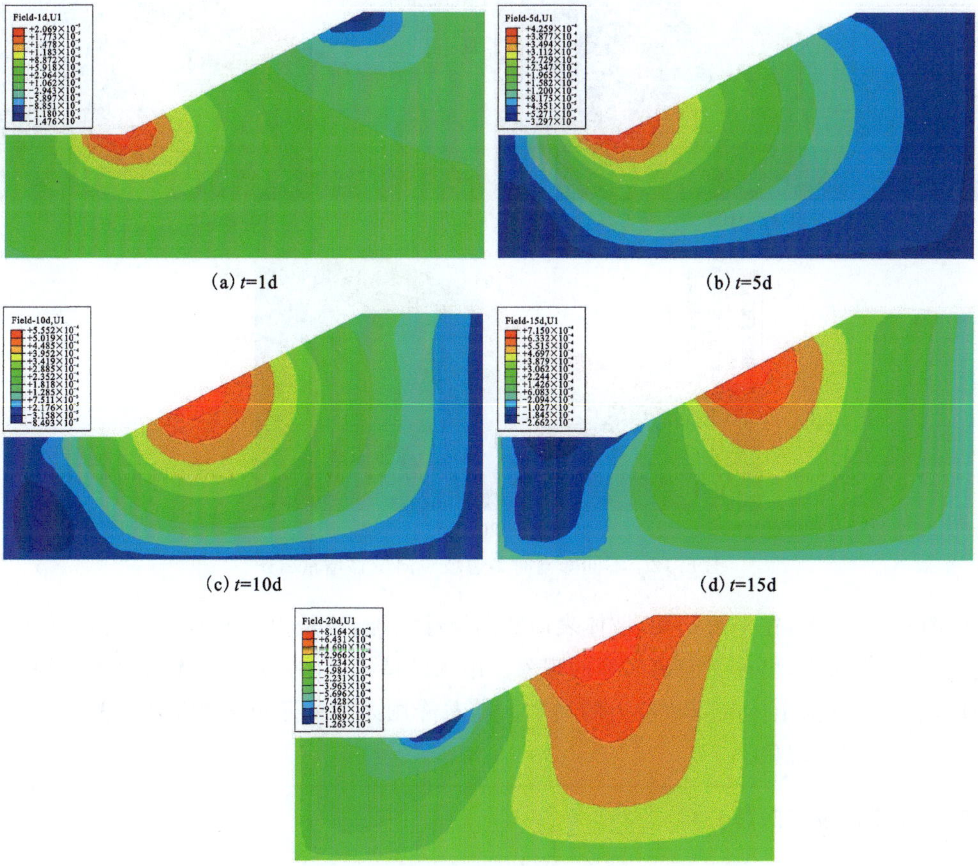

(a) $t=1d$　　　　(b) $t=5d$

(c) $t=10d$　　　　(d) $t=15d$

(e) $t=20d$

图 6.11　不同降雨时刻边坡水平位移增量云图

上部一直在向坡体内变形,边坡下部从降雨前期向坡体内部变形逐渐演变成向坡体外侧移动,这是由于降雨入渗会造成土体吸力减小,孔压增大,有效应力减小,发生微膨胀现象,随着降雨的进行,雨水在边坡表层的渗透作用使得边坡整体发生向下的滑移,最终演变成坡面下部向坡体外的水平变形,坡面上部向坡体内的水平变形。

2. 边坡表面竖向位移

图 6.12 为不同降雨时刻,边坡竖向位移增量云图。

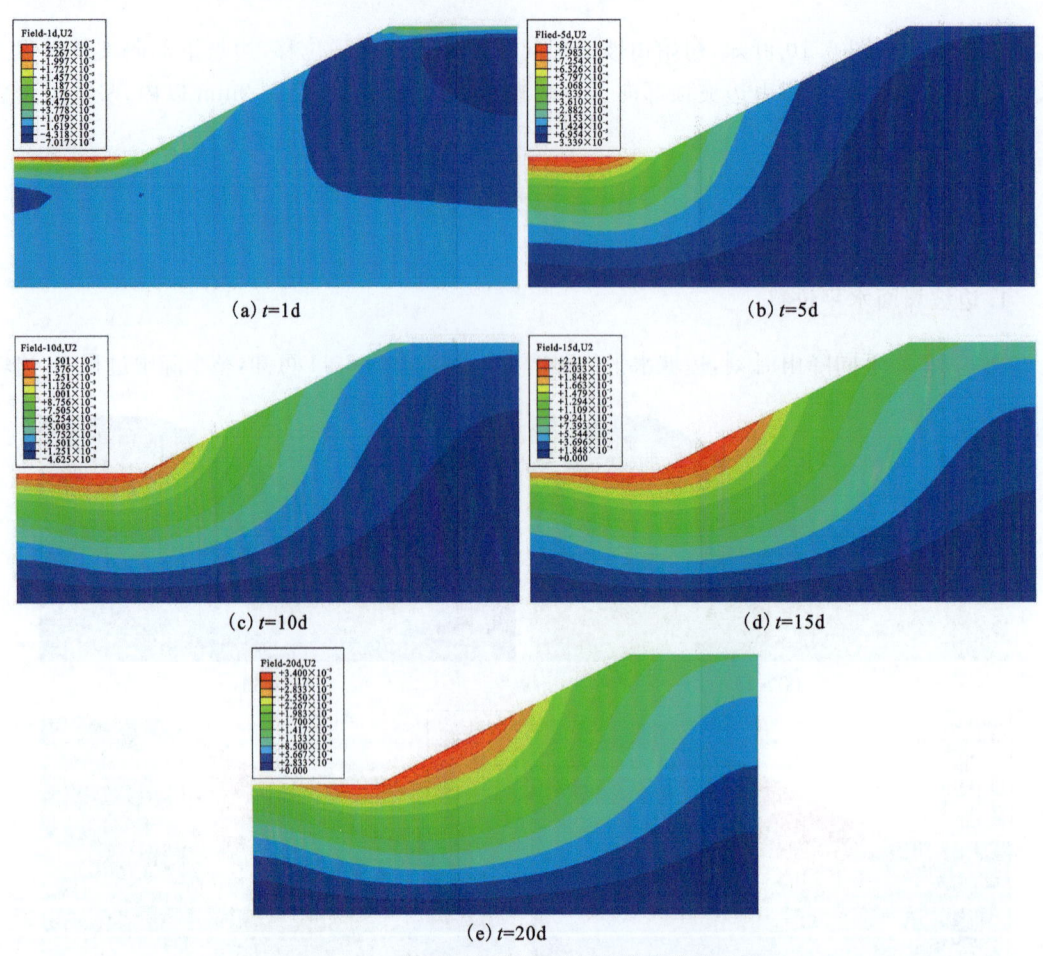

图 6.12　不同降雨时刻边坡竖向位移增量云图

由图 6.12 可知,在降雨初期,坡体表面竖向位移增加,这是由于雨水入渗后,土体的孔压增大,有效应力减小,出现了卸荷回弹的现象。雨水的持续入渗,使得土体的含水率和容重有所增加,导致更深部土体沉降和应力的增加。随着降雨入渗的不断发展,边坡表层均发生了吸水后卸荷回弹的现象。

3. 边坡表面位移时程分析

绘制边坡不同断面处表层土体水平位移随降雨历时的变化关系曲线如图 6.13 所示。

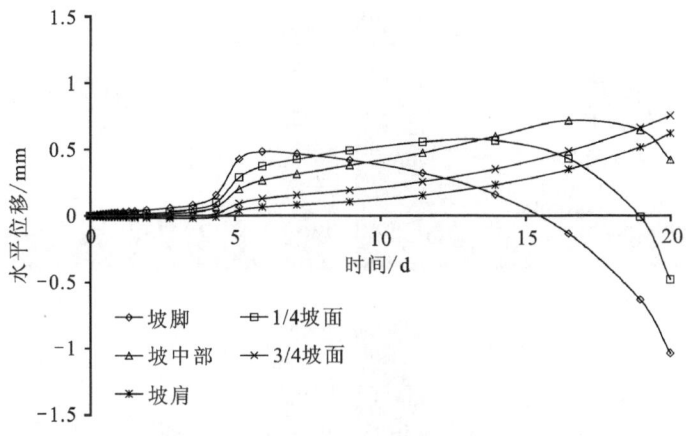

图6.13　边坡不同断面处表层土体水平位移时程曲线图

由图6.13可知,坡脚、1/4坡面、坡中部位置处的表面水平位移随着降雨的进行先向坡体内部变形,随后转向坡体外侧;3/4坡面与坡肩位置处的表面水平位移随着降雨的进行不断地向坡体内部发生变形。最终坡脚与1/4坡面处较降雨前向坡外侧变形了1mm与0.5mm,坡中、3/4坡面和坡肩较降雨前向坡内侧变形,且三者关系是逐渐增大的。

绘制边坡不同断面处表层土体竖向位移随降雨历时的变化关系曲线如图6.14所示。

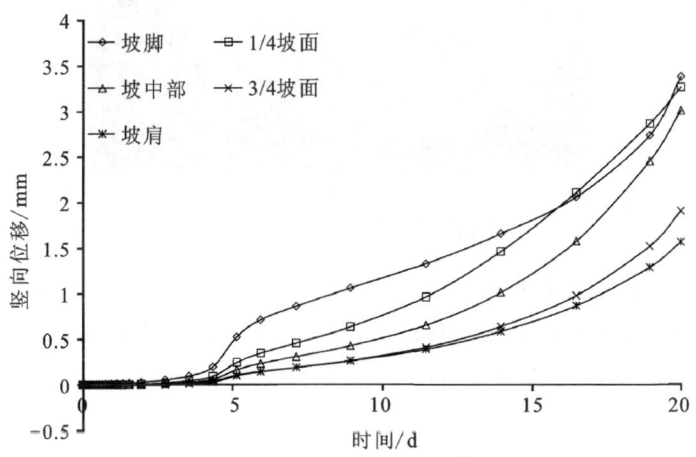

图6.14　边坡不同断面处表层土体竖向位移时程曲线图

根据边坡表层竖向位移时程曲线图可知,坡面竖向位移随着降雨的增加而逐渐增大,其中坡脚最大,坡肩处变形最小,坡面竖向变形均在3.5mm以内。

6.2.5.3　考虑膨胀的边坡变形分析

1. 边坡表面水平位移

图6.15为不同降雨时刻,边坡表面土体水平位移增量云图。

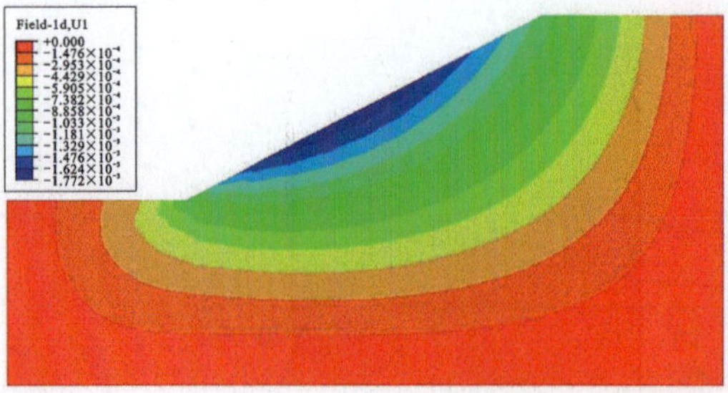

(a) $t=1\mathrm{d}$ (b) $t=5\mathrm{d}$

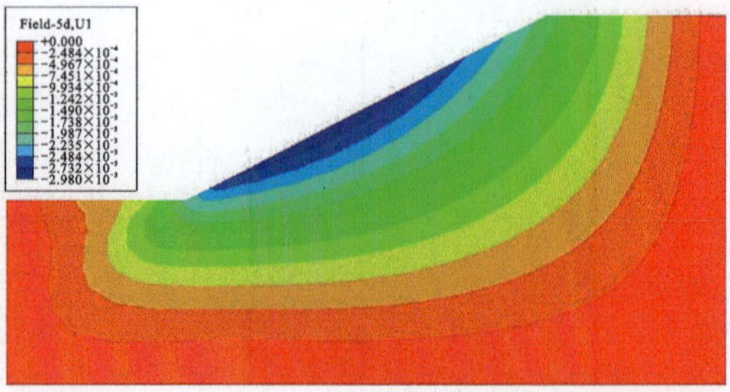

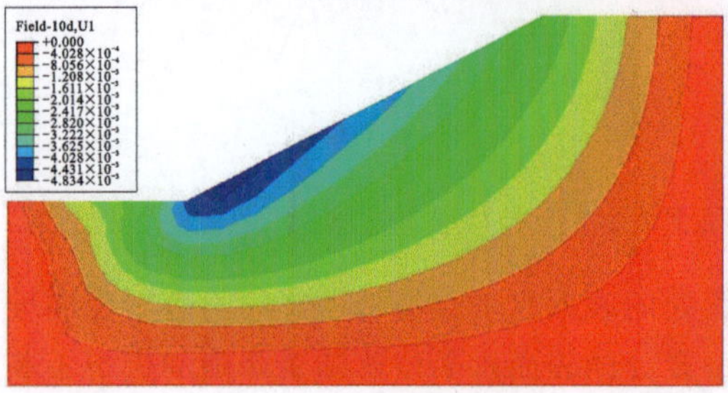

(c) $t=10\mathrm{d}$ (d) $t=15\mathrm{d}$

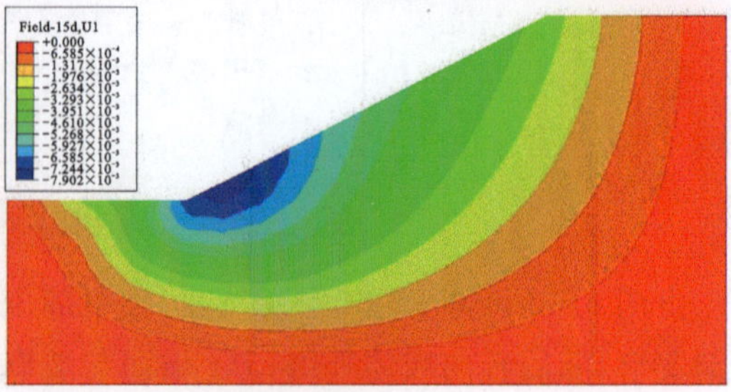

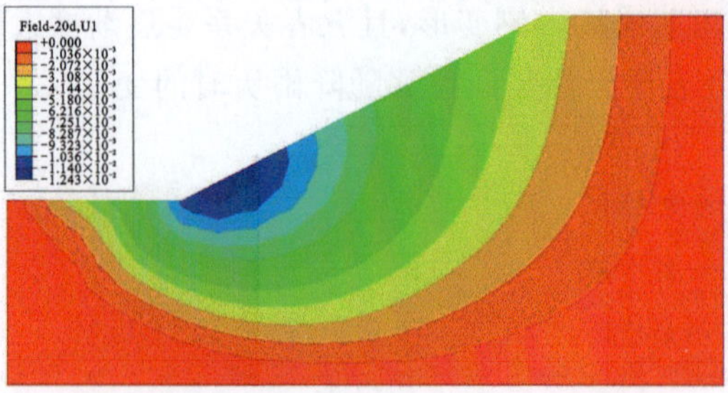

(e) $t=20\mathrm{d}$

图 6.15 不同降雨时刻边坡表面土体水平位移增量云图

由图 6.15 可知，在降雨初期，坡面土体吸水膨胀，产生较大的水平位移；随着雨水入渗，坡体内的渗流作用和坡面的径流使得坡底积水，导致最大水平变形不断聚集在坡脚处；最终，坡面水平位移坡脚最大，向上逐渐减小。

2. 边坡表面竖向位移

图 6.16 为不同降雨时刻，边坡表面土体竖向位移增量云图。

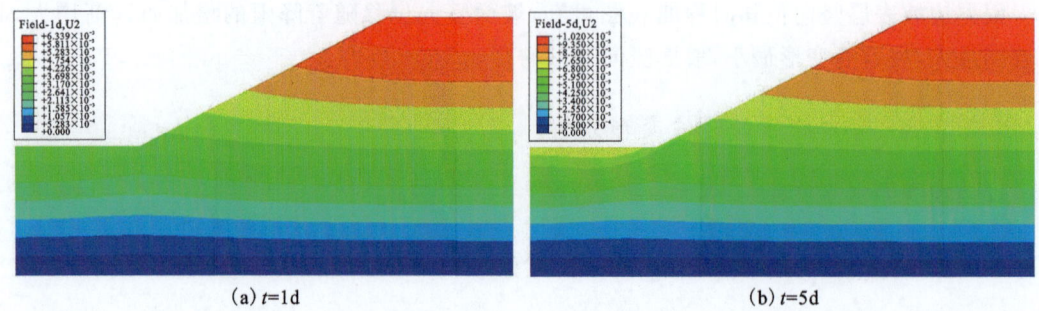

(a) $t=1\mathrm{d}$ (b) $t=5\mathrm{d}$

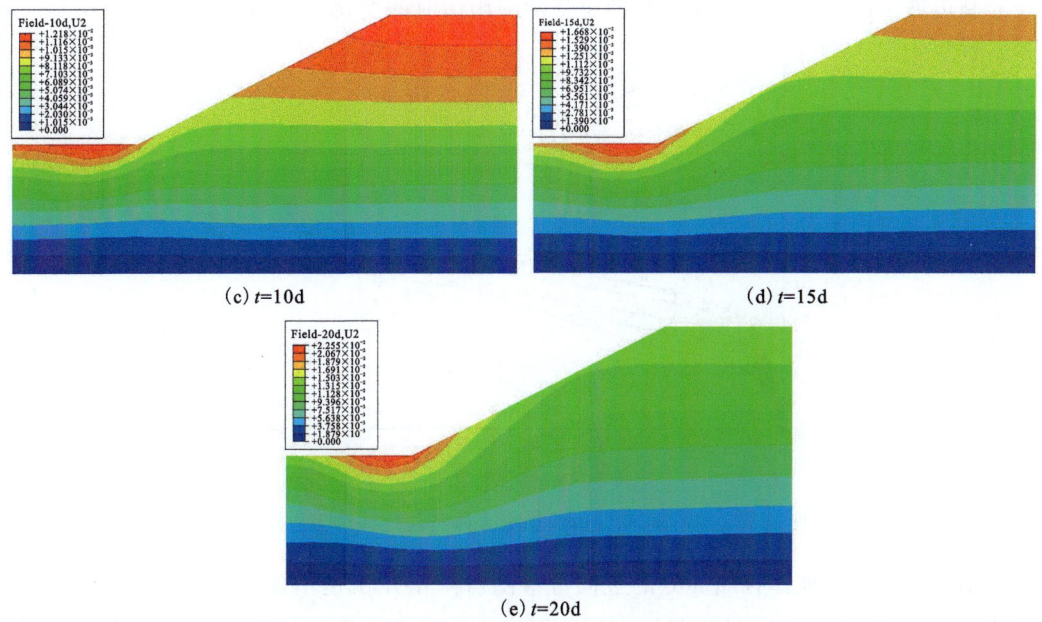

图 6.16 不同降雨时刻边坡表面土体竖向位移增量云图

由图 6.16 可知，在降雨初期，由于坡顶初始含水率较低，该部分土体吸湿后出现的竖向膨胀量最大；随着降雨的进行，坡脚处的竖向变形逐渐增大，最终坡面的竖向变形，从坡脚处向上，呈现逐渐变小后又增大的规律。

3. 边坡表面位移时程分析

绘制边坡不同断面处表层土体水平位移随降雨历时的变化关系曲线如图 6.17 所示。

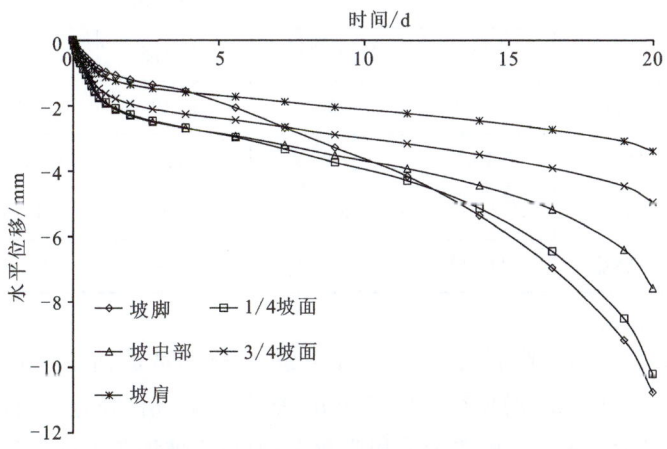

图 6.17 不同断面处边坡表层土体水平位移时程曲线图

由图 6.17 可知，坡体各断面处的水平位移随着降雨先快速增加，随后逐渐趋于平稳，而后在降雨中后期，坡脚、1/4 坡面与坡中断面位置处又开始快速增加，这是由于坡内雨水渗流作用的影响。降雨结束后，坡面水平变形量，坡脚最大，坡肩最小。

绘制边坡不同断面处表层土体竖向位移随降雨历时的变化关系曲线如图 6.18 所示。

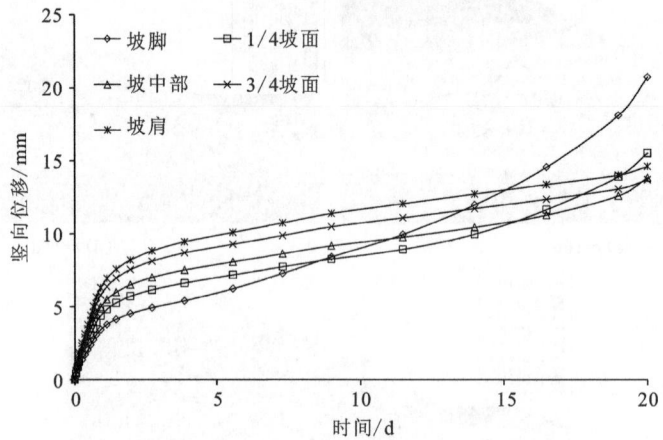

图 6.18 不同断面处边坡表层土体竖向位移时程曲线图

由图 6.18 可知,坡体各断面处的竖向位移随着降雨先快速增加,随后逐渐趋于平稳,而后在降雨中后期,坡脚、1/4 坡面与坡中部断面位置处又开始快速增加,这是由于坡内雨水渗流作用的影响。降雨结束后,坡面竖向变形量,坡脚最大。

6.2.6 膨胀因素对边坡变形的影响

在降雨结束后,不同情况下边坡表层土体的位移量统计表见表 6.2。

表 6.2 不同情况下边坡表层土体位移对比

对比		位移/mm				
		坡脚	1/4 坡面	坡中部	3/4 坡面	坡肩
水平方向	不考虑膨胀	−1.04	−0.48	0.42	0.75	0.62
	考虑膨胀	−10.78	−10.22	−7.59	−4.97	−3.40
竖直方向	不考虑膨胀	3.39	3.27	3.01	1.91	1.57
	考虑膨胀	20.72	15.50	13.81	13.68	14.59

由表 6.2 可以看出,考虑膨胀因素后,在降雨条件下,边坡坡面各位置处变形显著加大。水平方向坡脚处由 −1.04mm 增加至 −10.78mm,增大了 10 倍,竖直方向坡脚处由 3.39mm 增加至 20.72mm,扩大了 6 倍。膨胀土的膨胀效应,使得边坡坡脚处的位移增量最大,最容易发生塌落,进而呈牵引式逐级向上发展最终导致边坡失稳,与工程实际和前人相关试验结论一致。因此,考虑湿胀软化效应的膨胀土边坡渗流-变形有限元分析方法运用到工程当中是可行高效的。

6.3 含结构性裂隙的膨胀土边坡渗流-变形数值模拟

6.3.1 工况及模型设置

裂隙是影响膨胀土边坡稳定的关键因素。裂隙赋予了膨胀土特殊的结构性,裂隙的存在破坏了土体的整体性,使土体强度及评价产生困难。此外,裂隙的不均匀性及随机性,使得膨胀土强度表现出各向异性,而裂隙面及充填夹层是对膨胀土边坡稳定起重要影响的宏观结构。膨胀土边坡失稳中最为严重、产生负面效应最为显著的深层滑动破坏,主要由边坡内部长大裂隙的张开、发展、贯通,并与水分运移、入渗作用而产生的土体胀缩变形共同导致。该类滑坡由于受裂隙面控制,往往具有明显的滑动面。为了研究膨胀土中裂隙填充物对边坡稳定性的影响作用,设置3种工况进行数值计算。这3种工况填充层夹层赋存于膨胀土边坡上部的裂隙区内,工况一、工况二和工况三对应的模型中填充层角度分别为22°、18°和14°,其余尺寸设定见6.2.2小节。不同工况计算模型如图6.19所示。

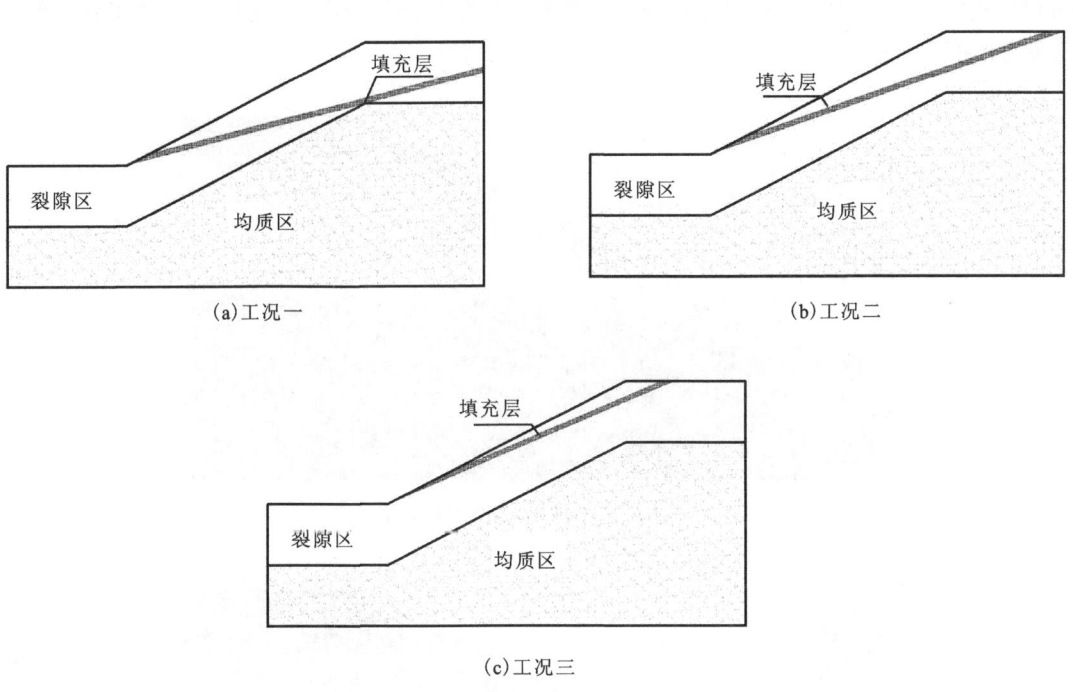

图 6.19 不同工况的计算模型图

6.3.2 模型计算参数

模型边界条件以及裂隙、均质区膨胀系数分别为 4.0×10^{-3} 和 5.0×10^{-3},其他相关物理力学参数与6.2.3小节中介绍一致。填充夹层初始计算参数见表6.3。

表 6.3　填充夹层初始计算参数统计表

土层	土粒比重 G_s	天然密度 $\rho/\text{g}\cdot\text{cm}^{-3}$	吸湿线膨胀系数/ 10^{-3}	饱和渗透系数/ $\text{m}\cdot\text{s}^{-1}$	弹性模量/ MPa	泊松比 v
填充夹层	2.65	2.02	5.0	1×10^{-7}	25	0.3

6.3.3　边坡渗流分析

6.3.3.1　初始条件

对设置地下水位线的边坡模型进行初始的稳态渗流场分析，稳定后的饱和度云图以及孔压云图如图 6.20、图 6.21 所示。

由初始饱和度云图（图 6.20）可知，在水位线位置以下，边坡饱和度为 1，随着边坡高度的上升，土体饱和度逐渐下降。由孔压云图（图 6.21）可知，水位线位置处，边坡孔压为 0，向下随着深度增加，孔压也在增大，向上随着边坡高度增加，孔压逐渐减小。通过计算，边坡表层的初始孔压为 -60kPa，饱和度为 0.56，天然含水率为 19.6%，与工程现场土体的实际天然含水率（20.6%）吻合。

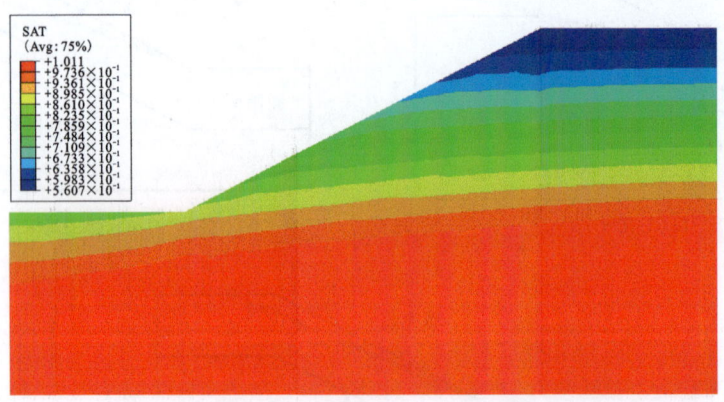

图 6.20　边坡初始饱和度云图

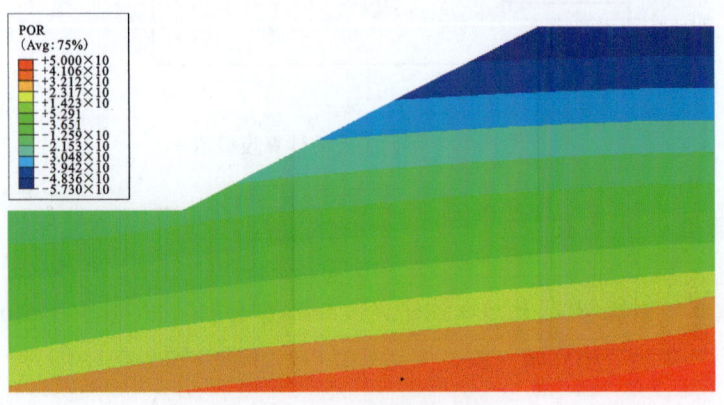

图 6.21　边坡初始孔压云图

6.3.3.2 边坡瞬态渗流场

降雨过程中,由于入渗作用,坡体的饱和度处在时刻变化的情况下,因此,绘出不同降雨时刻边坡整体的饱和度增量变化图如图 6.22 所示。

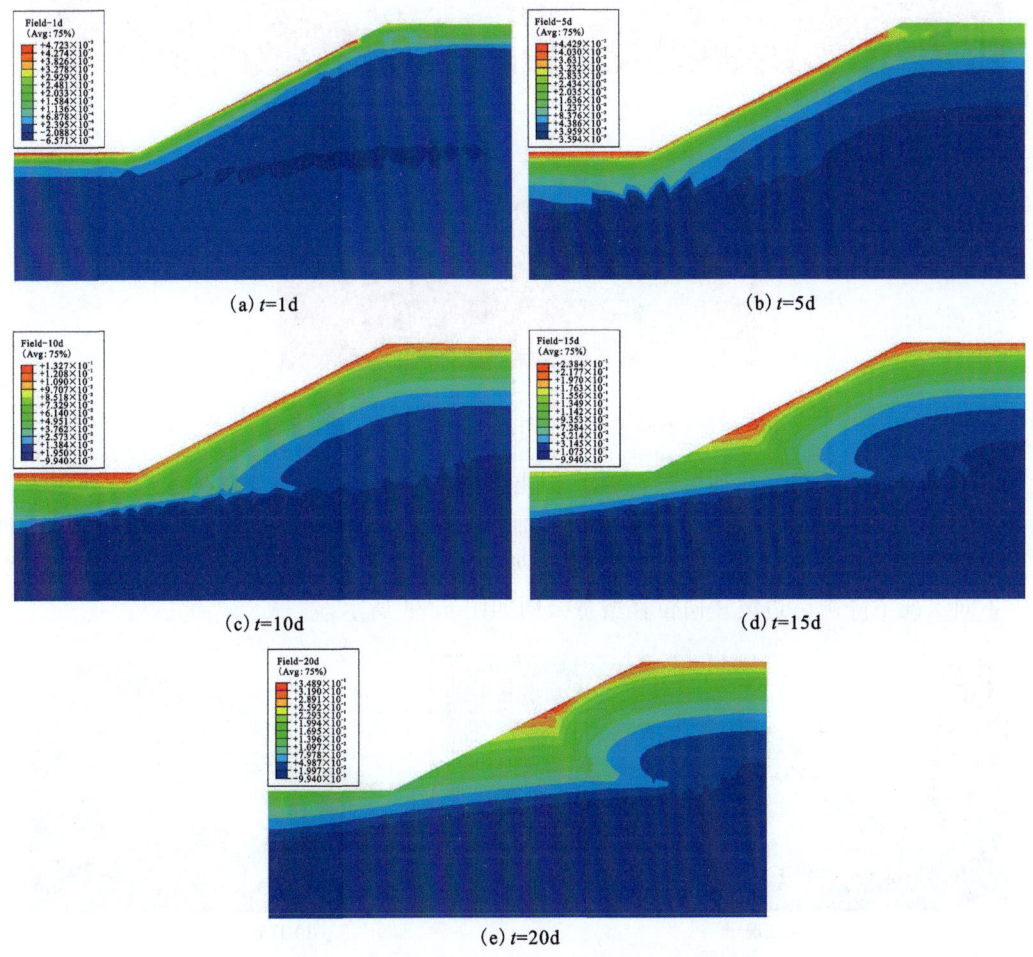

图 6.22 不同降雨时刻边坡整体的饱和度增量云图

由图 6.22 可知,在降雨的初期,边坡表层的饱和度快速增加,降雨 5d 后,降雨影响范围达到 2m 左右。随着降雨历时的继续增加,由于坡面的渗透率小于降雨流量,大量雨水通过径流汇集于坡底,导致坡脚首先达到饱和状态,坡脚处地下水位开始抬升,这种作用导致坡面的饱和度变化由坡脚向上慢慢推移,降雨结束后,边坡 2.5m 深度范围内的土体均受到了雨水入渗的影响,饱和度有不同程度的增加。

6.3.4 结构性裂隙赋存角度对膨胀土边坡的变形影响分析

6.3.4.1 不同工况下位移增量云图分析

不同工况下降雨后边坡水平位移增量云图如图 6.23 所示。

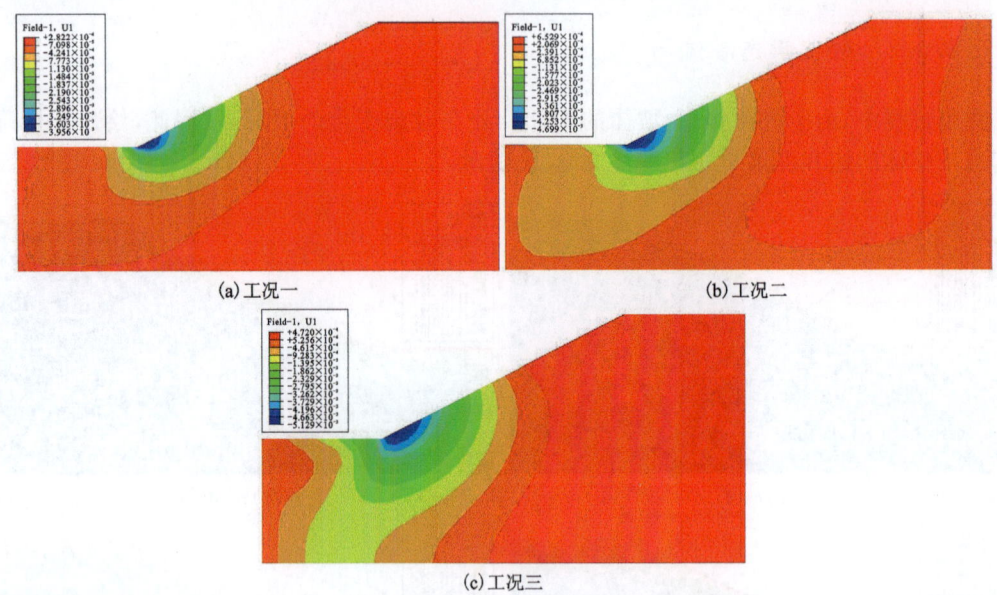

图 6.23　不同工况下降雨后边坡水平位移增量云图

由图 6.23 可知,对比 3 种工况,当填充夹层角度越大时,边坡表层整体水平位移越大,且整个坡体受到影响的范围越广。最终,吸湿膨胀及雨水在边坡表层的渗透作用使得边坡整体发生向下的滑移,随后演变成坡面下部向坡体外的水平变形,坡面上部向坡体内的水平变形。

不同工况下降雨后边坡竖向位移增量云图如图 6.24 所示。

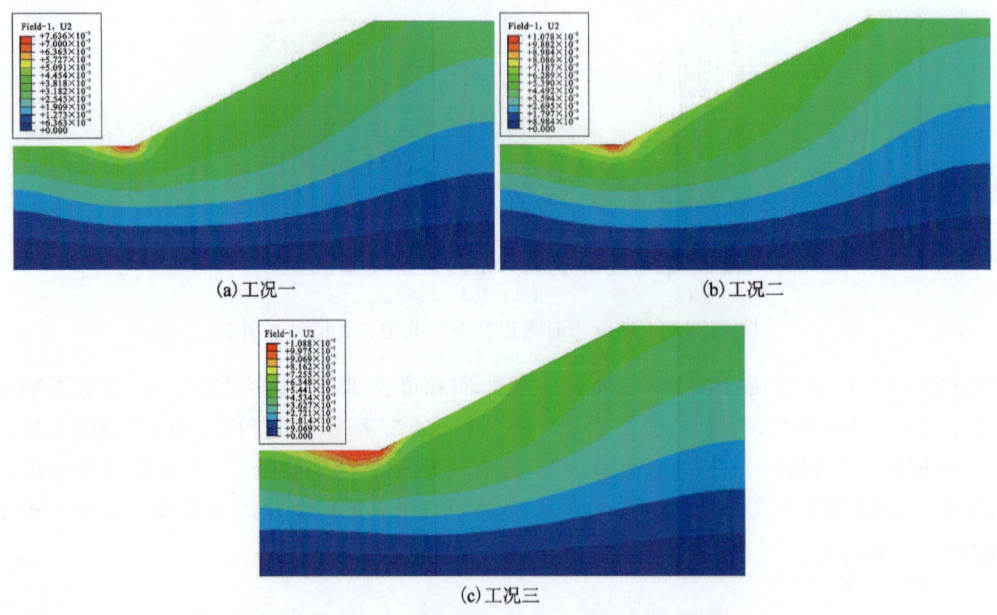

图 6.24　不同工况下降雨后边坡竖向位移增量云图

由图 6.24 可知,对比 3 种工况,当填充夹层角度越大时,边坡表层整体竖向位移越大,且整个坡体受到影响的范围越广。最终,在雨水径流汇水及吸湿膨胀作用下,边坡坡脚处竖向位移最大,坡肩最小。

6.3.4.2 不同工况下位移时程曲线图分析

绘制 3 种工况下边坡不同断面表层土体水平位移随降雨历时的变化关系曲线如图 6.25 所示。

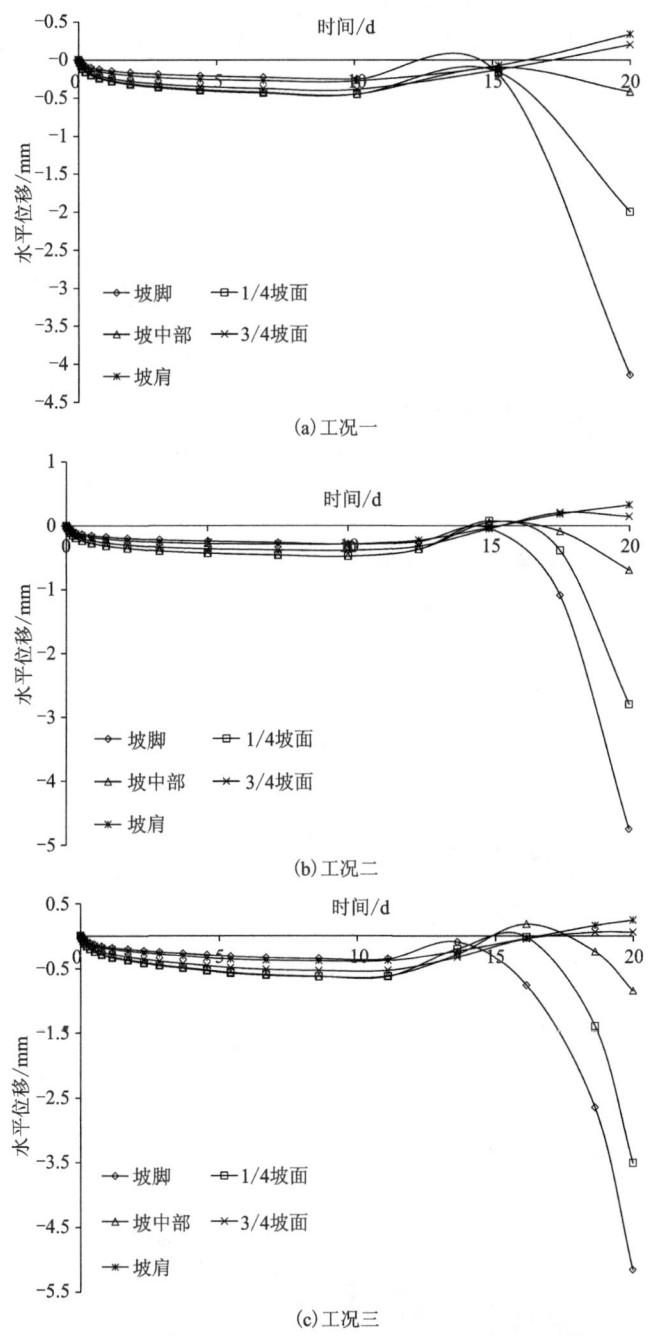

图 6.25 不同工况下边坡表层土体水平位移时程曲线

由图 6.25 可知,3 种工况下坡体各断面处的水平位移随降雨变化的时程曲线形态大致相似。在降雨初期,由于膨胀的作用,各断面水平位移均先快速增加,随后逐渐趋于平稳;在降雨中后期,土体的吸湿膨胀作用变弱,而边坡由于大量雨水侵入,水力渗流作用开始占主导地位,坡脚、1/4坡面与坡中部断面位置处又开始快速减小;随着降雨的影响,边坡土体及填充夹层强度逐渐降低,坡体从坡脚开始有下滑的趋势,此时各断面水平位移又开始快速增加。降雨结束后,坡脚的水平变形量最大,坡肩最小。

绘制3种工况下边坡不同断面表层土体竖向位移随降雨历时的变化关系曲线如图6.26所示。

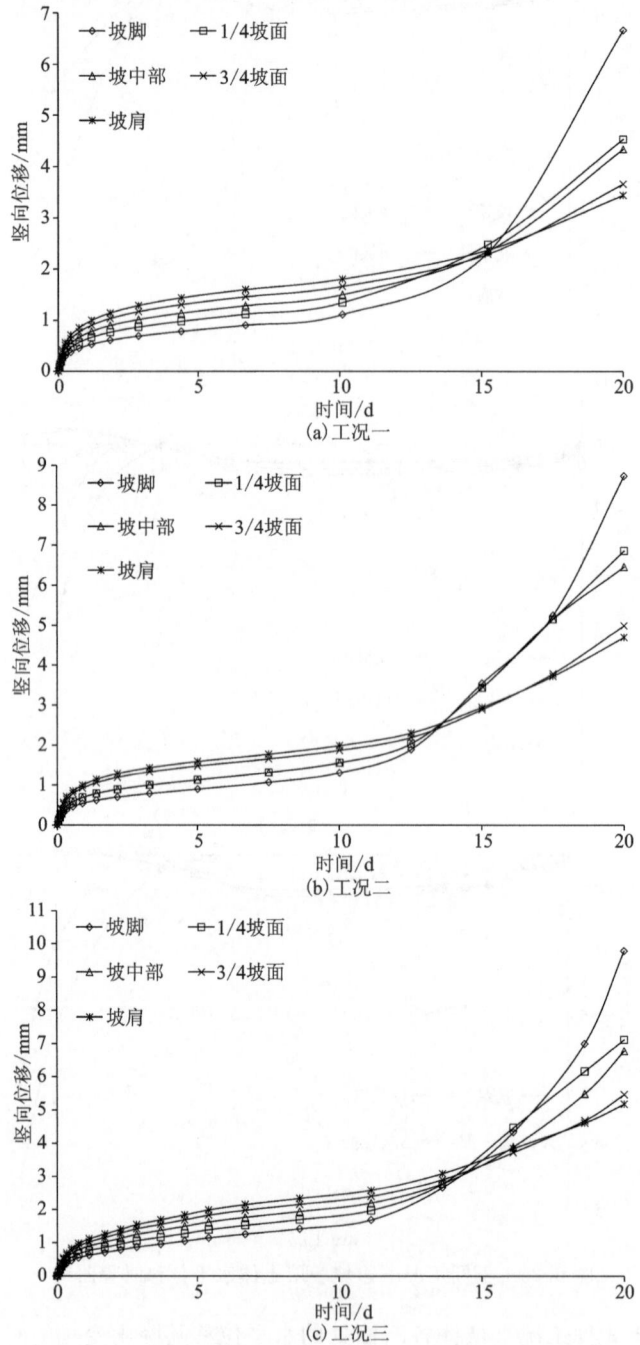

图6.26 不同工况下边坡表层土体竖向位移时程曲线图

由图 6.26 可知,3 种工况下坡体各断面处的竖向位移随降雨变化的时程曲线形态大致相似。在降雨初期,由于膨胀作用,各断面水平位移均先快速增加,随后逐渐趋于平稳;在降雨中后期,土体的吸湿膨胀作用变弱,而边坡由于大量雨水侵入,水力渗流作用开始占主导地位,且随着降雨的影响,边坡土体及填充夹层强度逐渐降低,坡体从坡脚开始有下滑的趋势,此时各断面竖向位移又开始快速增加。降雨结束后,坡脚竖向变形量最大,坡肩最小。

6.3.4.3 不同工况边坡表层土体位移曲线图对比分析

绘制 3 种工况下边坡表层土体水平及竖向位移对比如图 6.27 所示。

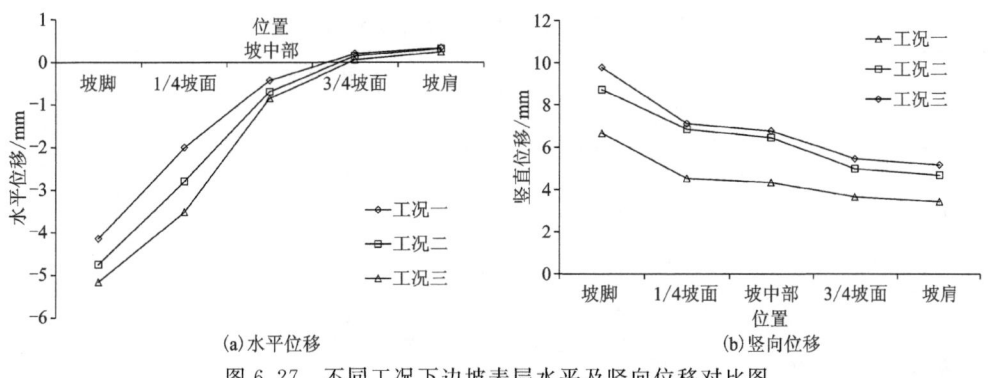

图 6.27 不同工况下边坡表层水平及竖向位移对比图

由图 6.27(a)可知,3 种工况均呈现了坡脚向外侧变形,逐渐过渡到坡肩向内侧变形。这是由于随着降雨的进行,雨水在边坡表层的渗透作用及填充夹层的软化作用使得边坡整体发生向下的滑移,最终演变成坡面下部向坡体外的水平变形,坡面上部向坡体内的水平变形。随着填充夹层角度的增大,边坡各断面表层水平位移均不断增加,坡脚处差异最明显,越靠近坡肩,3 种工况下的表层水平位移变化越小。水平位移随着坡面高度的增加,会快速减小,随后趋于缓慢。

由图 6.27(b)可知,随着填充夹层角度的增大,边坡各断面表层竖向位移均不断增加;竖向位移随着坡面高度的增加,会快速减小,随后趋于缓慢。

6.3.4.4 不同工况下各断面边坡表层位移关系分析

绘制 3 种工况下边坡各断面水平及竖向位移对比如图 6.28 所示。

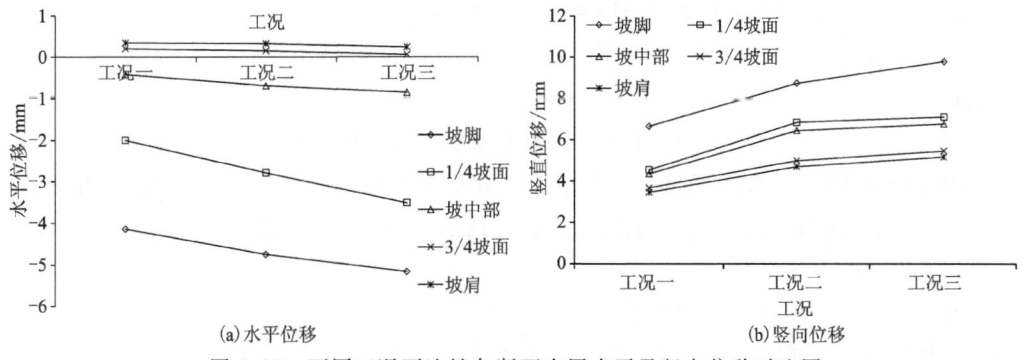

图 6.28 不同工况下边坡各断面表层水平及竖向位移对比图

由图 6.28(a)可知,不同工况下各断面最终水平位移基本呈线性关系,从坡脚到坡肩,线性关系的斜率逐渐变小。

由图 6.28(b)可知,不同工况坡脚处竖向位移关系大致为线性,其他断面的竖向位移关系曲线呈有明显拐点的二线性,这可能是由于工况一的高膨胀性填充夹层埋置较深,虽然降雨入渗可以影响到该位置,但不如其他两个工况填充夹层位置处含水率变化大,因此工况一在这些断面处的竖向位移要明显小一些;对比坡脚处,填充夹层均能够充分吸湿膨胀,且显示出较好的线性规律。

在降雨结束后,不同工况下,边坡坡面的位移量统计表见表 6.4。

表 6.4 不同工况下边坡表层位移对比

对比		位移/mm				
		坡脚	1/4 坡面	坡中部	3/4 坡面	坡肩
水平方向	工况一	−4.14	−2	−0.42	0.2	0.34
	工况二	−4.75	−2.79	−0.69	0.15	0.32
	工况三	−5.16	−3.51	−0.85	0.06	0.24
竖直方向	工况一	6.66	4.53	4.34	3.66	3.44
	工况二	8.73	6.85	6.45	4.99	4.69
	工况三	9.78	7.11	6.77	5.46	5.17

由表 6.4 可以看出,在降雨条件下,随着填充夹层越来越陡,边坡坡面各位置处变形变大。水平方向坡脚处由 −4.14mm 增加至 −5.16mm,竖直方向坡脚处由 6.66mm 增加至 9.78mm。填充夹层越陡,在各断面处埋深越浅,更容易在裂隙开展后受到大气营力与雨水入渗的影响,其吸湿后的强度降低以及非均匀膨胀产生的剪应力,会对边坡变形及稳定性造成更大的影响,此时边坡最容易发生失稳滑坡。

6.4 渗流作用对膨胀土边坡变形的作用机理分析

本章通过对均质及含结构性裂隙的膨胀土边坡在降雨条件下的变形数值计算可以发现,雨水在土体内的渗流作用对边坡的变形有很大的影响。

(1)雨水通过裂隙快速进入边坡内部,边坡的临空面及裂隙开展面吸水后快速膨胀,裂隙面逐渐闭合。

(2)由于膨胀土在干燥情况下的渗透系数非常低,其与饱和状态的渗透系数差一个数量级以上,而随着土体的吸水膨胀导致的孔隙比增大及饱和度的升高,土体渗透系数开始增大,当表层土体基本完成膨胀后,此时的渗透系数达到最大,边坡内的渗流作用开始逐渐影响边坡表层土体的变形。

(3)综合第 4 章的分析,结构性裂隙饱和后极低的强度、上覆土体的重力作用、裂隙开展与分布等因素一直对膨胀土边坡的变形及稳定性起重要作用,这些被称为"全过程因素"。在降雨前期，边坡变形除了受"全过程因素"影响外，还主要受赋存膨胀土之间的膨胀性差异导致的剪应力、雨水充满裂隙产生的静水压力等因素的影响，这些因素被称为"前期主导因素"；而在降雨后期，边坡变形除了受"全过程因素"影响外，还主要受渗流作用的影响，这些因素被称为"后期主导因素"。这些因素之间相互作用、相互影响，最终造成了膨胀边坡的变形以及失稳破坏。

6.5 小结

本章基于前文提出的考虑湿胀软化效应的膨胀土边坡渗流-变形半解耦有限元分析方法，开展了降雨条件下，均质膨胀土边坡以及考虑不同角度的结构性裂隙对膨胀土边坡的变形影响数值计算，分析了结构性裂隙赋存角度对膨胀土边坡变形的影响规律，进一步揭示了渗流作用对边坡变形的作用机理。得到的主要结论如下。

（1）通过对降雨条件下均质膨胀土边坡进行变形数值模拟，得到的模拟计算结果与工程实际吻合，进一步验证了考虑湿胀软化效应的膨胀土边坡有限元分析方法的可行与高效，而且说明了膨胀土的膨胀性是边坡容易发生塌落，进而呈牵引式逐级向上发展而导致自身失稳的重要因素之一。

（2）填充夹层越陡，在各断面处埋深越浅，更容易在裂隙开展后受到大气营力与雨水入渗的影响，其吸湿后的强度降低以及非均匀膨胀产生的剪应力，会对边坡变形及稳定性造成更大的影响，此时边坡最容易发生失稳滑坡。

（3）分析了相关影响因素对膨胀土边坡变形的作用机理，在降雨前期，边坡变形除了受"全过程因素"影响外，还主要受赋存膨胀土之间的膨胀性差异导致的剪应力、雨水充满裂隙产生的静水压力等因素的影响；而在降雨后期，边坡变形除了受"全过程因素"影响外，主要受渗流作用的影响。这些因素之间相互作用、相互影响，最终造成了膨胀边坡的变形以及失稳破坏。

7 结论与展望

7.1 主要结论

本书改进了胀缩仪构件的连接方式,提高了仪器测量的精度与准确性,并据此对合肥重塑膨胀土样进行控制应变的膨胀力试验,探究了膨胀土各初始条件对膨胀力大小与各向异性的影响以及膨胀力与变形之间的关系规律;基于测定的不同初始干密度土样的土水特征曲线及吸湿曲线,构建了含侧限情况下,考虑湿胀效应的吸力-初始干密度-含水率的 SWCC 本构模型;基于相似理论,建立了含结构性裂隙的膨胀土边坡模型,根据降雨过程中模型的表征、监测数据与试验结果,研究了吸湿条件下结构性裂隙对膨胀土边坡的位移以及含水率变化特征与发展规律的影响,揭示了结构性裂隙对膨胀土边坡变形的控制作用与致灾机理;基于 Abaqus 有限元软件自带的修正剑桥模型,通过子程序的二次开发,将吸力变化对非饱和土屈服面起控制作用的修正 Alonso 模型编入程序,结合土体吸湿膨胀模型,构建了考虑湿胀软化效应的膨胀土边坡渗流-变形半解耦有限元分析方法。通过该有限元分析方法,开展了降雨条件下,均质膨胀土边坡以及考虑不同角度的结构性裂隙对膨胀土边坡的变形影响数值计算。探究了膨胀土边坡变形失稳各阶段的主导因素,进一步揭示了结构性裂隙对边坡变形的作用机理。主要结论如下。

(1)改进了三向胀缩仪,通过压力传感器与承压活塞固定使活塞悬空,将调整螺杆和活塞连接到一起的方式,消除活塞与框架侧壁的大部分摩擦,极大地减少了误差,提高了三向膨胀力试验的准确性。

(2)同一干密度下竖向膨胀力随初始含水率增大而减小,竖向膨胀力与初始含水率之间具有良好的线性关系;干密度越大,竖向膨胀力随着初始含水率的变化速率越大;在竖向膨胀力与干密度的关系图中每条曲线均以干密度 $1.6g/cm^3$ 为分界点呈双线性规律;不同初始含水率下的 $\ln(P_z)$-ρ_d 关系为一系列近似平行的递增直线,且膨胀力随初始干密度的变化速度不随含水率的变化而变化。

(3)R_0 随着试样初始含水率与干密度的不同而不同,变化范围在 $0.525\sim0.904$ 之间;在相同的初始含水率下,R_0 会随着干密度的增大而增大,这说明,随着试样干密度的增大,土样的各向异性特性减弱。

(4)控制竖向变形的膨胀力变化曲线与控制侧向变形的水平膨胀力曲线变化趋势相似,同样是微小的形变就能导致膨胀力的大幅减小,并且应变越小时,膨胀力衰减速率越快。相同初始含水量的情况下,释放土样的竖向位移,此时无论土样的水平向还是垂直向的膨胀力衰减值均随着初始干密度的增大而增大。释放土样的水平位移,此时土样的水平向膨胀力衰减值均随着初始干密度的增大而增大;在初始干密度相同的情况下,释放土样的水平位移,此时土样水平向的膨胀力衰减值均随着初始含水量的增大而减小。

(5)当土水特征曲线用含水率与吸力关系表示时,吸力会随着含水率的减小而增大,且试样干密度的减小会使特征曲线向右上移动。吸力相同时,干密度越大的土样对应的含水率越小;含水率相同时,干密度越小的土样对应的基质吸力越大。当土水特征曲线用饱和度与吸力关系表示时,吸力会随着饱和度的减小而增大,且试样干密度的增大会使特征曲线向右上移动。吸力相同时,干密度越大的土样对应的饱和度越大;饱和度相同时,干密度越大的土样对应的基质吸力也越大。

(6)土水特征曲线中的进气值会随着初始孔隙比的增大先缓慢增大,然后增大速度变快。土体的吸湿曲线大致可以分为快速增大、缓慢增大、趋于稳定3个阶段,即增湿的初期,土样快速吸湿膨胀,土体孔隙比迅速增大,当含水率增大到4%左右时,曲线开始变缓,随着含水率的继续增加,土样膨胀逐渐减小直至为0。

(7)构建了两类SWCC本构模型:UN-EX模型与IRSM-SSI模型。前者适用于土体吸水不产生或微膨胀的土体,该模型可以通过已知初始孔隙比推导出相应的土水特征曲线;后者可以表达侧限约束下,土体吸湿膨胀过程中的土水特征曲线,该模型在三维空间内为基质吸力与饱和度在土体干密度不断减小过程中的"S"形动态变化关系曲面。

(8)渗流场时程曲线呈现"启动—快速增长—缓慢增长—趋于稳定"的形态,在入渗初始阶段,含水率增长很快,随深度增加,土体含水率变化表现出明显的滞后性。各断面处夹层含水率的变化幅度基本是随着埋深的增加而减小的,降雨入渗影响土体范围基本在10~20cm深度之间。

(9)边坡吸湿变形经历启动、快速增长、缓慢增长、趋于稳定4个阶段。竖向位移量最大部位发生在坡底处;水平位移量坡底最小。在25~50mm降雨量之间,坡脚与1/4坡高处的结构性裂隙含水率均已接近饱和,此时结构性裂隙强度变得非常低,导致了该处的水平位移有一次很大的变化。

(10)边坡变形与土体含水率提高有关,累积含水率增量越大,表面变形也越大,竖向变形受此规律影响更为显著,竖向变形与土体平均含水率增量基本呈线性关系。

(11)结构性裂隙对膨胀土边坡失稳的控制作用,是由其饱和后极低的强度、与赋存膨胀土之间的膨胀性差异导致的剪应力、雨水充满裂隙产生的静水压力、上覆土体的重力作用及裂隙开展与分布等因素综合影响决定的。

(12)通过三轴试样数值模拟,验证了修正Alonso模型的准确性。随着土样孔隙比的加大,土样的应力应变曲线从应变硬化型逐渐过渡为应变软化型,孔隙比越小,越容易发生剪胀现象;围压越大,土样破坏时的轴向应变越大,试样的体积收缩越大。随着围压的增大,土样的应力应变曲线从应变软化型逐渐过渡到应变硬化型;围压相同时,吸力越小,土体的屈服点越高。

(13)通过降雨条件下均质膨胀土边坡的变形数值模拟,可知该计算结果与工程实际吻合,进一步验证了考虑湿胀软化效应的膨胀土边坡有限元分析方法的可行与高效,而且说明了膨胀性是边坡容易发生塌落,进而呈牵引式逐级向上发展而导致自身失稳的重要因素之一。

(14)填充夹层越陡,在各断面处埋深越浅,更容易在裂隙开展后受到大气营力与雨水入渗的影响,其吸湿后的强度降低以及非均匀膨胀产生的剪应力,会对边坡变形及稳定性造成更大的影响,此时边坡最容易发生失稳滑坡。

(15)进一步分析了相关影响因素对膨胀土边坡变形的作用机理,发现在降雨前期,边坡变形除了受"全过程因素"影响外,还主要受赋存膨胀土之间的膨胀性差异导致的剪应力、雨水充满裂隙产生的静水压力等因素的影响;而在降雨后期,边坡变形除了受"全过程因素"影响外,主要受渗流作用的影响。这些因素之间相互作用、相互影响,最终造成了膨胀边坡的变形以及失稳破坏。

7.2 主要创新点

(1)改进并消除了三向胀缩仪中活塞与框架侧壁的大部分摩擦,提高了仪器测量的精度与准确性;对不同初始条件的重塑膨胀土样开展了控制应变的膨胀力试验,探究了各因素对膨胀力大小的影响,分析了试样各向异性的机理,揭示了膨胀力与变形之间的关系规律。

(2)基于不同干密度下土样的土水特征曲线及吸湿膨胀曲线,构建了两类 SWCC 本构模型:UN-EX 模型与 IRSM-SSI 模型。前者可以通过已知初始孔隙比推导出相应的土水特征曲线;后者可以表达侧限约束下,土体吸湿膨胀过程中的土水特征曲线。

(3)基于对实际工程中结构性裂隙的赋存形态及力学参数的调研情况,设计并建立了含结构性裂隙的膨胀土边坡室内模型,开展了该模型在控制降雨条件下的吸湿变形试验,阐明了边坡含水率与变形的时空变化规律,分析了两者的耦合作用模式,揭示了结构性裂隙控制作用下导致的膨胀土边坡失稳破坏机理。

(4)基于 Abaqus 有限元软件自带的修正剑桥模型,通过子程序的二次开发,将修正 Alonso 模型及土体吸湿膨胀模型嵌入程序,提出了考虑湿胀软化效应的膨胀土边坡渗流-变形半解耦有限元分析方法。

(5)通过构建的有限元分析方法,开展了降雨条件下,均质膨胀土边坡以及含不同角度结构性裂隙膨胀土边坡的渗流-变形数值模拟,分析了结构性裂隙赋存角度对膨胀土边坡变形的影响规律,进一步揭示了渗流作用对边坡变形的作用机理。

7.3 展望

本书针对膨胀土中结构性裂隙导致的工程上易发、多发、灾害影响大的边坡失稳问题,通过室内试验、模型试验与数值模拟等手段,重点考虑膨胀土的吸湿变形和强度软化效应,完成了全耦合修正 Alonso 模型的数值实现,并基于此结合解耦的土体吸湿膨胀模型,提出了膨胀土边坡半解耦有限元分析方法,揭示了结构性裂隙对膨胀土边坡失稳破坏的作用模式与控制机理。然而,由于膨胀土灾变模式的特殊性与复杂性,因其渗流特性、膨胀特性以及赋存的长大结构性裂隙引发的边坡失稳破坏的机理,还需要得到更为深入的研究,综合考虑多种因素的边坡渗流变形耦合分析方法也需进一步完善,基于此,做出以下几点展望。

(1)采用"三向胀缩仪"进行含填充夹层(不同厚度、角度等)的膨胀土膨胀力试验,探究填充夹层的赋存角度、厚度以及它们与膨胀土之间膨胀性的差异引起的三向膨胀力变化规律。

(2)开展不同围压与吸力模式下的各向等压固结、吸湿膨胀以及剪切等非饱和三轴试验,基于相关的试验结果对现有的膨胀土本构模型(如 G-A 模型、Alonso 模型等)进行改进。

(3)采用有限元软件的二次开发模块,对改进后的膨胀土本构模型进行编程,提出全耦合的有限元分析方法,该方法的实现可以极大地提高有限元计算的精度与准确性。

(4)在后续的对膨胀土边坡失稳破坏机理的研究中,还需考虑土体卸荷回弹、裂隙开展等因素对边坡变形的影响。

参 考 文 献

[1] 李斌. 膨胀土地区[M]. 北京:人民交通出版社,1993.
[2] 刘特洪. 工程建设中的膨胀土问题[M]. 北京:中国建筑工业出版社,1997.
[3] 廖世文. 膨胀土与铁路工程[M]. 北京:中国铁道出版社,1984.
[4] 程展林,龚壁卫. 膨胀土边坡[M]. 北京:科学出版社,2015.
[5] 谭罗荣,孔令伟. 特殊岩土工程土质学[M]. 北京:科学出版社,2006.
[6] 陈生水,郑澄锋,王国利. 南膨胀土边坡长期强度变形特性和稳定性研究[J]. 岩土工程学报,2007,29(6):795-799.
[7] 徐斌,殷宗泽,刘述丽. 膨胀土强度影响因素与规律的试验研究[J]. 岩土力学,2011,32(1):44-50.
[8] LUO Z,ATAMTURKTUR S,CAI Y,et al. Reliability analysis of basal-heave in a braced excavation in a 2-D random field[J]. Computers and Geotechnics,2012,39:27-37.
[9] 陈孚华. 膨胀土上的基础[M]. 北京:中国建筑工业出版社,1979.
[10] 李生林,施斌. 中国膨胀土工程地质研究[M]. 南京:江苏科学技术出版社,1992.
[11] 冷挺,唐朝生,徐丹,等. 膨胀土工程地质特性研究进展[J]. 工程地质学报,2018,26(1):112-128.
[12] 王钊,刘祖德,陶建生. 鄂北岗地的膨胀土和渠道[C]//中国土木工程学会土力学基础工程学会,长江水利委员会长江科学院,加拿大国际开发研究中心,加拿大沙士卡齐温大学. 中加非饱和土学术研讨会论文集. 武汉水利电力大学,湖北省水利学会,1994:8.
[13] 陈新苗. 引江济淮膨胀土工程特性研究[J]. 合肥工业大学学报(自然科学版),2009,32(7):1072-1075.
[14] 李青云,程展林,龚壁卫,等. 南水北调中线膨胀土(岩)地段渠道破坏机理和处理技术研究[J]. 长江科学院院报,2009(11):1-9.
[15] 蔡耀军. 膨胀土渠坡破坏机理及处理措施研究[J]. 人民长江,2011(22):5-9.
[16] 姚海林,郑少河,葛修润,等. 裂隙膨胀土边坡稳定性评价[J]. 岩石力学与工程学报,2002,21(S2):2331-2335.
[17] 殷宗泽,徐彬. 反映裂隙影响的膨胀土边坡稳定性分析[J]. 岩土工程学报,2011,33(3):454-459.
[18] ALLAM M M,SRIDHARAM S. Effect of wetting and drying on shear strength[J]. Journal of Geotechnical Engineering,1981,120(4):421-438.
[19] ROBERT W D. Swell-shrink behavior of compacted clay[J]. Journal of Geotechnical

Engineering,1994,120(3):618-623.

[20] 刘特洪. 长江流域膨胀土工程地质特征及工程处理[J]. 人民长江,2005(3):13-15.

[21] 谭波,郑健龙. 考虑次生裂隙结构面发育条件下的膨胀土边坡稳定分析[J]. 桂林理工大学学报,2010,30(4):561-565.

[22] 周德贤. 成都地区膨胀土物理力学性质分析探讨[J]. 岩土工程与地下工程,2012,32(4):110-112.

[23] 陈伟志. 弥勒原状膨胀土物理力学参数与固结特性[J]. 中南大学学报(自然科学版),2014,45(6):1908-1915.

[24] 刘进. 简析苏丹部分地区膨胀土物理力学性质[J]. 资源环境与工程,2015,29(3):330-332.

[25] SEED H B,CHAN C K. Structure and strength characteristics of compacted clay[J]. Proceedings of the American Society of Civil Engineers,1959,85(5):87-128.

[26] SHI B,WU Z,YANG H,et al. Preparation of soil specimens for SEM analysis using freeze-cut-drying[J]. Bulletin of Engineering Geology and the Environment,1999,58(1):1-7.

[27] 柏立懂. 合徐合安高速公路膨胀土的矿物化学成分及微结构的研究[D]. 合肥:合肥工业大学,2005.

[28] 戴张俊,陈善雄,罗红明,等. 南水北调中线膨胀土/岩微观特征及其性质研究[J]. 岩土工程学报,2013,35(5):948-954.

[29] 马桂芝. 应用塑性图对陕西特别土的判别[J]. 西安地质学院学报,1995,17(2):87-89.

[30] 谭罗荣,张梅英,邵梧敏,等. 风干含水量65W用作膨胀土判别分类指标的可行性研究[J]. 工程地质学报,1994,2(1):15-26.

[31] 吕海波,赵艳林. 自适应模糊神经网络在膨胀土胀缩等级分类中的应用[J]. 岩土力学,2006,27(6):908-912.

[32] 陈新民,李生林. 膨胀土判别与分类的灰关联分析法[J]. 岩土力学,1996,17(4):30-34.

[33] 宫凤强,李夕兵. 膨胀土胀缩等级分类中的距离判别分析法[J]. 岩土工程学报,2007,29(3):463-466.

[34] 郭昱魁,熊友山,姚海林,等. 模糊数学在当宜高速公路膨胀土判别和分类中的应用[J]. 岩土力学,1999,20(3):61-65.

[35] 马文涛. 支持向量机在膨胀土分类中的应用[J]. 岩土力学,2005,26(11):1790-1792.

[36] 冯玉国. 用物元分析法判别膨胀土胀缩等级[J]. 勘察科学技术,1996(4):28-31.

[37] 卢国斌,张瑾. 膨胀土胀缩等级分类的Fisher分析判别[J]. 辽宁工程技术大学学报(自然科学版),2013,32(11):1476-1479.

[38] 周立新,黄晓波,常书义,等. 膨胀土的判别与分类方法研究[J]. 工程勘察,2008(S2):30-33.

[39] 余颂. 膨胀土判别与分类指标及方法研究[D]. 武汉:中国科学院武汉岩土力学研究

所,2006.

[40] 陈善雄,余颂,孔令伟,等. 膨胀土判别与分类方法探讨[J]. 岩土力学,2005(12): 1895-1900.

[41] 胡瑾,王保田,张文慧. 无荷和有荷条件下膨胀土变形规律研究[J]. 岩土工程学报, 2011,33(1):335-338.

[42] 刘斯宏,汪易森,朱克生,等. 有荷条件下南阳膨胀土强度试验及其应用[J]. 水利学报,2010,41(3):361-367.

[43] POULOS H G, DAVIS E H. Foundation analysis and design[M]. New York: John Wiley & Sons, 1980.

[44] HERBERT H J, MOOG H C. Untersuchungen zur Quellung von Bentoniten in hochsalinen Lösungen: Abschlussbericht[M]. Berlin: Braunschweig GRS, 2002.

[45] KOMINE H, OGATA N. Prediction for swelling characteristics of compacted bentonite[J]. Canadian Geotechnical Journal, 1996, 33(1):11-22.

[46] GRAY M N, CHEUNG S C, DIXON D A. Influence of sand content on swelling pressures and structure developed in statically compacted Na-bentonite[R]. Mississauga: Atomic Energy of Canada Limited, 1984.

[47] KANNO T, WAKAMATSU H. Moisture adsorption and volume change of partially saturated bentonite buffer materials[J]. MRS Online Proceedings Library, 1992, 294:425-430.

[48] HUERTAS F, FUENTES-CANTILLANA J L, JULLIEN F, et al. Full-scale engineered barriers experiment for a deep geological repository for high-level radioactive waste in crystalline host rock (FEBEX Project)[R]. Brussels: European Commission, 2000.

[49] PUSCH R. Mineral-water interactions and their influence on the physical behavior of highly compacted Na bentonite[J]. Canadian Geotechnical Journal, 1982, 19(3):381-387.

[50] 叶为民. 高压实高庙子膨润土 GMZ01 的膨胀力特征[J]. 岩石力学与工程学报, 2007,26(2):3861-3865.

[51] 周葆春,孔令伟,郭爱国. 荆门弱膨胀土的胀缩与渗透特性试验研究[J]. 岩土力学, 2011,32(2):424-429.

[52] 李志清,余文龙,付乐,等. 膨胀土胀缩变形规律与灾害机制研究[J]. 岩土力学, 2010,31(2):270-275.

[53] 邹维列,陈轮,谢鹏,等. 重塑膨胀土非线性强度特性及一维固结浸水膨胀应力-应变关系[J]. 岩土力学,2012,33(2):59-64.

[54] 黄斌,饶锡保,王章琼,等. 考虑状态含水率和密度的膨胀土膨胀模型试验研究[J]. 岩土力学,2011,32(1):397-402.

[55] AI-HOMOUD A S. Cyclic swelling behavior of clays[J]. Journal of Geotechnical Engineering, 1995(7):562-566.

[56] 杨和平,肖夺. 干湿循环效应对膨胀土抗剪强度的影响[J]. 长沙理工大学报(自然科学版),2005,2(2):1-6.

[57] 杨和平,张锐,郑健龙.荷条件下膨胀土的干湿循环胀缩变形及强度变化规律[J].岩土工程学报,2006,28(11):1936-1941.

[58] 查甫生.膨胀土的循环胀缩特性试验研究[J].合肥工业大学学报(自然科学版),2009,32(3):399-402.

[59] 唐朝生,施斌.干湿循环过程中膨胀土的胀缩变形特征[J].岩土工程学报,2011,33(9):1376-1384.

[60] 曾召田,刘发标,吕海波,等.干湿交替环境下膨胀土变形试验研究[J].水利与建筑工程学报,2015,13(3):72-76.

[61] DIDIER G,LAREAL P,GIELLY J. Prediction of potential and swelling pressures of soils[J]. International Journal of Rock Mechanics and Mining Sciences,1975,12(2):A22.

[62] 刘祖德,王园.膨胀土浸水三向变形研究[J].武汉水利电力大学学报,1994,27(6):616-621.

[63] AVSAR E,ULUSAY R,SONMEZ H. Assessments of swelling anisotropy of Ankara clay[J]. Engineering Geology,2009,105(1/2):24-31.

[64] 张颖钧.三向胀缩特性仪的研制[J].路基工程,1990(5):53-58.

[65] 张颖钧.裂土三向胀缩性的室内研究[J].大坝观测与土工测试,1990(1):13-22.

[66] 谢云,陈正汉,李刚,等.南阳膨胀土三向膨胀力规律研究[J].后勤工程学院学报,2006(1):11-14.

[67] 谢云,陈正汉,孙树国,等.重塑膨胀土的三向膨胀力试验研究[J].岩土力学,2007(8):1636-1642.

[68] 秦冰,陈正汉,刘月妙,等.高庙子膨润土 GMZ001 三向膨胀力特性研究[J].岩土工程学报,2009,31(5):756-763.

[69] 谭波,郑健龙,张锐.宁明膨胀土三向胀缩规律室内试验研究[J].公路交通科技,2014,31(4):1-6.

[70] 杨长青,董东,谭波,等.重塑膨胀土三向膨胀变形试验研究[J].工程地质学报,2014,22(2):188-195.

[71] 邹越强,李永康,助孟新.膨胀土侧压力研究[J].合肥工业大学学报(自然科学版),1993,16(3):109-114.

[72] 殷宗泽.土的侧膨胀性及其对土石坝应力变形的影响[J].水利学报,2000(7):49-55.

[73] 朱志铎,刘松玉.非饱和膨胀土的主动土压力分析[J].公路交通科技,2001,18(5):8-10.

[74] 欧孝夺,唐迎春,钟子文,等.重塑膨胀岩土微变形条件下膨胀力试验研究[J].岩石力学与工程学报,2013,32(5):1067-1072.

[75] 张锐,刘正楠,郑健龙,等.膨胀土侧向膨胀力及其对重力式挡墙的作用[J].中国公路学报,2018,31(2):171-180.

[76] STANNARD D I. Tensiometers-theory, construction, and use[J]. Geotechnical Testing Journal,1992,15(1):48-58.

[77] BOCKING K A,FREDLUND D G. Limitations of the axis translation technique

[C]//Proceedings of the 4th International Conference on Expansive Soils,1980,117-135.

[78]FREDLUND D G,WONG D K H. Calibration of thermal conductivity sensors for measuring soil suction[J]. Geotechnical Testing Journal,1989,12(3):188-194.

[79]HOUSTON S L,HOUSTON W N,WAGNER A. Laboratory filter paper suction measurements[J]. Geotechnical Testing Journal,1994,17(2):185-194.

[80]ALBRECHT B A,BENSON C H,BEURMANN S. Polymer capacitance sensors for measuring soil gas humidity in drier soils[J]. Geotechnical Testing Journal,2003,23(1):3-11.

[81]孔令伟,周葆春,白颢,等.荆门非饱和膨胀土的变形与强度特性试验研究[J].岩土力学,2010,31(10):3036-3042.

[82]周葆春,孔令伟,陈伟,等.荆门膨胀土土水特征曲线特征参数分析与非饱和抗剪强度预测[J].岩石力学与工程学报,2010,29(5):1052-1059.

[83]戴张俊.考虑湿胀软化效应的膨胀土边坡变形与稳定性分析[D].武汉:中国科学院武汉岩土力学研究所,2014.

[84]ZHAN Y L T,CHEN P,NG C W W. Effect of suction change on water content and total volume of an expansive clay[J]. Journal of Zhejiang University-SCIENCE A,2007,8(5):699-706.

[85]BULUT R,LYTTON R L,WARREN W K. Soil suction measurement by filter paper—Expansive clay soils and vegetative influence on shallow foundations [C]// Proceedings of Geo-Institute Shallow Foundation and Soil Properties,Committee Sessions at the ASCE 2001 Civil Enqineering Conference,Houston,Texas: Geotechnical Special Publication No. 115.

[86] MCQUEEN I S,MILLER R F. Calibration and evaluation of a wide-range gravimetric method for measuring moisture stress[J]. Soil Science,1968,106(3):225-231.

[87]孙德安,孟德林,孙文静,等.两种膨润土的土水特征曲线[J].岩土力学,2011,32(4):973-978.

[88]孙德安,张俊然,吕海波.全吸力范围南阳膨胀土的土水特征曲线[J].岩土力学,2013,34(7):1839-1846.

[89]谭晓慧,余伟,沈梦芬,等.土水特征曲线的试验研究及曲线拟合[J].岩土力学,2013,34(S2):51-56.

[90]白福青,刘斯宏,袁骄.滤纸法测定南阳中膨胀土土水特征曲线试验研究[J].岩土工程学报,2011,33(6):928-933.

[91]BROOKS R H,COREY A T. Hydraulic properties of porous media[J]. Hydrology Paper,1964(3):63-214.

[92]VAN GENUCHTEN M T. A closed-form equation for predicting the hydraulic conductivity of unsaturated soils[J]. Soil Science Society of America Journal,1980,44(5):892-898.

[93]FREDLUND D G,XING A. Equations for the soil-water characteristic curve[J].

Canadian Geotechnical Journal,1994,31(4):521-532.

[94]周葆春,张彦钧,冯冬冬,等.荆门非饱和压实膨胀土的吸力特征及其本构方程[J].岩石力学与工程学报,2013,32(2):385-392.

[95]STANGE C F,HOM R. Modeling the soil water retention curve for conditions of variable porosity[J]. Vadose Zone Journal,2005,4(3):602-613.

[96]SALAGER S,El YOUSSOUFI M S,SAIX C. Definition and experimental determination of a soil-water retention surface[J]. Canadian Geotechnical Journal,2010,47(6):609-622.

[97]张雪东,赵成刚,蔡国庆,等.土体密实状态对土水特征曲线影响规律研究[J].岩土力学,2010,31(5):1463-1468.

[98]CHILDS E C,COLLIS-GEORGE N. The permeability of porous materials[J]. Proceedings of the Royal Society A,1950,201:392-405.

[99]ZHOU A N,SHENG D,CARTER J P. Modelling the effect of initial density on soil-water characteristic curves[J]. Géotechnique,2012,62(8):669-680.

[100]邵明安,吕殿青,付晓莉,等.土壤持水特征测定中质量含水量、吸力和容重三者间定量关系Ⅰ.填装土壤[J].土壤学报,2007,44(6):1003-1009.

[101]付晓莉,邵明安,吕殿青.土壤持水特征测定中质量含水量、吸力和容重三者间定量关系Ⅱ.原状土壤[J].土壤学报,2008(1):50-55.

[102]ZHOU A N,SHENG D,LI J. Modelling water retention and volume change behaviours of unsaturated soils in non-isothermal conditions[J]. Computers and Geotechnics,2014,55:1-13.

[103]谭晓慧,辛志宇,沈梦芬,等.湿胀条件下合肥膨胀土土-水特征研究[J].岩土力学,2014,35(12):3352-3360.

[104]FREDLUND D G,SHENG D C,ZHAO J D. Estimation of soil suction from the soil-water characteristic curve[J]. Canadian Geotechnical Journal,2011,48:186-198.

[105]SILLERS W S,FREDLUND D G. Statistical assessment of soil-water characteristic curve models for geotechnical engineering[J]. Canadian Geotechnical Journal,2001,38:1297-1313.

[106]KRISDANI H,RAHARDJO H,LEONG E C. Effects of different drying rates on shrinkage characteristics of a residual soil and soil mixtures[J]. Engineering Geology,2008,102:31-37.

[107]BOVIN P,GARINER P,VAUCLIN M. Modeling the soil shrinkage and water retention curves with the same equations[J]. Soil Science Society of America Journal,2006,70:1082-1093.

[108]PENG X,DORNER J,ZHAO Y,et al. Shrinkage behavior of transiently and constantly-loaded soils and its consequences for soil moisture release[J]. European Journal of Soil Science,2009,60:681-694.

[109]GOULD SJF,KODIKARA J,RAJEEV P,et al. A void ratio-water content-net

stress model for environmentally stabilized expansive soils[J]. Canadian Geotechnical Journal,2011,48:867-877.

[110]辛志宇,谭晓慧,王雪,等.膨胀土增湿过程中吸力-孔隙比-含水率关系[J].岩土工程学报,2015,37(7):1195-1203.

[111]RAFAEL C G,RICHARD E W,STEVEN L E,Digital image processing using Matlab[M].State of New Jersey:Prentice Hall,2011.

[112]赵海滨,MATLAB 应用大全[M].北京:清华大学出版社,2012.

[113]彭建平,邵爱军.用 MatLab 确定土壤水分特征曲线参数[J].土壤,2007(3):433-438.

[114]陈善雄.膨胀土工程特性与处治技术研究[D].武汉:华中科技大学,2006.

[115]余飞,陈善雄,许锡昌,等,2006.合肥地区膨胀土路基处置深度问题探讨[J].岩土力学(11):1963-1966,1973.

[116]殷宗泽,韦杰,袁俊平,等.膨胀土边坡的失稳机理及其加固[J].水利学报,2010,41(1):1-6.

[117]李妥德,赵中秀.裂土堑坡土体抗剪强度的确定方法[J].路基工程,1993(3):19-28.

[118]刘华强.膨胀土边坡稳定影响因素及分析方法研究[D].南京:河海大学,2008.

[119]BJENUM L. Progressive failure in slopes of over consolidated plastic clay soil[J]. Journal of the Soil Mechanics and Foundations Division. 1967,93(5):3-50.

[120]周峙,黄杰,刘甫平.基于FLAC3D的膨胀土边坡渐进变形失稳机理研究[J].武汉工业学院学报.2013(4):63-68.

[121]汪明元,杨洪,徐晗.膨胀土特性对边坡稳定性的影响及其模拟方法[C]//中国岩石力学与工程学会环境岩土工程分会,中国土木工程学会土力学及岩土工程分会,中国土工合成材料工程协会.第二届全国环境岩土工程与土工合成材料技术研讨会论文集(二).长江科学院水利部岩土力学与工程重点实验室,浙江大学岩土工程研究所,2008.

[122]沈珠江,米占宽.膨胀土渠道边坡降雨入渗和变形耦合分析[J].水利水运工程学报,2004,26(3):7-11.

[123]刘华强,殷宗泽.膨胀土边坡稳定性分析方法研究[J].岩土力学,2010,31(5):1545-1549.

[124]NG C W W,SHI Q. A numerical investigation of the stability of unsaturated soil slopes subjected to transient seepage[J]. Computers and Geotechnics,1998,22(1):1-28.

[125]CHO S E,LEE S R. Instability of unsaturated soil slopes due to infiltration[J]. Computers and Geotechnics,2001,28(3):185-208.

[126]陈善雄,陈守义.考虑降雨的非饱和土边坡稳定性分析方法[J].岩土力学,2001,22(4):447-450.

[127]姚海林,郑少河,李文斌,等.降雨入渗对非饱和膨胀土边坡稳定性影响的参数研究[J].岩石力学与工程学报,2002,21(7):1034-1039.

[128]詹良通.非饱和膨胀土边坡中土水相互作用机理[J].浙江大学学报(工学版),2006,40(3):494-500.

[129] SHITAO H. Types of expansive-shrinkable soil in China and their engineering geological characteristics[J]. Bulletin of the International Association of Engineering Geology,1980,21(1):5-10.

[130] IKIZLER S B,AYTEKIN M,VEKLI M,et al. Prediction of swelling pressures of expansive soils using artificial neural networks[J]. Advances in Engineering Software,2009, 41(4):647-655.

[131] XU Y. Bearing capacity of unsaturated expansive soils[J]. Geotechnical and Geological Engineering. 2004,22(4):611-625.

[132] SHI B,JIANG H,LIU Z,et al. Engineering geological characteristics of expansive soils in China[J]. Engineering Geology. 2002,67(1):63-71.

[133] 李青云,程展林,龚壁卫,等.南水北调中线膨胀土(岩)地段渠道破坏机理和处理技术研究[J].长江科学院院报,2009,26(11):1-9.

[134] 程展林,李青云,郭熙灵,等.膨胀土边坡稳定性研究[J].长江科学院院报,2011,28(10):102-111.

[135] 范立础.桥梁抗震[M].上海:同济大学出版社,1996.

[136] 刘清芳.膨胀土堑坡雨季失稳的突变模型[J].重庆交通大学学报(自然科学版),2009,28(2):255-258.

[137] 陆定杰.南水北调中线工程南阳膨胀土工程地质特征及渠坡变形破坏机理[D].武汉:中国科学院武汉岩土力学研究所,2013.

[138] 陈善雄,戴张俊,陆定杰,等.考虑裂隙分布及强度的膨胀土边坡稳定性分析[J].水利学报,2014,45(12):1442-1449.

[139] 蔡耀军.南水北调中线工程陶岔渠首膨胀土滑坡形成机理研究[C]//中国岩石力学与工程学会工程实例专业委员会,中国岩石力学与工程实例第一届学术会议论文集.中国岩石力学与工程学会工程实例专业委员会:中国岩石力学与工程学会,2007:4.

[140] 肖俊逸,易万胜.软弱结构面对深挖方膨胀土渠坡稳定性影响[J].工程建设,2017,49(1):14-18.

[141] 赵亮.膨胀土的裂隙特性及其对边坡稳定的影响研究[D].武汉:长江科学院,2012.

[142] 包承纲.岩土工程研究文集[M].武汉:长江出版社,2007.

[143] 郑长安.多因素耦合的膨胀土边坡稳定性分析[J].铁道科学与工程学报,2014,11(1):82-86.

[144] 韦杰.降雨/蒸发对膨胀土边坡稳定性影响研究[J].工程勘察,2010(4):8-13.

[145] MILLY. Moisture and heat transport in hysteretic,inhomogeneous porous media:a matric head-based formulation and a numerical model[J]. Water Resources Research,1982,18(3):489-498.

[146] WILSON. Soil evaporative fluxes for geotechnical engineering problems[D]. Saskatchewan:University of Saskatchewan,1990.

[147] WILSON. Coupled soil-atmosphere modeling for soil evaporation[J]. Canadian Geotechnical Journal,1994,31(2):151-161.

[148]李伟.非饱和膨胀土边坡稳定性渐进破坏极限平衡分析方法[J].路基工程,2000(3):13-16.

[149]柯尊铿,黄绍铿.膨胀土工程性质的研究总报告[R].南宁:广西大学,1995.

[150]詹良通,吴宏伟,包承刚,等.降雨入渗条件下非饱和膨胀土边坡原位监测[J].岩土力学,2003,24(2):151-158.

[151]LI A G,YUE Z Q,THAM L G,et al. Field-monitored variations of soil moisture and matric suction in a saprolite slope[J]. Candian Geotechnical Journal,2005,42(1):13-26.

[152]RAHARDJO H,LEE T T,LEONG E C,et al. Response of a residual soil slope to rainfall[J]. Canadian Geotechnical Journal,2005,42(2):340-351.

[153] GASMO J,HRIZUK K J,RAHARDJO H,et al. Instrumentation of an unsaturated residual soil slope[J]. Geotechnical Testing Journal,1999,22(2):134-143.

[154]孔令伟,陈建斌,郭爱国,等.大气作用下膨胀土边坡的现场响应试验研究[J].岩土工程学报,2007(7):1065-1073.

[155]陈建斌,孔令伟,郭爱国,等.降雨蒸发条件下膨胀土边坡的变形特征研究[J].土木工程学报,2007(11):70-77.

[156]李雄威,孔令伟,郭爱国.气候影响下膨胀土工程性质的原位响应特征试验研究[J].岩土力学,2009,30(7):2069-2074.

[157]WILLIAM H,CRAIG,B K,et al. CAESAR M MERRIFIELD. Simulation of climatic conditions in centrifuge model tests[J]. Geotechnical Testing Journal,1991,14(4):406-412.

[158]GADRE A D,CHANDRASEKARAN V S. Swelling of Black Cotton Soil Using Centrifuge Modelling[J]. Journal of Geotechnical Engineering,1994,120:914-919.

[159]饶锡保,朱朝峰,曾玲,等.南水北调中线工程膨胀土渠道开挖边坡稳定性离心模型及有限元分析[R].武汉:长江科学院,1995.

[160]程永辉,李青云,龚壁卫,等.膨胀土渠坡处理效果的离心模型试验研究[J].长江科学院院报,2009,26(11):42-46.

[161]程永辉,程展林,张元斌.降雨条件下膨胀土边坡失稳机理的离心模型试验研究[J].岩土工程学报,2011,33(S1):416-421.

[162]王鹰,韩会增,韩同春,等.南昆线膨胀岩路堤离心模型试验研究[J].铁道学报,1997,19(6):103-107.

[163]王国利,陈生水,徐光明,等.干湿循环下膨胀土边坡稳定性的离心模型试验[J].水利水运工程学报,2005(4):6-10.

[164]徐光明,王国利,顾行文,等.雨水入渗与膨胀性土边坡稳定性试验研究[J].岩土工程学报,2006,28(2):270-273.

[165]NG C W W,VAN LAAK P A,ZHANG L M,et al. Development of a four axis robotic manipulator for centrifuge modeling at HKUST[C]//Physical Modeling in Geotechnics:ICPM02,Canada New Foundland:Philips,Guo&Popescu,2002.

[166]杨果林,丁加明.膨胀土路基的胀缩变形模型试验[J].中国公路学报,2006(4):23-29.

[167] 杨果林,刘义虎. 膨胀土路基含水量在不同气候条件下的变化规律模型试验研究[J]. 岩石力学与工程学报,2005(24):4524-4533.

[168] 周健,徐洪钟,尤波. 膨胀土边坡模型的含水量与变形特征[J]. 南京工业大学学报(自然科学版),2013,23(4):101-104.

[169] 范秋雁,刘金泉,杨典森,等. 不同降雨模式下膨胀岩边坡模型试验研究[J]. 岩土力学,2016,37(12):3401-3409.

[170] 丁金华. 膨胀土边坡浅层失稳机理及土工格栅加固处理研究[D]. 杭州:浙江大学,2014.

[171] FITYUS S, BUZZI O. The place of expansive clays in the framework of unsaturated soil mechanics[J]. Applied Clay Science,2008,43(2):150-155.

[172] HOU T, XU G, SHEN Y, et al. Formation mechanism and stability analysis of the Houba expansive soil landslide[J]. Engineering Geology,2013,161:34-43.

[173] HUANG R, WU L. Stability analysis of unsaturated expansive soil slope[J]. Earth Science Frontiers. 2007,14(6):129-133.

[174] JI-RU Z, XING C. Stabilization of expansive soil by lime and fly ash[J]. Journal of Wuhan University of Technology-Mater. Sci. Ed. 2002,17(4):73-77.

[175] LI X, WANG Y, YU J, et al. Unsaturated expansive soil fissure characteristics combined with engineering behaviors[J]. Journal of Central South University,2012,19(12):3564-3571.

[176] LI Z, TANG C, HU R, et al. Research on model fitting and strength characteristics of critical state for expansive soil[J]. Journal of Civil Engineering and Management. 2013,19(1):9-15.

[177] CHENG Z L, DING J H, RAO X B, et al. Physical model tests on expansive soil slopes[J]. Chinese Journal of Geotechnical Engineering,2014,36(4):716-723.

[178] 吴珺华,袁俊平,卢廷浩. 非饱和膨胀土边坡的稳定性分析[J]. 岩土力学,2008,29(S1):363-367.

[179] 姚海林,郑少河,陈守义. 考虑裂隙及雨水入渗影响的膨胀土边坡稳定性分析[J]. 岩土工程学报,2001(5):606-609.

[180] 袁俊平,殷宗泽. 考虑裂隙非饱和膨胀土边坡入渗模型与数值模拟[J]. 岩土力学,2004(10):1581-1586.

[181] THOMAS H R, ZHOU Z. A comparison of field measured and numerically simulated seasonal ground movement in unsaturated clay[J]. International Journal for Numerical and Analytical Methods in Geomechanics,1995,19(4):249-265.

[182] ALONSO E E, CANETE A, OLIVELLA S. Moisture transfer and deformation behavior of pavements: effect of climate, materials and drainage[C]//Proceedings of the 3rd International Conference on Unsaturated soils,2002:671-677.

[183] 杨和平,肖杰,程斌,等. 开挖膨胀土边坡坍滑的演化规律[J]. 公路交通科技,2013,30(7):18-24.

[184]李康全,周志刚.基于湿度应力场理论的膨胀土增湿变形分析[J].长沙理工大学学报(自然科学版),2005(4):1-6.

[185]谭波.基于湿度应力场理论的膨胀土边坡稳定分析[J].西部交通科技,2009(8):11-14.

[186]刘静德.膨胀力对膨胀土边坡稳定影响研究[D].武汉:长江科学院,2010.

[187]陈勇,刘德富,王世梅.非饱和土弹塑性模型参数的试验确定及有限元法[J].岩土力学,2009,30(2):542-546.

[188]李锡夔,范益群.非饱和土变形及渗流过程的有限元分析[J].岩土工程学报,1998,20(4):20-24.

[189]杨庚宇.非饱和土弹塑性模型及其有限元法[J].中国矿业大学学报,1998,27(3):221-223.

[190]ALONSO E E,GENS A,JOSA A. Constitutive model for partially saturated soil[J]. Geotechnique,1990,40(3):405-430.

[191]EMIR J M,LAUREANO R H,PEDRO A. Constitutive modeling of un-saturated soil behavior under axisymmetric stress states using a stress/suction-controlled cubical test cell[J]. International Journal of Plasticity,2003,19:1481-1515.

[192]VAUNAT J,CANTE J C,LEDESMA A,et al. A stress point algorithm for an elastoplastic model in unsaturated soils[J]. International Journal of Plasticity,2000,16:121-141.

[193]BLATZ J A,GRAHAM J. Elastic-plastic modeling of unsaturated soil using results from a new triaxial test with controlled suction[J]. Géotechnique,2003,53(1):113-122.

[194]陈正汉,郭楠.非饱和土与特殊土力学及工程应用研究的新进展[J].岩土力学,2019,40(1):1-54.

[195]陈正汉.非饱和土与特殊土力学的基本理论研究[J].岩土工程学报,2014,36(2):201-272.

[196]陈正汉.重塑非饱和黄土的变形、强度、屈服和水量变化特性[J].岩土工程学报,1999,21(1):82-90.

[197]LI X K,ZIENKIEWICZ O C. Multiphase flow in deforming porous media and finite element solutions[J]. Computers & Structures,1992,45(2):211-227.

[198]黄海,陈正汉,李刚.非饱和土在p-s平面上的屈服轨迹及土-水特征曲线的探讨[J].岩土力学,2000,21(4):316-321.

[199]吴礼舟.非饱和膨胀土的本构模型及在边坡稳定性评价中的应用[D].成都:成都理工大学,2006.

[200]GENS A,ALONSO E E. A framework for the behaviour of unsaturated expansive clays[J]. Canadian Geote-chnique Journal,1992,29:1013-1032.

[201]De′ A S,MATSUOKA H,YAO Y P,et al. An Elasto-Plastic model for unsaturated soil in three-dimensional stresses[J]. Soils and Foundations,2000,40(3):17-28.

[202] ALONSO E E. Modelling expansive soil behaviour. Proc. of 2nd Int. Conf. on Unsaturated Soils,Bei-jing:1998,37-70.

[203]卢再华,陈正汉,孙树国.南阳膨胀土的变形和强度特性的三轴试验研究[J].岩石力学与工程学报,2002,21(5):717-723.

[204]卢再华,王权民,陈正汉.非饱和膨胀土本构模型的试验研究及分析[J].地下空间,2001,21(S1):379-385.

[205]卢再华,李刚.对膨胀土 G-A 弹塑性本构模型的探讨[J].后勤工程学院学报,2001,17(2):64-69.

[206]卢再华,陈正汉,曹继东.原状膨胀土的强度变形特性及其本构模型研究[J].岩土力学,2001,22(3):339-342.

[207]沈珠江.理论土力学[M].北京:中国水利水电出版社,2000.

[208]钱家欢,殷宗泽.土工原理与计算[M].北京:中国水利水电出版社,1996.

[209]李冬梅,肖仲炎.非饱和膨胀土的 GA-NN 本构模型[J].内蒙古工业大学学报(自然科学版),2010,29(1):68-72.

[210]GHABOUSSI J,LADE P V,SIDARTA D E. Neutal network based modeling in geomechanics[C]//Proceedings of the 8th International Conference on Computer Method and Advances in Geomechanics. Morgantown,WV,1994.

[211]ELLIS G W,YAO C,ZHAO R,et al. Stress-strain modeling of sands using artificial neural networks[J]. Geotechnical Engineering,1995,121(5):429-435.

[212]ZHU J H,ZAMAN M M,ANDRERSON S A. Modeling of soil Behavior with a recurrent neural network [J]. Canadian Geotechnical Journal,1998,35:858-872.

[213]李舰,赵成刚,黄启迪.膨胀性非饱和土的双尺度毛细-弹塑性变形耦合模型[J].岩土工程学报,2012,34(11):2127-2133.

[214]LI J,YIN Z Y,CUI Y J,et al. Work input analysis for soils with double porosity and application to the hydro-mechanical modeling of unsaturated expansive clays[J]. Canadian Geotechnical Journal,2017,54(2):173-187.

[215]李舰,赵成刚,ASREAZAD SAMAN.适用于吸力循环作用的膨胀性非饱和土本构模型[J].岩土工程学报,2014,36(1):132-139.

[216]沈珠江.结构性黏土的弹塑性损伤模型[J].岩土工程学报,1993,15(3):21-28.

[217]沈珠江.结构性黏土的非线性损伤力学模型[J].水利水运科学研究,1993(4):247-255.

[218] DESAI C S,BASARAN C,ZHANG W. Numerical algorithms and mesh dependence in the disturbed state concept[J]. International Journal for Numerical Methods in Engineering,1997,40:3059-3083.

[219]卢再华,陈正汉.非饱和原状膨胀土的弹塑性损伤本构模型研究[J].岩土工程学报,2003(4):422-426.

[220]卢再华,陈正汉,蒲毅彬.原状膨胀土剪切损伤演化的定量分析[J].岩石力学与工程学报,2004(9):1428-1432.

[221]卢再华,陈正汉,方祥位,等.非饱和膨胀土的结构损伤模型及其在土坡多场耦合分析中的应用[J].应用数学和力学,2006(7):781-788.

[222]王保田,张福海.膨胀土的改良技术与工程应用[M].北京:科学出版社,2008.

[223]李献民,王永和,杨果林,等.击实膨胀土工程变形特征的试验研究[J].岩土力学,2003,24(5):826-830.

[224]郑健龙,杨和平.膨胀土处治理论、技术与实践[M].北京:人民交通出版社.2004:24-36.

[225]朱豪,王柳江,刘斯宏,等.南阳膨胀土膨胀力特性试验[J].南水北调与水利科技,2011,9(5):11-14.

[226]贾景超,宋日英,黄志全.基于膨胀力试验数据的膨胀土膨胀应变模型[J].铁道建筑,2012,(11):110-112.

[227]LU N,WILLIAM J.非饱和土力学[M].韦昌富,侯龙,简文星,译.北京:高等教育出版社.2012.

[228]ROMERO E,VAUNAT J. Retention curves of deformable clays[C]//Proceedings of international workshop on experimental evidence and theoretical approaches in unsaturated soils. Trento:A. A. Balkema,2000.

[229]SUN D A,SHENG D C,SLOAN S W. Elastoplastic modeling of hydraulic and stress-strain behavior of unsaturated compacted soils[J]. Mechanics of Materials,2007,39(3):212-221.

[230]丁振洲,郑颖人,李利晟.膨胀力变化规律试验研究[J].岩土力学,2007(7):1328-1332.

[231]DRUMRIGHT E E,NELSON J D. The shear strength of unsaturated tailings sand[C]//The 1st International Conference on Unsaturated soils,1995:45-50.

[232]ROHM S A,VILAR O M. Shear Strength of Unsaturated Sandy Soil[C]//The 1st International Conference on Unsaturated soils,1995:189-195.

[233] FUTAI M M, ALMEIDA M S S. An experimental investigation of the mechanicalbehavior of an unsaturated gneiss residual soil[J]. Géotechnique,2005,55(3):201-213.

[234]TOLL D G. A framework for unsaturated soil behavior[J]. Géotechnique,1990,40(1):31-44.

[235]TOLL D G,ONG B H. Critical-state parameters for an unsaturated residual sandy clay[J]. Géotechnique,2003,53(1):93-103.